江西理工大学资助

邻炔基苯甲酰胺的应用研究

Study on the Application of *o*-Alkynylbenzamide

刘晋彪　邱观音生　王玉超　著

北　京
冶　金　工　业　出　版　社
2022

内 容 提 要

本书共7章，主要综述了邻位基团参与苯乙炔的分子内环化反应研究进展，并分别研究了四丁基碘化铵促进的邻炔基苯甲酰胺的五元环化反应；四丁基溴化铵催化的邻炔基苯甲酰胺的六元环化反应；四丁基溴化铵催化的邻炔基苯甲酰胺区域选择性六元环化反应；邻位酰胺基团参与的共轭烯炔的2,4-二卤化反应；乙酸铜催化邻烯炔基苯甲酰胺区域选择性六元环化；硝酸铈铵促进邻炔基-N-甲氧基苯甲酰胺类化合物六元环化反应。

本书可供从事有机合成的设计人员、科研人员与管理人员阅读，也可以为从事杂环合成反应研究的科研人员及化学化工专业学生提供参考与借鉴。

图书在版编目(CIP)数据

邻炔基苯甲酰胺的应用研究/刘晋彪，邱观音生，王玉超著. —北京：冶金工业出版社，2021.1（2022.6重印）

ISBN 978-7-5024-8702-7

Ⅰ.①邻…　Ⅱ.①刘…　②邱…　③王…　Ⅲ.①邻位取代基—苯甲酰胺—研究　Ⅳ.①O625.52

中国版本图书馆CIP数据核字(2021)第018264号

邻炔基苯甲酰胺的应用研究

出版发行　冶金工业出版社　　**电　话**　(010)64027926
地　址　北京市东城区嵩祝院北巷39号　　**邮　编**　100009
网　址　www.mip1953.com　　**电子信箱**　service@mip1953.com

责任编辑　王　双　美术编辑　郑小利　版式设计　禹　蕊
责任校对　郑　娟　责任印制　李玉山
北京建宏印刷有限公司印刷
2021年1月第1版，2022年6月第2次印刷
710mm×1000mm　1/16；9.75印张；188千字；147页
定价64.00元

投稿电话　(010)64027932　投稿信箱　tougao@cnmip.com.cn
营销中心电话　(010)64044283
冶金工业出版社天猫旗舰店　yjgycbs.tmall.com
(本书如有印装质量问题，本社营销中心负责退换)

前　言

炔烃是一类非常重要的有机原料，常用于合成具有生物活性的杂环化合物骨架。炔烃的环化反应是构建碳（杂）环化合物重要方法之一，已受到合成化学家们的广泛关注。本书主要介绍一类重要的合成子——邻炔基苯甲酰胺在炔烃的分子内环化反应中的研究，并对其涉及的机理进行探讨。

本书分为7章。第1章主要综述了邻位基团参与苯乙炔的分子内环化反应研究进展。第2章主要研究了四丁基碘化铵促进的邻炔基苯甲酰胺的五元环化反应。基于当量的四丁基碘化铵促进的邻炔基苯甲酰胺的五元碘环化反应，发展了一种制备碘代异苯并呋喃酮类化合物的新方法。第3章主要研究了四丁基溴化铵催化的邻炔基苯甲酰胺的六元环化反应。开发了一种四丁基溴化铵催化的邻炔基苯甲酰胺区域选择性六元环化反应，用于合成一系列异香豆素-1-亚胺类化合物。第4章主要研究了邻位酰胺基团参与的共轭烯炔的2,4-二卤化反应。开发了一种NBS/NIS介导的共轭烯炔的2,4-二卤化反应新方法。机理研究表明，该反应经历了氧转移过程。第5章发展了一种制备异香豆素-1-亚胺类化合物的方法，用三氟乙酸铜催化邻烯炔基苯甲酰胺区域选择性六元环化，得到3-烯基-异香豆素-1-亚胺类化合物。第6章发展了一种制备3-羟基异喹啉-1,4-二酮类化合物的方法，利用当量的硝酸铈铵（CAN）促进邻炔基-N-甲氧基苯甲酰胺类化合物六元环化生成3-羟基异喹啉-1,4-二酮类衍生物。第7章为总结与展望。

本书是在作者近年研究工作取得的成果的基础上撰写而成的，是作者研究团队集体智慧的结晶。感谢邱观音生教授、吴劼教授、王瑞祥教授、李金辉教授、杨民博士、王玉超、袁思甜、王艳华、方壮等同仁的大力支持。

本书的研究工作和出版得到了江西理工大学、国家自然科学基金（项目号：21502075，21762018，21961014）、江西省自然科学基金（项目号：20171BAB213008，20192BCBL23009）和江西理工大学清江青年拔尖人才计划的资助，作者谨在此一并表示衷心的感谢。

由于作者水平和学术能力所限，书中不足之处，恳请广大读者及同行不吝赐教。

作 者

2020年5月

目　录

1 绪　　论

1.1 概述

炔烃是一类非常重要的有机合成子，常用于合成具有生物活性的杂环化合物骨架。炔烃的环化反应是构建碳（杂）环化合物重要方法之一，已受合成化学家们广泛关注。这类碳（杂）环化合物广泛存在天然产物或药物中，是构建具有生理活性的化合物和药物的重要组成；同时也是合成某些染料、功能材料的重要原料。

利用炔烃的环化来构建碳（杂）环化合物的研究大多采用过渡金属催化，比如钯、铂、铑和金等贵金属，然而贵金属存在价格昂贵、金属残留等缺点。如何更加高效和经济地实现炔烃的选择性环化反应，是目前研究的热点之一。利用邻位基团参与，实现炔烃的高选择性环化反应是近年来发展起来的一种有效策略。此类方法能有效避免过渡金属的使用，并且反应底物大都具有简单易得、条件温和、原子经济性高等优点，在有机合成中具有重要研究意义。

本书主要介绍一类重要的合成子——邻炔基苯甲酰胺（酯）在炔烃的分子内环化反应中的研究，并对其涉及的机理进行探讨。

1.2 邻位基团参与苯乙炔的分子内环化反应

近来利用邻位基团参与芳香乙炔的分子内环化方法，已被大量应用于系列杂环的合成。碳-碳三键是有机化学中最重要的功能基团之一，在有机合成、机理研究和功能化材料的合成中都有很多的应用。在炔烃参与的反应中需要解决 2 个问题，即反应效率和反应区域选择性。据我们所知，反应区域选择性首选是由底物控制。化学家们已经研究了一系列具有邻位官能团的芳香乙炔的双功能化底物，并实现了这类炔烃的区域选择性转化，合成得到了结构丰富的特定骨架。通过胺、醇、醛、酯基、羧酸和酰胺等邻位基团参与碳—碳三键的分子内环化反应是构建杂环化合物结构的常用手段之一。例如，过渡金属催化邻位基团参与芳香乙炔的分子内环化反应，可用于合成呋喃、吲哚、异苯并呋喃和异香豆素类五元或六元化合物。这类反应大部分具有反应条件温和、操作简便、区域选择性高、成本低等优点。

1.2.1 邻胺基参与的芳香乙炔的分子内环化反应

钯催化炔烃的分子内环化反应是合成吲哚环最有效的方法之一[1~6]。1994

年，Cacchi[7]和同事报道了使用 $PdCl_2$作为催化剂和 n-Bu_4NCl 作为盐在 CH_2Cl_2/HCl 酸性两相体系中使邻炔基苯胺发生分子内环化生成相应的 2-取代的吲哚。该反应对酸的浓度比较敏感，通常 0.5mol/L HCl 能得到比较好的结果，如图 1-1 所示。

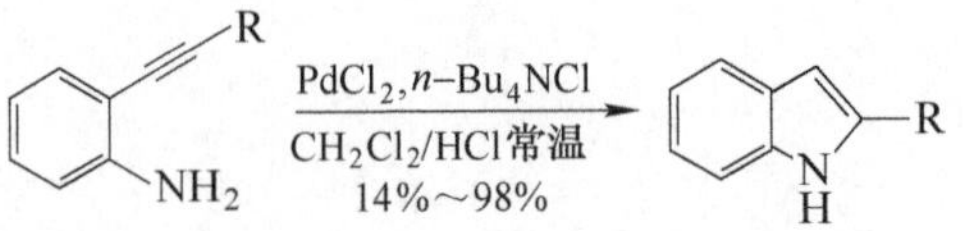

$PdCl_2$, n-Bu_4NCl; CH_2Cl_2/HCl常温; 14%～98%

图 1-1　$PdCl_2$催化邻炔基苯胺分子内环化反应

2007 年，Terrasson[8]报道了使用 $FeCl_3$-$PdCl_2$组合催化邻炔基苯胺中的氮原子进攻炔烃分子内环化反应合成吲哚环。该反应以 1,2-二氯乙烷作为溶剂，使用低负载量的过渡金属配合物（2% $FeCl_3$和 1% $PdCl_2$（摩尔分数））催化获得高产率产物，如图 1-2 所示。

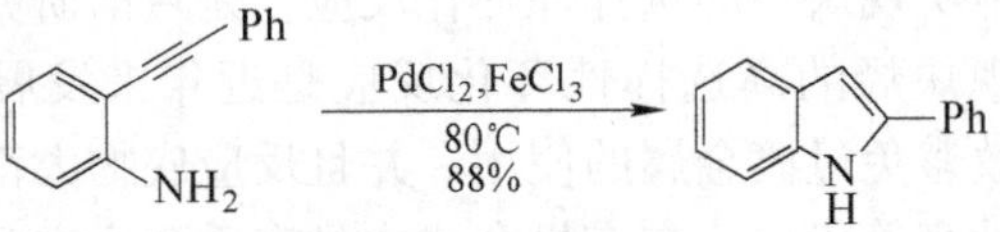

$PdCl_2$, $FeCl_3$; 80℃; 88%

图 1-2　$FeCl_3$-$PdCl_2$催化邻炔基苯胺分子内环化反应

更常见的是使用 N-保护系统作为起始材料。2007 年，Ambrogio 等人[9]报道了由邻炔基化的三氟乙酰苯胺分子内环化得到 2-甲基吲哚。在甲酸甲酯作为还原剂下，该反应由 2%的 $Pd(PPh_3)_4$催化，并通过丙二烯基/炔丙基钯络合物进行。该方法的底物适用性广泛，芳环上含有强吸电子基团硝基，都能发生反应得到较高产率产物。有趣的是，当两个氮化官能团位于炔烃的两侧时，可以观察到钯催化的双环化反应[10]，如图 1-3 所示。

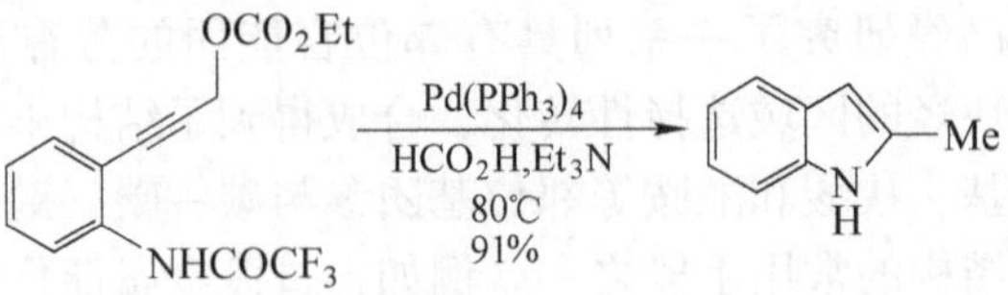

$Pd(PPh_3)_4$; HCO_2H, Et_3N; 80℃; 91%

图 1-3　邻炔基化的三氟乙酰苯胺分子内环化反应

Arcadi 等人[11]报道了在有氧的条件下，通过 $Pd(OAc)_2$（摩尔分数为 5%）/1,3-双(二苯基膦)丙烷(摩尔分数 5%)催化邻炔基三氟乙酰苯胺与芳基硼酸的串联环化反应，生成 2,3-二苯基吲哚。该方法以良好甚至优秀的产率提供吲哚衍生物，并且在芳基硼酸和炔烃中能容忍各种有用的官能团，包括氯、甲酰基和酯基等。即使芳基硼酸在邻位带有甲基取代基，也能有很好的产率。该反应可能的机理是从 π-炔基钯配合物 1.4a 的形成开始。随后氮对碳-碳三键的分子内亲核攻进攻得到了 σ-吲哚基钯络合物 1.4b。它与芳基硼酸的反应得到中间体 1.4c，通过还原消除得到吲哚衍生物。然后，经过氧化使活性钯催化剂再生，如图 1-4 所示。

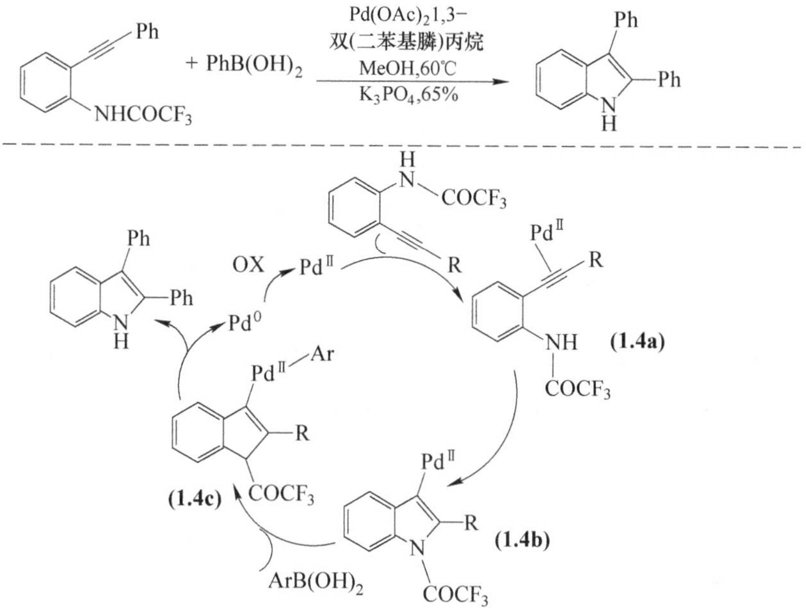

图 1-4 邻炔基三氟乙酰苯胺与芳基硼酸的串联环化反应

除去以上过渡金属催化的方式，碘单质也可以促进此类反应发生。2006 年，Yue 等人[12]报道了 I_2作为碘化剂，在 CH_2Cl_2溶剂中，N,N-二烷基邻炔基苯胺发生亲电环化反应得到吲哚产物。可能的反应机理是：炔烃与碘的配位产生碘鎓离子引发氮对碳的亲核进攻，产生中间体 1.5a，并借助碘负离子亲核进攻促进氮上烷基的脱除。该反应的成功取决于氮原子上的烷基，使得氮具有高度亲核性。两个烷基和内部三键之间的相互作用有利于氮的取向，其中一对电子指向三键，并且环化后形成的铵盐有利于高亲核性碘离子的进攻，而脱除烷基。此外，在苯胺的氮上存在两个不同的烷基时，通常，较小位阻的甲基比正丁基更容易离去，这表明烷基裂解是通过 SN_2过程进行的，如图 1-5 所示。

1.2.2 邻羟基参与的芳香乙炔的分子内环化反应

当涉及邻炔基苯酚作为起始原料时，通过钯催化的关环反应能够得到相应的苯并呋喃。2007 年，Huang 等人[13]开发了一种高活性的非均相 Pd-纳米粒子催

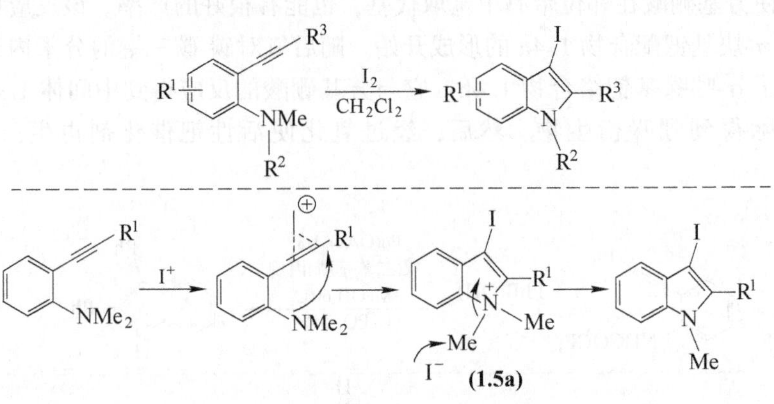

图 1-5　N,N-二烷基邻炔基苯胺的亲电环化反应

化剂（PdNPs），用于将邻位羟基对炔烃分子内加成反应。在室温的情况下，该反应是在连续流动反应体系中进行的，以二氯碘苯作为氧化剂，并且以固定在介孔二氧化硅（SBA-15）上的 PdNPs 作为催化剂，甲苯为溶剂，邻炔基苯酚分子内环化得到 2-苯基苯并呋喃，如图 1-6 所示。

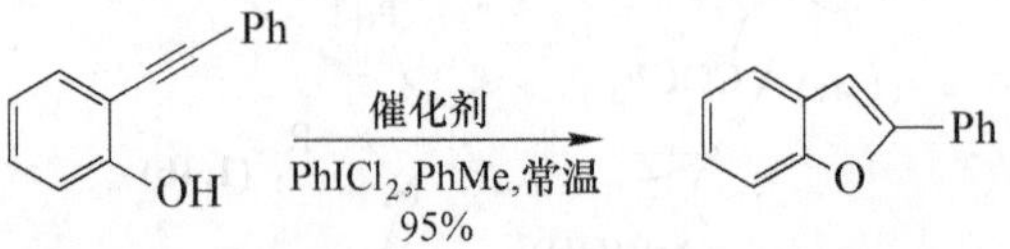

图 1-6　邻位羟基参与炔烃分子内的环化反应

此外，这一方法可进一步延伸，以合成更多复杂体结构。2012 年，Martínez[14] 报道了邻炔基苯酚的分子内环化，然后进行氧化 Heck 反应得到四氢二苯并呋喃。这个级联反应过程是以 $PdCl_2$(5mol%) 作为催化剂，顺丁烯二酸酐作为添加剂，碘化钾促进下，100℃下的 N,N-二甲基甲酰胺（DMF）中完成的，如图 1-7 所示。

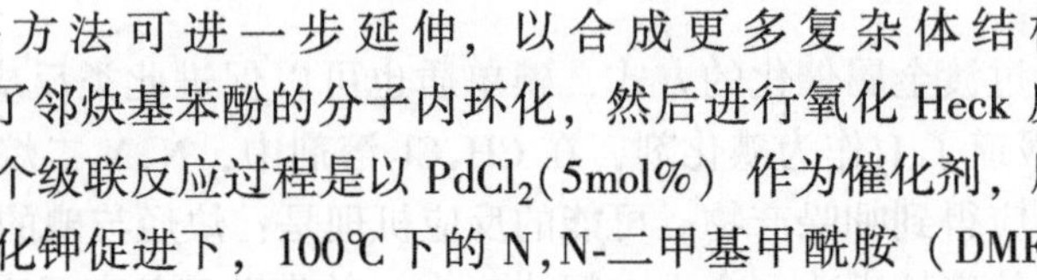

图 1-7　邻炔基苯酚的分子内环化反应

另外，Amatore 等人[15] 报道了在醋酸钯催化下，邻碘苯酚类化合物和 2-甲基-3-丁炔-2-醇发生 Sonogashira 偶联反应生成邻炔基苯酚中间体，然后进行分子

内环化反应生成苯并呋喃类化合物。该反应是由醋酸钯和TPPTS（水溶性三苯基膦三间磺酸钠盐）作为共催化剂，三乙胺作碱，常温下，在乙腈和水作为均相共溶剂中发生成环反应，生成苯并呋喃类化合物，产率高达99%。与传统Sonogashira偶联反应相比，这个方法无需添加Cu(Ⅰ)作助催化剂,而是用水溶性催化剂$Pd(OAc)_2$和TPPTS作为共催化剂。其中,$Pd(OAc)_2$和TPPTS的混合物能原位产生钯(0)(TPPTS还原乙酸钯(Ⅱ)自已被氧化成TPPTS氧化物)。使用水溶性催化剂进行工业生产可以简化产品分离，在科研和工业生产中都将具有吸引力，如图1-8所示。

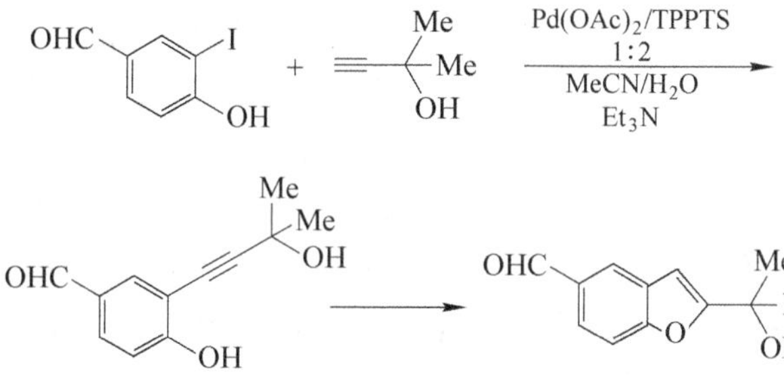

OHC, I, OH + Me, Me, OH; $Pd(OAc)_2$/TPPTS 1:2, MeCN/H_2O, Et_3N → OHC, Me, Me, OH, OH → OHC, O, Me, Me, OH

图1-8 醋酸钯催化邻碘苯酚类化合物的氧杂环化反应

1999年，Arcadi等人[16]报道了在室温下，以$NaHCO_3$作碱，以乙腈作溶剂，I_2与邻炔基苯酚进行五元内碘环化反应得到2-取代-3碘苯并呋喃。他们发现芳基，乙烯基和烷基可用作R^2中的取代基得到五元环化产物。但是，当R^2为H或$SiMe_3$基团时，没有发生环化反应。在这种情况下，仅观察到产生2-乙炔基-4-碘苯酚的芳香亲电取代。发生这种现象可能是由于炔属碳上的电子密度，而末端炔基酚中的负电荷高于内部炔基酚，阻碍了氧对乙炔碳的亲核进攻，促进了活性芳基的亲电碘代，如图1-9所示。

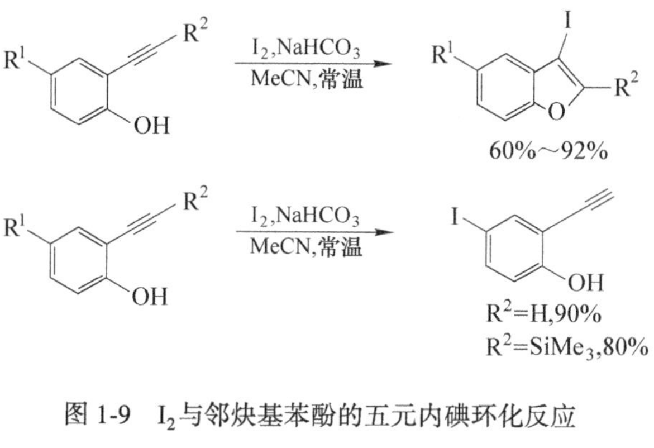

R^1, R^2, OH; I_2,$NaHCO_3$ MeCN,常温 → R^1, I, O, R^2; 60%~92%

R^1, R^2, OH; I_2,$NaHCO_3$ MeCN,常温 → I, OH; R^2=H,90%; R^2=$SiMe_3$,80%

图1-9 I_2与邻炔基苯酚的五元内碘环化反应

1.2.3 邻醛基参与的芳香乙炔的分子内环化反应

对于邻炔基苯甲醛，醛基易被亲核试剂攻击形成新的亲核基团，然后与经过渡金属活化的碳—碳三键发生分子内环化反应，生成异香豆素或异苯并呋喃及其衍生物。

2014 年，Zhang 等人[17]报道了邻炔基苯甲醛与乙酸的环化反应合成二氢异苯并呋喃。这种添加乙酸作为亲核试剂的例子较少，他们提出与炔烃相连的吸电子基团可能对意外的环化起重要作用。此外，由于取代基团对炔烃的电子效应使得反应只能形成五元环化的产物。该反应可能的机理是：首先，钯催化剂与底物的配位活化醛和炔烃，然后乙酸攻击醛，同时醛的氧原子加成到炔烃中以产生络合物 1. 10b；随后，中间体 1. 10b 中的乙烯基钯质子化得到产物并再生钯（Ⅱ）以完成催化循环。乙烯基钯键易于质子分解可能是由于孤对电子对氧原子和吸电子基团 R^2的影响，这使得乙烯基钯键的碳原子更负，从而增加碳钯键的极性。通常，羧酸加成醛的失败可能由于形成的半酰基醇容易消除羧酸，使反应可逆。作为该反应的第一步，乙酸对醛进行加成的成功可能是由于所形成的半酰基醇，连续地发生分子内亲核加成到缺电子的炔烃中，以使反应不可逆。在炔烃上存在吸电子基团使得炔烃更具亲电性，易被半酰基氧原子攻击如图 1-10 所示。

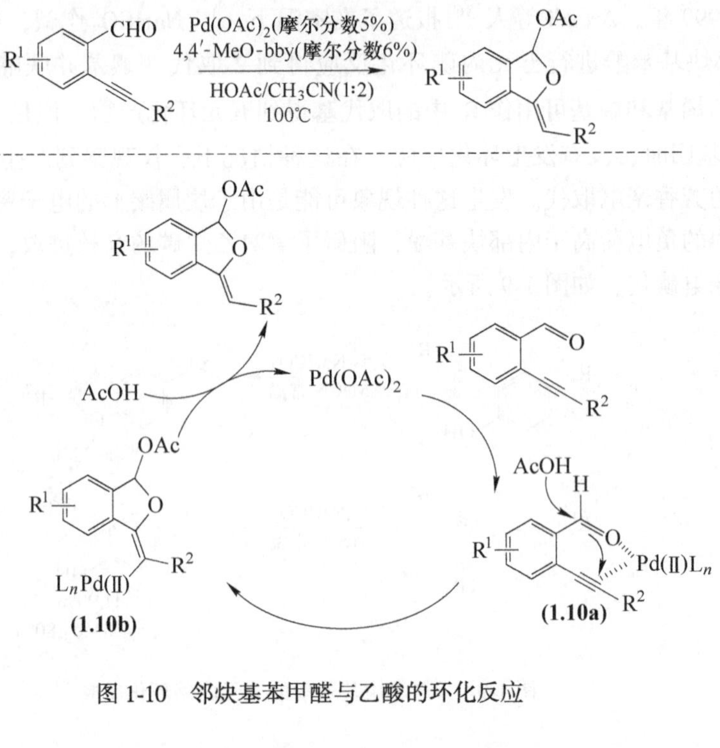

图 1-10 邻炔基苯甲醛与乙酸的环化反应

2002 年，Asao 等人[18]报道了 Pd 催化邻炔基苯甲醛与醇反应，醇作为亲核试剂，以高产率得到六元缩醛。用含有苯基，烷基和三甲基硅烷基取代基的炔烃快速地进行反应，而未取代的炔烃反应不好。该反应可能的机理是，$Pd(OAc)_2$在此过程中同时作为路易斯酸和过渡金属催化剂，分别与醛和炔烃形成络合物 **1.11a** 和 **1.11b**。先是与羰基氧形成络合物，然后亲核试剂 MeOH 的攻击产生半缩醛 **1.11b**[19~25]。然后炔与钯(Ⅱ)的配位通过外部或内部途径从钯的相反侧引起羟基部分向炔攻击，以产生相应的乙烯基钯络合物 **1.11c** 或 **1.11d**。这些中间体被环化步骤 **1.11b**、**1.11c**、**1.11d** 中产生的乙酸质子化，得到五元和六元产物，如图 1-11 所示。

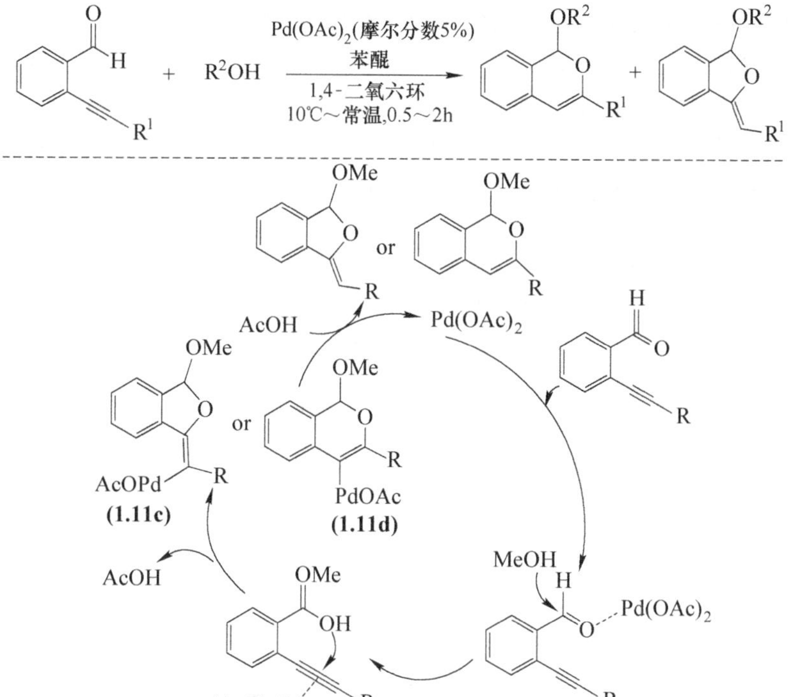

图 1-11　Pd 催化邻炔基苯甲醛与醇的环化反应

2004 年，Patil 等人[26]使用 CuI 作为催化剂和 DMF 作为溶剂，通过邻炔基苯甲醛和醇合成环烯基醚。该反应的区域选择性非常高，六元环化产物收率基本可达 80%以上，并且底物适用性也非常广泛。他们也提出了可能的反应机理：首先醇亲核加成到邻炔基苯甲醛的羰基碳上，得到相应的半缩醛，随后半缩醛氧对与铜配位的炔烃亲核进攻得到环化产物，如图 1-12 所示。

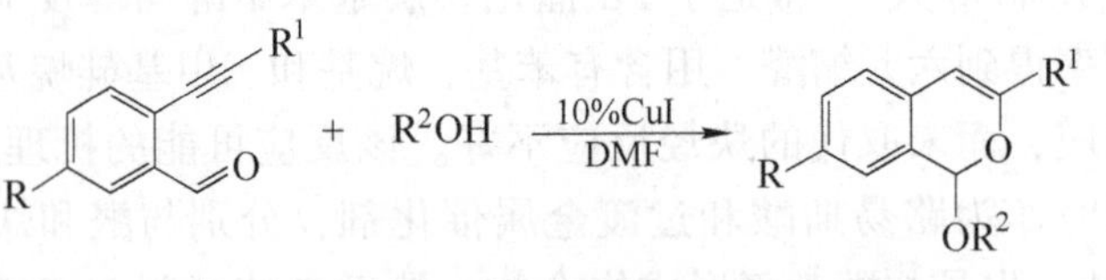

图 1-12　CuI 催化邻炔基苯甲醛和醇的环化反应

Park 等人[27]报道了氮杂卡宾（NHC）催化邻炔基苯甲醛及其衍生物的氧化内酯化反应。在有氧条件下（氧气来自空气），通过双活化邻炔基苯甲醛生成五元内酯环化产物异苯并呋喃或六元内酯环化产物异香豆素。反应首先由原位生成的 N-杂卡宾进攻醛基，然后羰基碳极性翻转，接着被氧化成羧基，最后对碳-碳三键进行亲核加成关环反应。取代基位于炔烃的对位 R^1 对反应的反应性没有显著影响。但是，位于醛基对位的给电子基团 R^2 对反应有阻碍作用。区域选择性和产率受到炔烃末端 R^3 的强烈限制。一般情况下，邻炔基苯甲醛的五元内环化得到 3-亚烷基苯并呋喃-1(3*H*)-酮是主要产物。但是，正丁基和 TMS 取代的炔烃产生的主要是异香豆素类化合物，如图 1-13 所示。

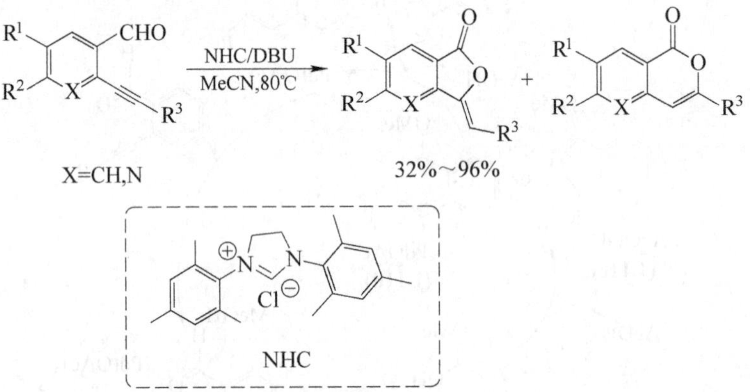

图 1-13　NHC 催化邻炔基苯甲醛及其衍生物的氧化内酯化反应

除了过渡金属催化，Yue 等人[28]还报道无金属条件下，多取代的 1(*H*)-异色烯的合成。其中，亲电试剂包括 I_2、ICl、NIS、Br_2、NBS、p-$O_2NC_6H_4SCl$ 或 PhSeBr。各种醇或芳胺等作为亲核试剂，在室温下以二氯甲烷为溶剂，以 K_2CO_3 为碱。不过在该反应中部分亲电试剂和亲核试剂会产生五元和六元化合物的混合物，其比例取决于反应中使用的亲核试剂和亲电试剂。他们提出了可能的机理：亲电试剂活化炔键，促进醛基氧进攻炔键，得到活泼的吡喃中间体；随后中间体立即被体系中亲核试剂捕获，最终得到六元环化产物，如图 1-14 所示。

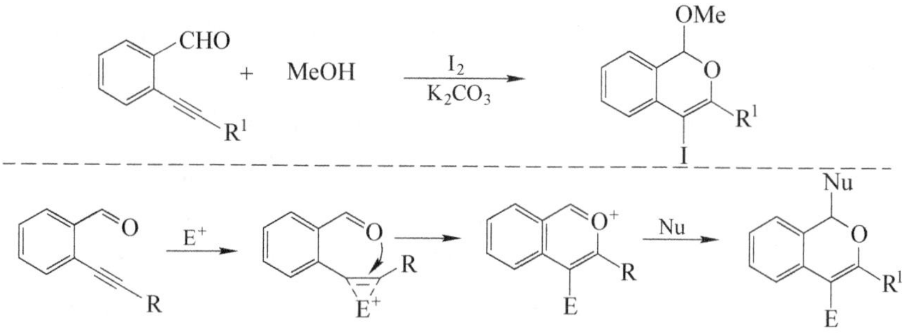

CHO
+ MeOH
I_2
K_2CO_3
R^1
OMe
O
R^1
I

O
E^+
O
R
E^+
R
O^+
R
E
Nu
Nu
O
R^1
E

图 1-14 邻炔基苯甲醛与醇的亲电环化反应

1.2.4 邻酯基参与的芳香乙炔的分子内环化反应

2006 年，Li 等人[29]报道了在 CuX_2(X =I、Cl、Br) 和 Cy2NH · HX(X = Cl、Br) 促进邻炔基苯甲酸甲酯反应中得到对应的 4-卤代异香豆素。该反应可能的机理是，CuX_2活化邻炔基苯甲酸甲酯的碳-碳三键，形成中间体 **1.15a**；然后 X^-和邻位酯基中的羰基氧对炔进行加成产生环化中间体 **1.15b**；随后，水进攻中间体 **1.15b** 得到中间体 **1.15c**，最后还原消除得到产物，如图 1-15 所示。Cy2NH · HX 可在反应中起 2 种作用：(1) CuX_2/溶剂/底物/产物相的相转移催化剂；(2) 提供游离的活性卤素负离子来诱导和改善反应的发生。

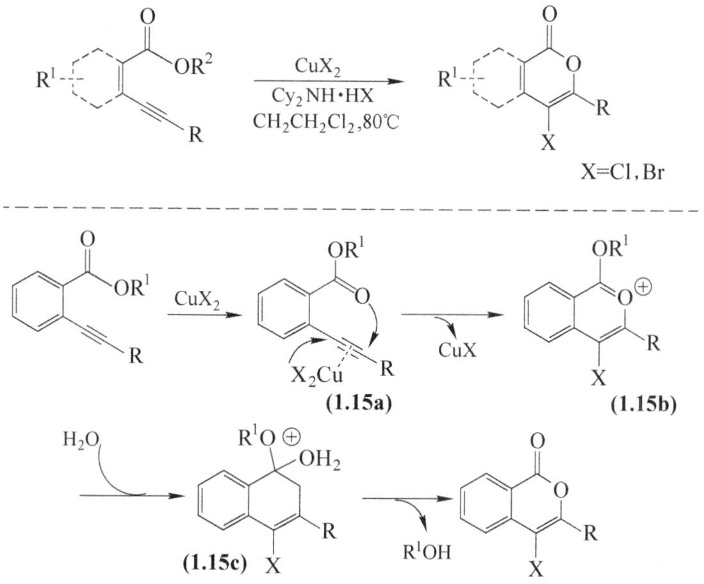

O
R^1
OR^2
R
CuX_2
$Cy_2NH·HX$
$CH_2CH_2Cl_2$,80℃
O
R^1
O
R
X
X=Cl,Br

O
OR^1
R
CuX_2
OR^1
O
X_2Cu
R
(1.15a)
CuX
OR^1
O⊕
R
X
(1.15b)

H_2O
R^1O ⊕
OH_2
R
(1.15c) X
R^1OH
O
O
R
X

图 1-15 CuI 促进邻炔基苯甲酸甲酯的分子内环化反应

2011 年，Speranca 等人[30]报道了使用 $FeCl_3$/RSeSeR 或 $FeCl_3$ 作为环化剂，通过邻炔基苯甲酸酯分子内环化反应，分别产生 3-取代 4-苯基硒异香豆素和 3-取代的异香豆素。在室温下，该反应在空气中进行，以良好收率选择性地获得六元环产物。芳基上带有吸电子基团以良好的收率得到相应异香豆素。但是，芳基上含强给电子 MeO 和 Me_2N 基团却显著降低了反应的产率，可能是由于三键的亲电性降低。另一方面，该环化反应对二芳基二硒醚的芳环中的取代基的电子效应不敏感。该反应不仅可以适用于二苯基二硒醚，还可以适用于二苯基二碲醚和二苯基二硫醚等具有各种官能团的 RYYR 化合物发生环化反应。而当仅使用 $FeCl_3$ 进行反应时，他们获得了 3-取代的异香豆素产物。由于使用到的铁盐廉价且相对无毒，该方法比较经济和环保，如图 1-16 所示。

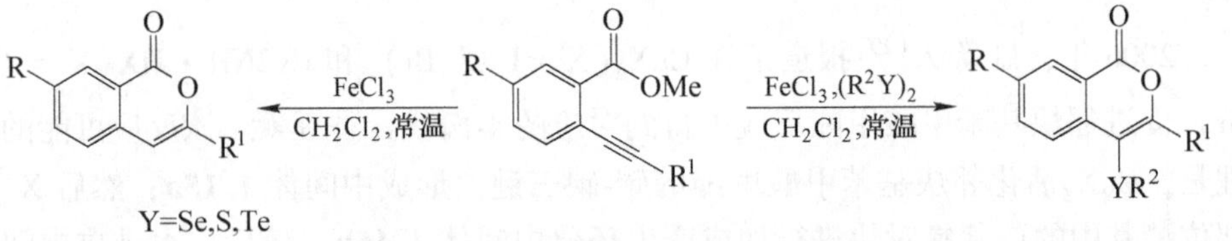

图 1-16 $FeCl_3$ 促进邻炔基苯甲酸酯分子内环化反应

1984 年，Gandour 等人[31]报道了邻炔基苯甲酸酯的溴化内酯化反应。该反应是在 Br_2 的作用下，邻位酯基参与炔烃的分子内亲电环化反应得到 4-溴异香豆素。不过该反应只列举了两个反应底物，并没有验证这种环化方法的适用性，如图 1-17 所示。

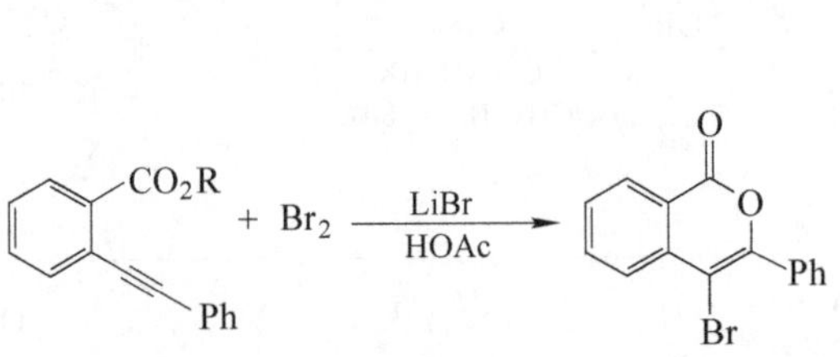

图 1-17 邻炔基苯甲酸酯的溴化内酯化反应

2003 年，Yao 等人[32]报道了一种高效合成各种取代基的异香豆素的方法。使用 ICl、I_2、PhSeCl、p-$O_2NC_6H_4SCl$ 作为亲电源，使邻炔基苯甲酸酯亲电内酯化反应。该方法适用于带有各种官能团的邻炔基酯，并以良好的收率得到取代的异香豆素。然而，在氢和 TIPS 取代基的炔烃的情况下，仅获得了五元环产物。在少数情况下，形成五元环化合物或五元和六元环的混合物。他们提出亲电环化的可能机理是，邻位羰基氧亲核进攻与 I^+ 的配位激活碳碳三键，随后氯离子对 R^1 基团 R^1 = Me 的 SN_2 进攻或者在叔丁基酯的情况下 SN_1 裂解获得的。重要的是该碘代产物可以作为重要的合成中间体，与其他偶联组分发生系列偶联反应，构建更加复杂的高取代杂环化合物提供可能。例如 Sonogashira[33,34]、Heck 反应[35~38]和 Suzuki 反应[39,40]分别以良好产率得到相应的产物，如图 1-18 所示。

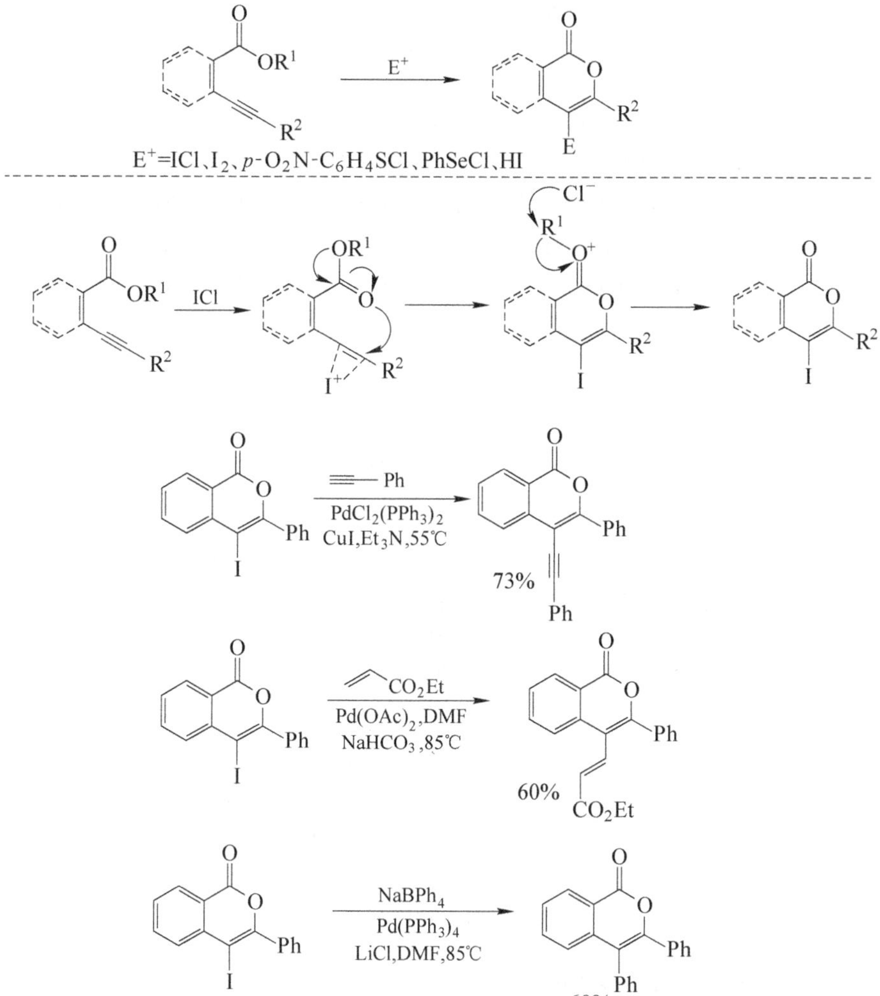

E^+=ICl、I_2、p-O_2N-C_6H_4SCl、PhSeCl、HI

ICl

$PdCl_2(PPh_3)_2$
CuI,Et_3N,55℃
73%

CO_2Et
$Pd(OAc)_2$,DMF
$NaHCO_3$,85℃
60%

$NaBPh_4$
$Pd(PPh_3)_4$
LiCl,DMF,85℃
60%

图 1-18 邻炔基苯甲酸酯亲电内酯化反应

2009 年，Lisowski 等人[41]报道了在固相中邻炔基苯甲酸酯的分子内亲电环化反应。在室温下，以二氯甲烷作溶剂，邻炔基苯甲酸酯与 ICl 或 I_2反应产生异香豆素产物，优先通过六内环化得到异香豆素。当 R^1中的取代基是芳基时，有利于选择性得到六元环化产物；而当 R^1是烷基时，产物是六元和五元环的混合物，如图 1-19 所示。提出的可能机理和 Yao 等人[32]提出的亲电环化的机理类似。

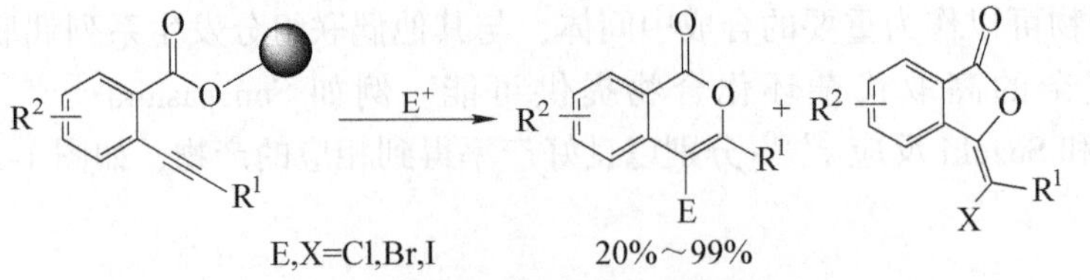

图 1-19　邻炔基苯甲酸酯的分子内亲电环化反应

2017 年，Kawaguchi 等人[42] 报道了 HI 触发邻炔基苯甲酸酯的串联反应得到异苯并呋喃化合物，其中 HI 是由 $I_2/PPh_3/H_2O$ 得到的。这种一锅法串联反应涉及了 4 个过程：脱甲硅烷基化、碘氢化、环化和还原。可能的机理是：首先，HI 原位生成后，促使甲硅烷基脱除，得到末端炔烃；随后，进行氢碘化，得到乙烯基碘[43]。接下来，通过消除 MeI 并环化，得到 3-亚甲基异苯并呋喃。最后还原得到所需产物，其中还原性氢原子衍生自 H_2O，如图 1-20 所示。

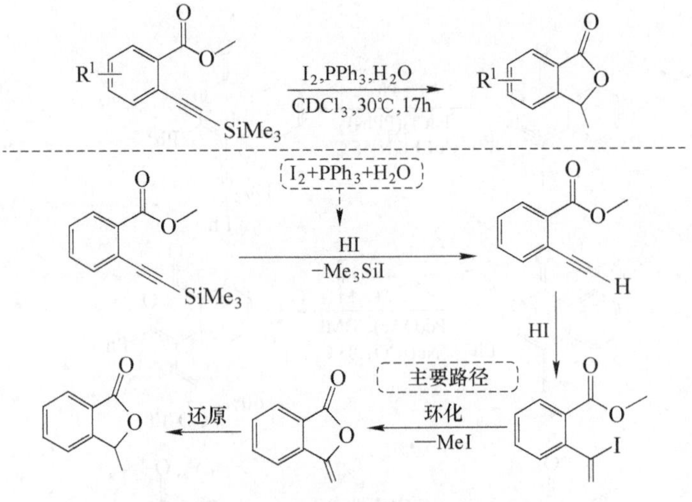

图 1-20　邻炔基苯甲酸酯的串联反应

1.2.5　邻羧基参与的芳香乙炔的分子内环化反应

除了邻位酯基参与环化，直接使用羧基参与环化是更有吸引力的。2000 年，Bellina 等人[44] 报道了银催化邻炔基苯甲酸发生羧基参与的分子内环化反应，生成相应的 3-亚烷基苯并呋喃-1(3*H*)-酮或异香豆素。在室温下，邻炔基苯甲酸在 $AgNO_3$ 作为催化剂，丙酮作溶剂下反应 24h，主要得到 3-取代的异香豆素，收率高达 88%。令人惊讶的是，在温热的 DMF 中，Ag 粉末作催化剂有利于发生五元环化反应，收率高达 94 %，如图 1-21 所示。

2007 年，Marchal 等人[45] 报道了在温和条件下，Au(Ⅰ)催化邻炔基苯甲酸

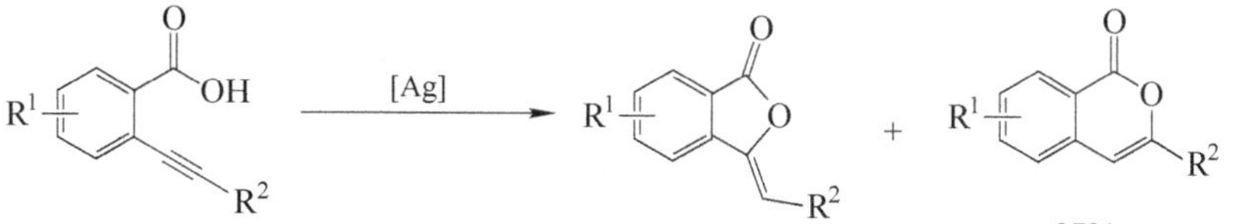

[Ag]

$AgNO_3$ 20% 丙酮,常温 3% 97%

Ag 10% DMF,60℃ 99% 1%

图 1-21 银催化邻炔基苯甲酸的分子内环化反应

分子内环化异构化反应，产生五元和六元混合物。在区域选择性上观察到 R 基团的轻微电子效应，当 R 是富电子芳族基团时，五元环化的选择性降低，六元环化比例增加。R 基团中邻位取代基的存在显著地改变了环化反应，会使反应速率显著减慢，并且环化选择性也会受到影响，如图 1-22 所示。

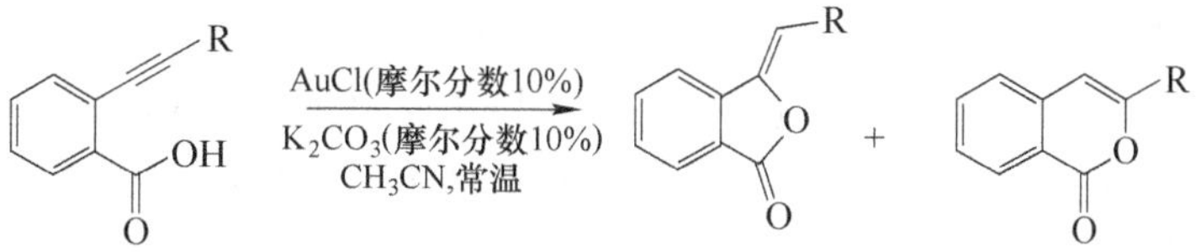

AuCl(摩尔分数10%)
K_2CO_3(摩尔分数10%)
CH_3CN,常温

图 1-22 Au(Ⅰ)催化邻炔基苯甲酸分子内环化异构化反应

2018 年，Mancuso 等人[46]报道了在 $CuCl_2$作催化剂，使用离子液体作为反应介质，可以有效地进行邻炔基苯甲酸的分子内环反应。遵循两种不同的环化方式，通过五元环化产生苯并呋喃-1(3*H*)-酮，六元环化得到异香豆素。使用 N-乙基-N-甲基吗啉二氰胺作为溶剂时，可以选择性地将在三键或末端三键上带有芳基的底物转化为异苯并呋喃酮衍生物。当在硫酸离子液中进行反应时，在三键上被烷基或链烯基取代的底物选择性地产生异香豆素。该方法，产率良好甚至优秀，并且催化剂/离子液体系统可再循环如图 1-23 所示。

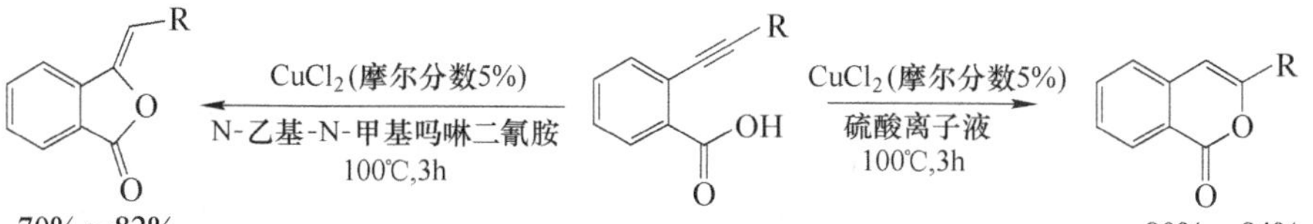

$CuCl_2$(摩尔分数5%)
N-乙基-N-甲基吗啉二氰胺
100℃,3h
70%～82%

$CuCl_2$(摩尔分数5%)
硫酸离子液
100℃,3h
80%～84%

图 1-23 $CuCl_2$催化邻炔基苯甲酸的分子内环反应

单质碘也可促进类似的环化反应发生，例如，2017 年，Mancuso 等人[47]报道了在没有碱的情况下，在 100℃下，在离子液体（ILs）作为非常规溶剂和以 I_2 作为碘源下，进行邻炔基苯甲酸的碘环化反应，生成异苯并呋喃酮和异香豆素混合物。该反应的立体选择性稍差，如图 1-24 所示。

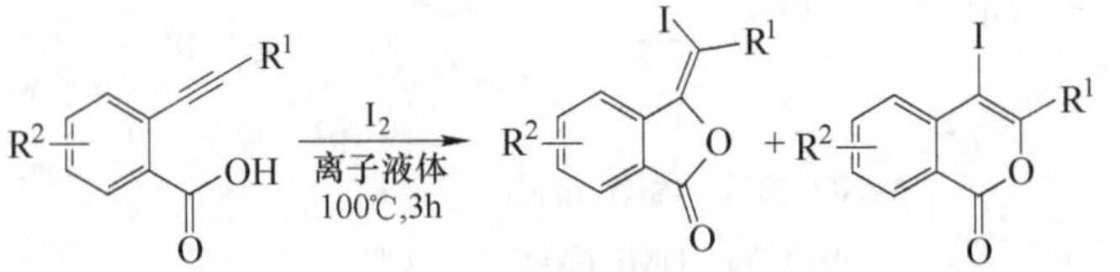

图 1-24　邻炔基苯甲酸的碘环化反应

2006 年，Uchiyama 等人[48]报道了羧酸与碳碳三键之间环化反应的区域选择性与酸/碱效应之间的关系。酸与碱对羧酸的环化模式具有显著的影响：酸促进的环化选择性地得到异香豆素，而碱促进的环化主要得到异苯并呋喃酮骨架。其选择性还取决于使用酸的强弱，弱酸性催化剂并不能使环化反应发生，如乙酸；而强酸如 CF_3COOH，97% H_2SO_4和 CF_3SO_3H(TFSA) 可选择性催化六元内环化，得到异香豆素。在硫酸中，产物的产率相对较低，可能是由于磺化反应的发生。相反，含氮的碱性催化剂如吡啶和三乙胺诱导相反的区域选择性，选择性地得到异苯并呋喃酮和少量的异香豆素。更强的碱性催化剂，例如乙醇钠和氢化钠，反而不能发生反应。该方法，通过分别使用简单的酸和碱促进剂，实现了邻炔基苯甲酸的异香豆素和异苯并呋喃酮骨架的选择性合成如图 1-25 所示。

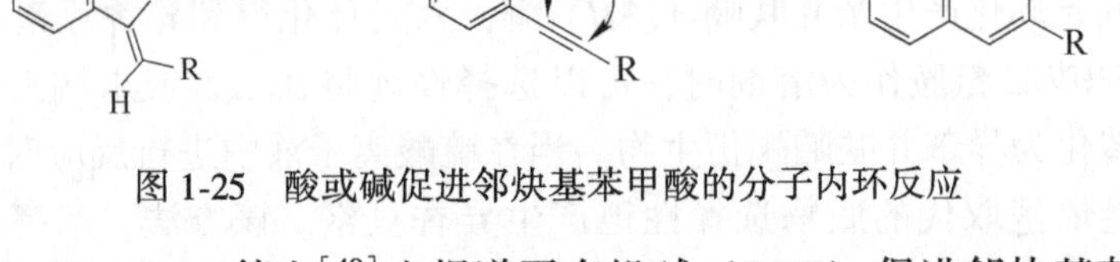

图 1-25　酸或碱促进邻炔基苯甲酸的分子内环反应

2007 年，Kanazawa 等人[49]也报道了有机碱（DBU）促进邻炔基苯甲酸五元内分子环化反应，选择性产生相应的异苯并呋喃-1-酮。该方法具有良好至极好的产率，底物适用性也比较广泛。但是吸电子取代基显著地延迟了环化速率，可能是由于三键的电子密度的降低；而且伴随有异香豆素的形成，可能是由于三键外侧的亲电性增强。相反，给电子基团引入骨架芳环减少了三键外侧的亲电性，因此仅形成五元环化产物。他们认为该反应的分子内环化可能是通过有机碱使羧酸去质子化生成羧酸根阴离子中间体而引发的，如图 1-26 所示。

1.2.6　邻酰胺基参与的芳香乙炔的分子内环化反应

通过邻位酰胺与碳碳三键之间的分子内环化反应可构建含 N 的杂环化合物。主要涉及邻位酰胺基对炔烃的 *N*-亲核或 *O*-亲核进攻，通过五元或六元环化产生

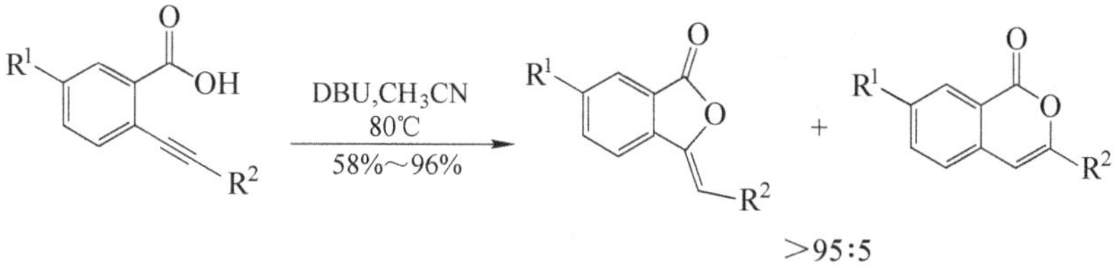

O
R^1
OH
R^2
DBU,CH_3CN
80℃
58%～96%
O
R^1
O
R^2
+
O
R^1
O
R^2
>95:5

图 1-26 DBU 促进邻炔基苯甲酸的分子内环化反应

相应杂环化合物。2016 年，Bantreil 等人[50]报道了两种银催化的方法，从邻炔基苯并异羟肟酸选择性形成异苯并呋喃-1-肟(Ag_2O)或异吲哚啉-1-酮（银配合物）。由于含酰胺化合物所得产物的不稳定性，突出使用氧保护的异羟肟酸底物而不是酰胺作为内部亲核试剂的重要性。三苯基膦在从氧进攻到氮进攻选择性转换中起到至关重要的作用，如图 1-27 所示。

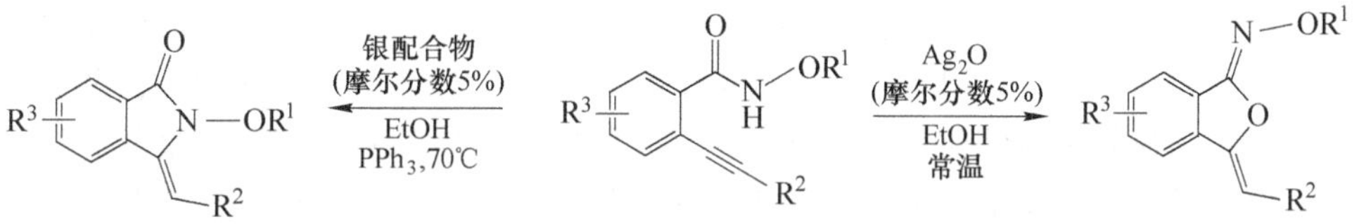

O
R^3
N—OR^1
R^2
银配合物
(摩尔分数5%)
EtOH
PPh_3,70℃
O
R^3
N
H
OR^1
R^2
Ag_2O
(摩尔分数5%)
EtOH
常温
N—OR^1
R^3
O
R^2

图 1-27 银催化邻炔基苯并异羟肟酸选择性环化反应

2014 年，Aurrecoechea 等人[51]报道了钯催化邻炔基苯甲酰胺的五元环化和氧化 Heck 偶联反应的一锅法反应，然后盐酸水解成异苯并呋喃酮化合物。使用不同催化剂或添加剂是实现该反应区域选择性的关键，该反应中 $Pd(OAc)_2$催化主要合成五元环化产物，而 $PdCl_2$或 $Pd(TFA)_2$主要合成六元环化产物。氧化 Heck 偶联反应产生的产物主要是 E 异构体，如图 1-28 所示。

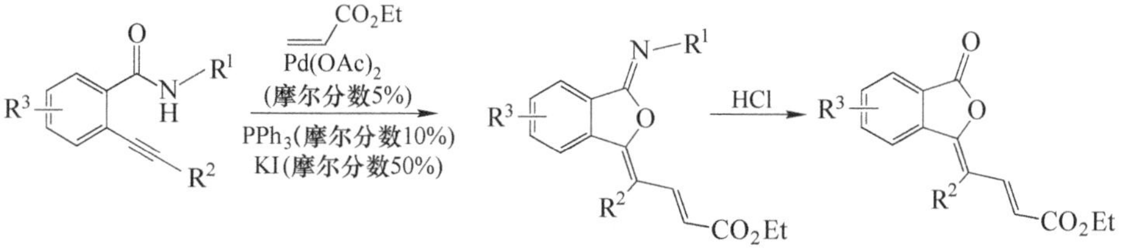

O
R^3
N
H
R^1
R^2
CO_2Et
$Pd(OAc)_2$
(摩尔分数5%)
PPh_3(摩尔分数10%)
KI(摩尔分数50%)
N—R^1
R^3
O
R^2
CO_2Et
HCl
O
R^3
O
R^2
CO_2Et

图 1-28 钯催化邻炔基苯甲酰胺的五元环化反应

2009 年，Liu 等人[52]报道了邻位酰胺中的羰基向炔烃的分子内加成反应生成异香豆素类化合物。这一反应仅仅使用了 $AgSbF_6$作为催化剂没有加入其他添加剂。他们提出了 Ag(Ⅰ)催化邻炔基苯甲酰胺分子内环化的可能反应机理：首先，邻炔基苯甲酰胺的碳碳三键通过与银盐配位而被激活形成络合物**1.29a**。随后在邻位酰胺氧原子对缺电子三键的攻击产生中间体**1.29b**，随后进行质子转移以产生最终产物并再生 Ag(Ⅰ)催化剂，如图 1-29 所示。

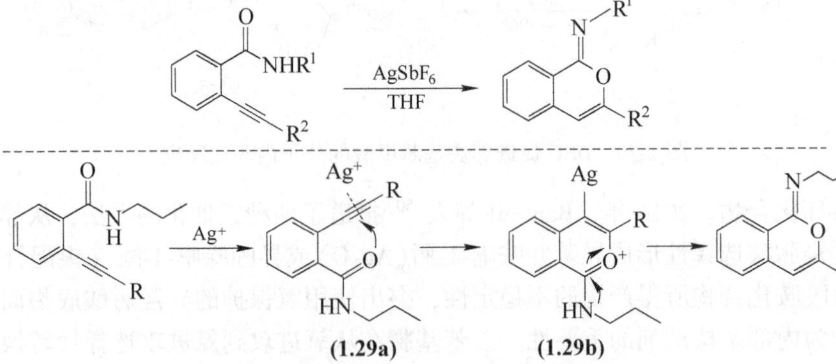

图 1-29　邻炔基苯甲酰胺的六元环化反应

除了上述金属催化环化，一些亲电试剂或者自由基试剂也被用于促进环化反应。早在 2005 年，Larock 等人[53]报道了在 I_2、ICl、NBS 等试剂作用下，邻炔基苯甲酰胺的酰胺氮对邻位炔烃的分子内环化反应得到异吲哚酮和异喹啉酮。2012 年，他们发现在室温下，邻炔基苯甲酰胺通过使用 $I_2/NaHCO_3$ 在 MeCN 溶剂中亲电环化反应 1~2h 得到异苯并呋喃-1(3*H*)-亚胺和异色烯-1-亚胺。该反应适用于在碳碳三键上连有烷基、芳基、TMS 或杂芳基的所有底物。值得注意的是，在酰胺苯环上 R^1 上存在给电子甲氧基的情况下，反应只产生了异苯并呋喃-1(3*H*)-亚胺一种五元环化产物。事实上，对甲氧基（相对于炔烃）的给电子效应应该增加芳香乙炔基的 C-2 上的电子密度，从而有利于酰胺氧在 C-1 上的分子内亲核攻击。可能的机理是，通过碳—碳三键与碘的配位活化，然后酰胺基团的氧的分子内亲核攻击碳碳三键上，然后去质子化得到环化产物，如图 1-30 所示。

2018 年，Brahmchari 等人[55]报道了一种简单而直接的具有区域选择性和立体选择性的异吲哚啉-1-酮合成方法。使用 *n*-BuLi-I_2 实现邻炔基苯甲酰胺的邻位酰胺 N 对碳碳三键的亲核进攻，得到五元氮杂环。该方法适用伯酰胺，得到相应的异吲哚啉酮，产率范围为 38%~94%，如图 1-31 所示。

在有机合成领域中，自由基促进的环化反应是构建多种有用环状结构的常用途径。最近，我们小组[56]发现四丁基溴化铵/过氧单磺酸钾是将邻炔基苯甲酰胺转化为高选择性的异苯并呋喃的有效体系，其中溴自由基是由溴盐中的 Br^- 氧化而来的。使用四丁基溴化铵/过氧单磺酸钾实现邻炔基苯甲酰胺的邻位酰胺氧对碳碳三键的进攻，得到五元氧杂环化合物。由于异苯并呋喃-1(3*H*)-亚胺结构不太稳定，加入 0.5mL HCl 使其水解为异苯并呋喃-1(3*H*)-酮。该方法适用各种 N-保护基团的底物，且产率均比较优异，如图 1-32 所示。

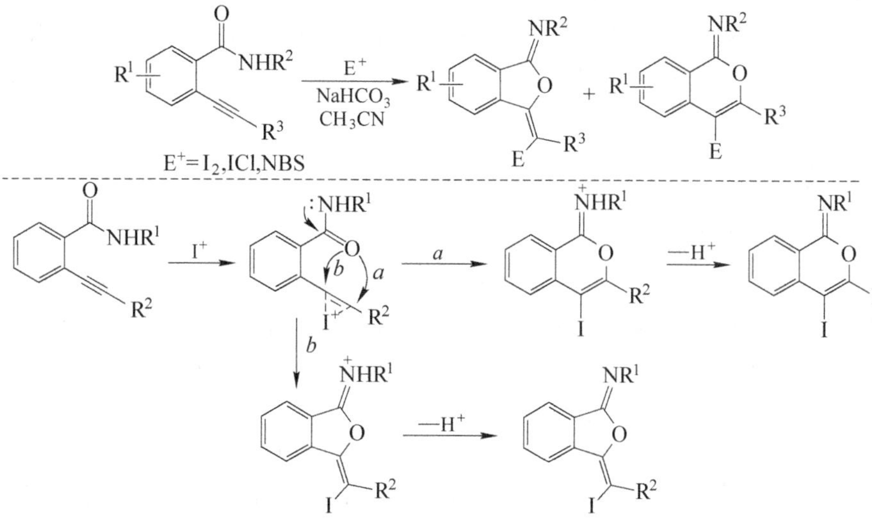

图 1-30　邻炔基苯甲酰胺的亲电环化反应

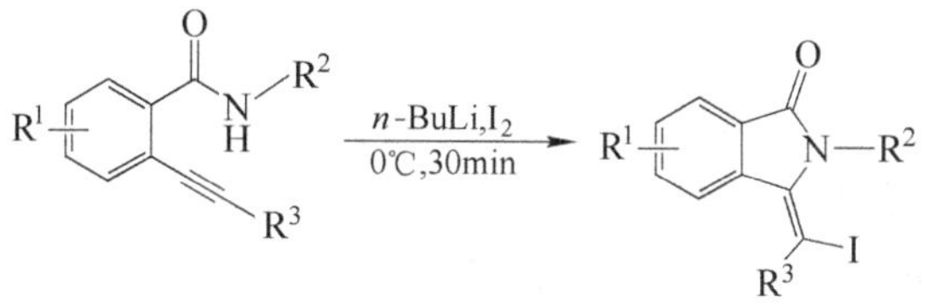

图 1-31　邻位酰胺基中的 N 亲核进攻炔烃的环化反应

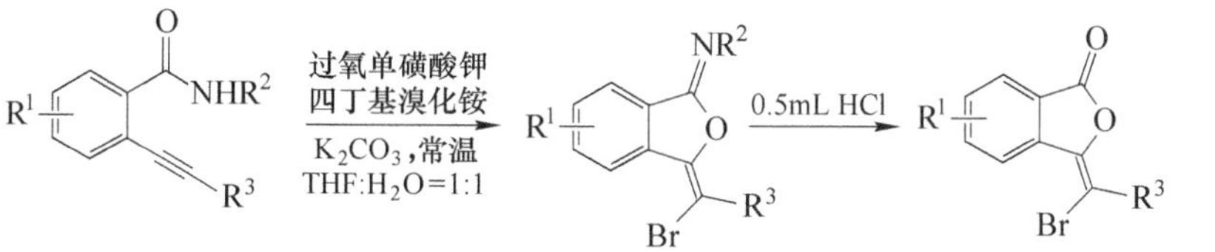

图 1-32　四丁基溴化铵促进邻炔基苯甲酰胺的环化反应

1.3　小结

综上所述，利用炔烃的双官能团化反应，可构建结构多样的杂环化合物。目前，大量文献已经报道了合成异香豆素和异苯并呋喃类化合物的合成方法。文献中大多报道的是使用不安全或易分解的亲电试剂，以及一些昂贵且不易处理及保存的金属、过渡金属催化剂，而且反应的选择性不是很好。针对目前报道的方法的局限性，寻找高效绿色的卤化盐和无机盐氧化剂，避免过渡金属催化剂的使用，同时能够高效和高选择性的合成这类杂环化合物骨架是非常有意义的。因此，基于邻炔基苯甲酰胺和邻炔基苯甲酸（酯）作为起始原料，构建多种杂环骨架是非常值得研究的。

1.4 研究内容

本书主要研究内容如下：

第 1 章主要综述了邻位基团参与苯乙炔的分子内环化反应研究进展。

第 2 章主要研究了四丁基碘化铵促进的邻炔基苯甲酰胺的五元环化反应。基于当量的四丁基碘化铵促进的邻炔基苯甲酰胺的五元碘环化反应，开发了一种制备碘代异苯并呋喃酮类化合物的新方法。

第 3 章主要研究了四丁基溴化铵催化的邻炔基苯甲酰胺的六元环化反应。开发了一种四丁基溴化铵催化的邻炔基苯甲酰胺区域选择性六元环化反应，用于合成一系列异香豆素-1-亚胺类化合物。

第 4 章主要研究了邻位酰胺基团参与的共轭烯炔的 2,4-二卤化反应。开发了一种 NBS/NIS 介导的共轭烯炔的 2,4-二卤化反应新方法。机理研究表明，该反应经历了氧转移过程。

第 5 章发展了一种制备异香豆素-1-亚胺类化合物的方法，用三氟乙酸铜催化邻烯炔基苯甲酰胺区域选择性六元环化，得到 3-烯基-异香豆素-1-亚胺类化合物。

第 6 章发展了一种制备 3-羟基异喹啉-1,4-二酮类化合物的方法，利用当量的硝酸铈铵（CAN）促进邻炔基-N-甲氧基苯甲酰胺类化合物六元环化生成 3-羟基异喹啉-1,4-二酮类衍生物。

第 7 章主要为总结与展望。

参考文献

[1] Zeni G, Larock R C. Synthesis of heterocycles via palladium-catalyzed oxidative addition [J]. Chemical Reviews, 2006, 106 (11): 4644~4680.

[2] Krüger K, Tillack A, Beller M. Catalytic synthesis of indoles from alkynes [J]. Advanced Synthesis & Catalysis, 2008, 350 (14~15): 2153~2167.

[3] Vicente R. Recent advances in indole syntheses: New routes for a classic target [J]. Organic & Biomolecular Chemistry, 2011, 9 (19): 6469~6480.

[4] Cacchi S, Fabrizi G. Synthesis and functionalization of indoles through palladium-catalyzed reactions [J]. Chemical reviews, 2011, 111 (5): PR215~283.

[5] Platon M, Amardeil R, Djakovitch L, et al. Progress in palladium-based catalytic systems for the sustainable synthesis of annulated heterocycles: A focus on indole backbones [J]. Chemical

Society Reviews, 2012, 41 (10): 3929~3968.

[6] Guo L , Duan X , Liang Y , et al. Palladium-catalyzed cyclization of propargylic compounds [J]. Accounts of Chemical Research, 2010, 44 (2): 111~122.

[7] Cacchi S, Carnicelli V, Marinelli F. Palladium-catalysed cyclization of 2-alkynylanilines to 2-substituted indoles under an acidic two-phase system [J]. Journal of Organometallic Chemistry, 1994, 475 (1~2): 289~296.

[8] Terrasson V, Michaux J, Gaucher A, et al. Iron-Palladium Association in the Preparation of Indoles and One-Pot Synthesis of Bis (indolyl) methanes [J]. European Journal of Organic Chemistry, 2007, 2007 (32): 5332~5335.

[9] Ambrogio I, Cacchi S, Fabrizi G. 2-Alkylindoles via palladium-catalyzed reductive cyclization of ethyl 3-(o-trifluoroacetamidophenyl)-1-propargyl carbonates [J]. Tetrahedron Letters, 2007, 48 (43): 7721~7725.

[10] Yao B, Wang Q, Zhu J. Palladium-catalyzed coupling of ortho-alkynylanilines with terminal alkynes under aerobic conditions: efficient synthesis of 2,3-disubstituted 3-alkynylindoles [J]. Angewandte Chemie, 2012, 124 (49): 12477~12481.

[11] Arcadi A, Cacchi S, Fabrizi G, et al. 2-Substituted 3-arylindoles through palladium-catalyzed arylative cyclization of 2-alkynyltrifluoroacetanilides with arylboronic acids under oxidative conditions [J]. Organic & biomolecular chemistry, 2013, 11 (4): 545~548.

[12] Yue D, Yao T, Larock R C. Synthesis of 3-iodoindoles by the Pd/Cu-catalyzed coupling of N, N-dialkyl-2-iodoanilines and terminal acetylenes, followed by electrophilic cyclization [J]. The Journal of organic chemistry, 2006, 71 (1): 62~69.

[13] Huang W, Liu J H C, Alayoglu P, et al. Highly active heterogeneous palladium nanoparticle catalysts for homogeneous electrophilic reactions in solution and the utilization of a continuous flow reactor [J]. Journal of the American Chemical Society, 2010, 132 (47): 16771~16773.

[14] Martínez C, Aurrecoechea J M, Madich Y, et al. Synthesis of tetrahydrodibenzofuran and tetrahydrophenanthridinone skeletons by intramolecular nucleopalladation/oxidative heck cascades [J]. European Journal of Organic Chemistry, 2012, (1): 99~106.

[15] Amatore C, Blart E, Genet J P, et al. New synthetic applications of water-soluble acetate Pd/TPPTS catalyst generated in Situ. evidence for a true Pd (0) species intermediate [J]. The Journal of Organic Chemistry, 1995, 60 (21): 6829-6839.

[16] Arcadi A, Cacchi S, Fabrizi G, et al. A new approach to 2, 3-disubstituted benzo [b] furans from o-alkynylphenols via 5-endo-dig-iodocyclisation palladium-catalysed reactions [J]. Synlett, 1999, 1999 (9): 1432~1434.

[17] Zhang J, Han X. An unexpected addition of acetic acid to ortho-electron-deficient alkynyl-substituted aryl aldehydes catalyzed by palladium (Ⅱ) acetate [J]. Advanced Synthesis & Catalysis, 2014, 356 (11~12): 2465~2470.

[18] Asao N, Nogami T, Takahashi K, et al. Pd (Ⅱ) acts simultaneously as a Lewis acid and as a transition-metal catalyst: Synthesis of cyclic alkenyl ethers from acetylenic aldehydes [J]. Jour-

nal of the American Chemical Society, 2002, 124 (5): 764~765.
[19] Lipshutz B H, Pollart D, Monforte J, et al. Pd (Ⅱ)-catalyzed acetal/ketal hydrolysis/exchange reactions [J]. Tetrahedron Letters, 1985, 26 (6): 705~708.
[20] Park M H, Takeda R, Nakanishi K. Microscale cleavage reaction of (phenyl) benzyl ethers by ferric chloride [J]. Tetrahedron Letters, 1987, 28 (33): 3823~3824.
[21] Anthony N J, Clarke T, Jones A B, et al. Synthesis of the monocyclicnonaromatic C-1 to C-10 fragments of the milbemycins and avermectins [J]. Tetrahedron Letters, 1987, 28 (46): 5755~5758.
[22] McKillop A, Taylor R J K, Watson R J, et al. An improved synthesis of the aranorosin nucleus [J]. Synlett, 1992, (12): 1005~1006.
[23] Schmeck C, Hegedus L S. Synthesis of optically active 4-substituted 2-aminobutyrolactones and homoserines by combined aldol/Photocyclization reactions of chromium aminocarbene complexes [J]. Journal of the American Chemical Society, 1994, 116 (22): 9927~9934.
[24] Ott J, Tombo G M R, Schmid B, et al. A versatile rhodium catalyst for acetalization reactions under mild conditions [J]. Tetrahedron Letters, 1989, 30 (45): 6151~6154.
[25] Cataldo M, Nieddu E, Gavagnin R, et al. Hydroxy complexes of palladium (Ⅱ) and platinum (Ⅱ) as catalysts for the acetalization of aldehydes and ketones [J]. Journal of Molecular Catalysis A: Chemical, 1999, 142 (3): 305~316.
[26] Patil N T, Yamamoto Y. Synthesis of cyclic alkenyl ethers via intramolecular cyclization of *o*-alkynylbenzaldehydes. Importance of combination between CuI catalyst and DMF [J]. The Journal of organic chemistry, 2004, 69 (15): 5139~5142.
[27] Park J H, Bhilare S V, Youn S W. NHC-catalyzed oxidative cyclization reactions of 2-alkynylbenzaldehydes under aerobic conditions: Synthesis of *o*-heterocycles [J]. Organic letters, 2011, 13 (9): 2228~2231.
[28] Yue D, Della Cá N, Larock R C. Syntheses of isochromenes and naphthalenes by electrophilic cyclization of acetylenic arenecarboxaldehydes [J]. The Journal of Organic Chemistry, 2006, 71 (9): 3381~3388.
[29] Liang Y, Xie Y X, Li J H. Cy2NH · HX-promotedcyclizations of o- (alk-1-ynyl) benzoates and (Z)-alk-2-en-4-ynoate with copper halides to synthesize isocoumarins and α-pyrone [J]. Synthesis, 2007 (3): 400~406.
[30] Speranca A, Godoi B, Pinton S, et al. Regioselective synthesis of isochromenones by iron (Ⅲ) /PhSeSePh-mediated cyclization of 2-alkynylaryl esters [J]. The Journal of organic chemistry, 2011, 76 (16): 6789~6797.
[31] Oliver M A, Gandour R D. The identity of 4-bromo-3-phenylisocoumarin. a facile preparation by bromolactonization of alkyl 2- (2-phenylethynyl) benzoates [J]. The Journal of Organic Chemistry, 1984, 49 (3): 558~559.
[32] Yao T, Larock R C. Synthesis of isocoumarins and α-pyrones via electrophilic cyclization [J]. The Journal of organic chemistry, 2003, 68 (15): 5936~5942.

[33] Campbell, I. B. The sonogashira Cu-Pd catalyzed alkyne coupling reaction [M]. IRL Press: Oxford, UK, 1994: 217~235.

[34] Sonogashira K, Takahashi S. Palladium-catalyzed coupling reactions between sp and sp2 carbon centers [J]. Journal of Synthetic Organic Chemistry, Japan, 1993, 51 (11): 1053~1063.

[35] De Meijere A, Meyer F E. Fine feathers make fine birds: The Heck reaction in modern garb [J]. Angewandte Chemie International Edition in English, 1995, 33 (23~24): 2379~2411.

[36] Shibasaki M, Boden C D J, Kojima A. The asymmetric Heck reaction [J]. Tetrahedron, 1997, 53 (22): 7371~7395.

[37] Cabri W, Candiani I. Recent developments and new perspectives in the Heck reaction [J]. Accounts of Chemical Research, 1995, 28 (1): 2~7.

[38] Overman L E. Application of intramolecular Heck reactions for forming congested quaternary carbon centers in complex molecule total synthesis [J]. Pure and applied chemistry, 1994, 66 (7): 1423~1430.

[39] Miyaura N, Suzuki A. Palladium-catalyzed cross-coupling reactions of organoboron compounds [J]. Chemical reviews, 1995, 95 (7): 2457~2483.

[40] Suzuki A. Metal-catalyzed cross-coupling reactions [J]. Wiley-VCH, Weinheim, 1998: 49~97.

[41] Peuchmaur M, Lisowski V, Gandreuil C, et al. Solid-phase synthesis of isocoumarins: A traceless halocyclization approach [J]. The Journal of organic chemistry, 2009, 74 (11): 4158~4165.

[42] Kawaguchi S, Nakamura K, Yamaguchi K, et al. Hydroiodination-triggered cascade reaction with $I_2/PPh_3/H_2O$: Metal-free access to 3-substituted phthalides from 2-alkynylbenzoates [J]. European Journal of Organic Chemistry, 2017, (36): 5343~5346.

[43] Kawaguchi S, Masuno H, Sonoda M, et al. Highly regioselective hydroiodination of terminal alkynes and silylalkynes with iodine and phosphorus reagents leading to internal iodoalkenes [J]. Tetrahedron, 2012, 68 (47): 9818~9825.

[44] Bellina F, Ciucci D, Vergamini P, et al. Regioselective synthesis of natural and unnatural (Z)-3-(1-alkylidene) phthalides and 3-substituted isocoumarins starting from methyl 2-hydroxybenzoates [J]. Tetrahedron, 2000, 56 (16): 2533~2545.

[45] Marchal E, Uriac P, Legouin B, et al. Cycloisomerization of γ-and δ-acetylenic acids catalyzed by gold (I) chloride [J]. Tetrahedron, 2007, 63 (40): 9979~9990.

[46] Mancuso R, Pomelli C S, Chiappetta P, et al. Divergent syntheses of (Z)-3-alkylideneisobenzofuran-1(3H)-ones and 1H-isochromen-1-ones by copper-catalyzed cycloisomerization of 2-alkynylbenzoic acids in ionic liquids [J]. The Journal of Organic Chemistry, 2018, 83 (12): 6673~6680.

[47] Mancuso R, Pomelli C C, Malafronte F, et al. Divergent syntheses of iodinated isobenzofuranones and isochromenones by iodolactonization of 2-alkynylbenzoic acids in ionic liquids [J]. Organic & Biomolecular Chemistry, 2017, 15 (22): 4831-4841.

[48] Uchiyama M , Ozawa H , Takuma K , et al. Regiocontrolled intramolecular cyclizations of car-

boxylic acids to carbon-carbon triple bonds promoted by acid or base catalyst [J]. Organic Letters, 2006, 8 (24): 5517~5520.

[49] Kanazawa C, Terada M. Organic-base-catalyzed synthesis ofphthalides via highly regioselective intramolecular cyclization reaction [J]. Tetrahedron letters, 2007, 48 (6): 933~935.

[50] Bantreil X, Bourderioux A, Mateo P, et al. Phosphine-triggered selectivity switch in silver-catalyzed o-alkynylbenzohydroxamic acid cycloisomerizations [J]. Organic letters, 2016, 18 (19): 4814~4817.

[51] Madich Y, Álvarez R, Aurrecoechea J M. Palladium-catalyzed regioselective 5-exo-*O*-cyclization/oxidative Heck cascades from *o*-alkynylbenzamides and electrondeficient alkenes [J]. European Journal of Organic Chemistry, 2015, 46 (12): 6263~6271.

[52] Liu G, Zhou Y, Ye D, et al. Silver-catalyzed intramolecular cyclization of o-(1-alkynyl) benzamides: efficient synthesis of (1H)-isochromen-1-imines [J]. Advanced Synthesis & Catalysis, 2009, 351 (16): 2605~2610.

[53] Yao T , Larock R C . Regio- and stereoselective synthesis of isoindolin-1-ones via electrophilic cyclization [J]. The Journal of Organic Chemistry, 2005, 70 (4): 1432~1437.

[54] Mehta S , Waldo J P , Neuenswander B , et al. Solution-phase parallel synthesis of a multisubstituted cyclic imidate library [J]. Acs Combinatorial Science, 2013, 15 (5): 247~254.

[55] Brahmchari D, Verma A K, Mehta S. Regio-and Stereoselective Synthesis of Isoindolin-1-ones through BuLi-Mediated Iodoaminocyclization of 2-(1-Alkynyl) benzamides [J]. The Journal of Organic Chemistry, 2018, 83 (6): 3339~3347.

[56] Wang R X, Yuan S T, Liu J B, et al. Regioselective 5-exo-dig oxy-cyclization of 2-alkynylbenzamide for the synthesis of isobenzofuran-1-imines and isobenzofuran. [J]. Organic & Biomolecular Chemistry, 2018, 16 (24): 4501~4508.

2　四丁基碘化铵促进的邻炔基苯甲酰胺的五元环化反应

2.1　研究背景

异苯并呋喃-1(3*H*)-酮、异苯并呋喃-1-(3*H*)-亚胺是一类在天然产物，药物和生物材料中的重要组成部分，具有广泛的生物活性，如抗 HIV、抗糖尿病、抗痉挛、抗过敏、抗真菌、杀虫、除草和抗癌活性。作为中间体，异苯并呋喃-1(3H)-酮被应用于合成多种天然产物和治疗剂。对其结构进行修饰合成一系列具有生物活性且化学性质稳定的各类化合物。例如，3-亚烷基-1(3*H*)-异苯并呋喃-酮包含天然和合成产物的重要组分，并具有非常广泛的生物活性，具有抗心律失常、抗血小板、抗痉挛和镇静等作用；3-丁基异苯并呋喃-1(3*H*)-酮（NBP）对脑缺血损伤具有很大的保护作用，并且具有抗惊厥作用以及中枢镇静作用。因此，如何高效地合成异苯并呋喃-1(3*H*)-酮类化合物，已经成为有机化学领域的研究热点。

炔烃的分子内环化是构建各种杂环的有效方法[1~9]。炔烃的区域选择性官能化对于各种有机产物的合成具有重要意义。分子内环化因其合成特殊结构核心的能力而得到了广泛研究，而这种特殊结构核心始终从双功能底物开始[10~12]。而邻炔基苯甲酰胺是重要的双功能结构单元之一，它可以通过三键的区域选择性环化合成各种杂环化合物。主要涉及酰胺基团的 N-亲核或 O-亲核进攻邻位的碳-碳三键，从而引起五元外或六元内环化分别得到五元或六元杂环化合物。一般通过四个反应系统合成各种 N-杂环结构，包括碱介导的 N-亲核进攻炔烃的五元外环化反应得到异吲哚啉-1-酮等一系列衍生物[13,14]，如图 2-1 所示，路易斯酸催化的 O-亲核进攻碳—碳三键六元内环化得到异色烯-1-亚胺衍生物[15~18]，过渡金属催化的 O-亲核进攻碳—碳三键五元外环化得到异苯并呋喃-1-(3*H*)-亚胺类化合物[19,20]，如图 2-2 所示，和亲电环化反应[21~24]。

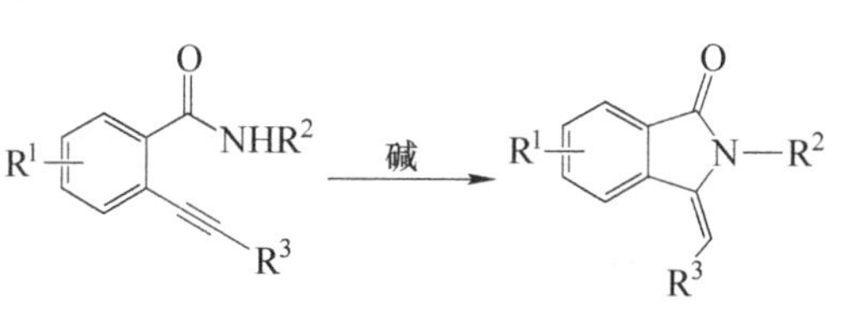

O　NHR^2　R^1　R^3　碱　R^1　O　N—R^2　R^3

图 2-1　邻位酰胺基中的 N-亲核进攻炔烃的五元外环化反应

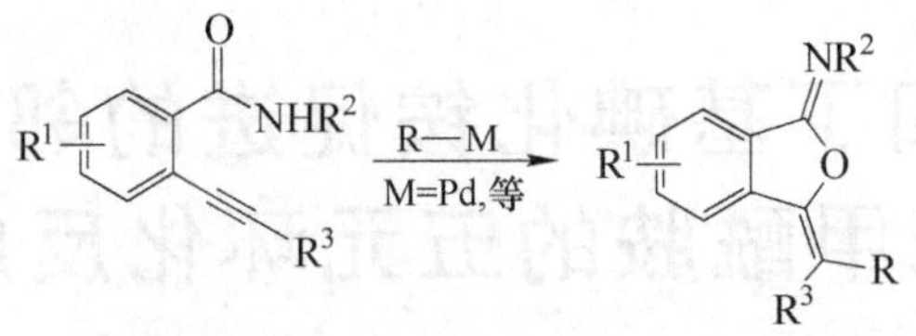

图 2-2　邻位酰胺基中的 O-亲核进攻炔烃的六元内环化反应

2011 年，Miyata 等人[25]报道了具有邻-Weinreb 酰胺官能团的芳基炔在被 $CuCl_2$-NCS 活化后，通过分子内环化反应，区域选择性合成 3-（氯亚甲基）异苯并呋喃酮。其中 Cu（II）催化剂起着至关重要的作用，只使用 NCS 会导致形成六元环化产物。但这种环化方式的实现只适用于含邻-Weinreb 酰胺官能团的芳基炔底物，如图 2-3 所示。

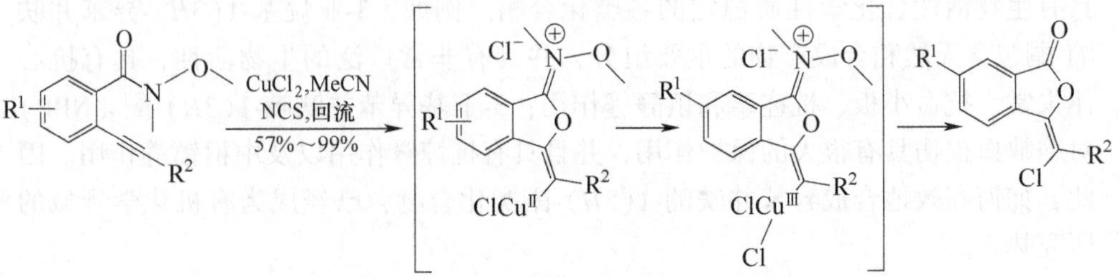

图 2-3　过渡金属催化 N-甲氧基邻炔基苯甲酰胺的环化反应

2012 年，Larock 等人[26]发现通过使用 $I_2/NaHCO_3$ 可以实现邻炔基苯甲酰胺的亲电环化反应，在邻炔基苯甲酰胺的亲电环化反应中发现五元外环化和六元内环化，这导致得到的是异苯并呋喃-1-亚胺和异色烯-1-亚胺的两种混合物，如图 2-4 所示。

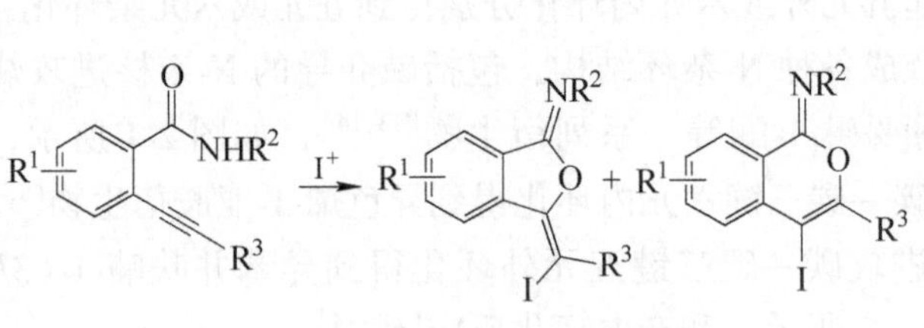

图 2-4　邻炔基苯甲酰胺的亲电环化反应

2.2　课题构思

根据之前的研究，寻找一种无金属催化、反应条件温和的方法来实现邻炔基苯甲酰胺区域选择性环化是很有必要的。在过去的几年中，本课题组一直致力于炔烃的区域选择性官能化反应。最近，课题组发现 KBr 介导的邻炔基苯甲酰胺在

80℃下发生区域选择性五元亲电环化反应，能以良好的收率得到异苯并呋喃-1-亚胺如图 2-5 所示。以及四丁基溴化铵介导的邻炔基苯甲酰胺的区域选择性五元环化反应生成异苯并呋喃-1-亚胺如图 2-6 所示。为了提高反应效率并在更温和的反应条件下扩大反应范围，尝试了碘化盐介导的邻炔基苯甲酰胺的反应，发生的也是五元氧环化反应，合成了碘代异苯并呋喃-1-亚胺，如图 2-7 所示。

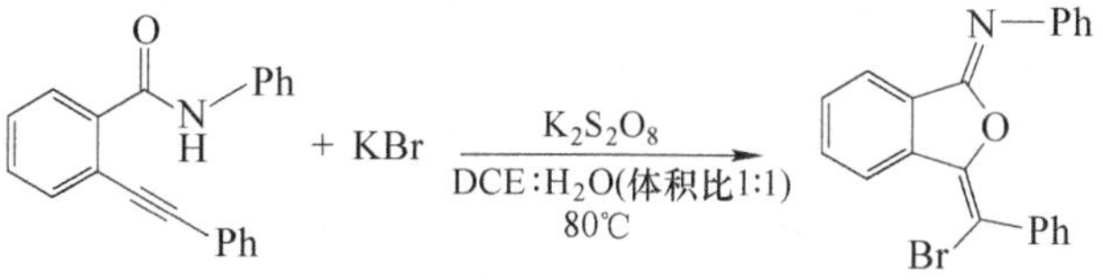

图 2-5　KBr 介导邻炔基苯甲酰胺的亲电环化反应

图 2-6　四丁基溴化铵促进邻炔基苯甲酰胺的亲电环化反应

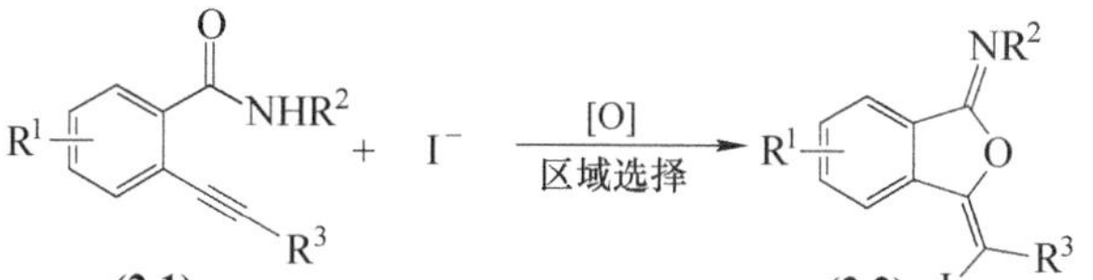

图 2-7　碘化盐介导邻炔基苯甲酰胺的环化反应

2.3 实验条件优化

对反应条件进行优化，基于四丁基溴化铵介导的炔烃溴化区域选择性官能化反应的报道，首先 N-苯基-2-(苯基乙炔基) 苯甲酰胺 **2.1a** 作为底物使用四正丁基碘化铵作为碘盐的来源进行反应。结果表明，3-碘代亚甲基异苯并呋喃-1-亚胺部分水解成含 3-碘代亚甲基异苯并呋喃-1-酮。而异苯并呋喃-1-亚胺在 HCl 的存在下水解成异苯并呋喃。考虑到异苯并呋喃核心结构的重要性，在此着重于通过邻炔基苯甲酰胺区域选择性的碘环化反应和原位水解合成异苯并呋喃酮衍生物。

进行条件优化见表 2-1，首先对反应的溶剂进行筛选，发现混合共溶剂的种类和比例对反应有很大影响。当使用 THF：H_2O（体积比 1：1）作为溶剂时，在室温下产生所需产物异苯并呋喃**2.3a**，产率为70%（见表2-1，第3列），而其他混合溶剂如DCE：H_2O、MeCN：H_2O和纯水分别得到46%、20%和53%的**2.3a**（见表2-1，第1，2，4列）。水和THF之间比例的降低对反应产率和区域选择性产生显著影响（见表2-1，第5列），观察到6-内环化异构体，产率为11%。考察氧化剂的影响，当将氧化剂从过氧单磺酸钾（过氧单磺酸钾）改为$K_2S_2O_8$和H_2O_2时，反应效果比较差（见表2-1，第6和7列）。考察添加剂碱对反应的影响，发现$NaHCO_3$作为添加剂产率相对差些（见表2-1，第8列）。而^{t}BuOK作为添加剂使反应杂乱（见表2-1，第9列）。同时，还进行了空白实验，证明了使用添加剂进行反应的重要性（见表2-1，第10列）。将碘盐四丁基碘化铵改变为KI时不利于反应，得到所需产物**2.3a**，产率为39%（见表2-1，第11列）。可能是因为四丁基碘化铵作为碘源和相转移催化剂的双重作用。当减少四丁基碘化铵和K_2CO_3的负载时，产率相应降低（见表2-1，第12和13列）但是当四丁基碘化铵的负载量减少至0.1当量时，环化方式发生了改变，发生的是六元环化，反应生成的是异香豆素，结果未在表中呈现。结果表明，在室温下选择四丁基碘化铵（2.0当量），K_2CO_3（3.0当量），过氧单磺酸钾（2.0当量）在THF：H_2O（体积比1：1）中和10%的HCl水溶液（0.5mL）作为最优反应条件。

表2-1　反应条件优化①

(2.1a) + I⁻ —[氧化剂, 添加剂 / 溶剂，常温, 区域选择]→ (2.2a) —[10% HCl (0.5mL) / 室温，2h]→ (2.3a)

NPh　H　N　Ph　O　I　Ph

列	[I]⁻	添加剂	氧化剂	溶剂（体积比）	产率②(**2.3a**)/%
1	四丁基碘化铵	K_2CO_3	过氧单磺酸钾	DCE：H_2O（1：1）	46
2	四丁基碘化铵	K_2CO_3	过氧单磺酸钾	MeCN：H_2O（1：1）	20
3	四丁基碘化铵	K_2CO_3	过氧单磺酸钾	THF：H_2O（1：1）	70
4	四丁基碘化铵	K_2CO_3	过氧单磺酸钾	H_2O	53
5	四丁基碘化铵	K_2CO_3	过氧单磺酸钾	THF：H_2O（4：1）	41
6	四丁基碘化铵	K_2CO_3	H_2O_2	THF：H_2O（1：1）	—
7	四丁基碘化铵	K_2CO_3	$K_2S_2O_8$	THF：H_2O（1：1）	—

续表 2-1

列	$[I]^-$	添加剂	氧化剂	溶剂(体积比)	产率②(**2.3a**)/%
8	四丁基碘化铵	$KHCO_3$	过氧单磺酸钾	THF : H_2O (1 : 1)	61
9	四丁基碘化铵	^tBuOK	过氧单磺酸钾	THF : H_2O (1 : 1)	—
10	四丁基碘化铵	—	过氧单磺酸钾	THF : H_2O (1 : 1)	—
11	KI	K_2CO_3	过氧单磺酸钾	THF : H_2O (1 : 1)	39
12③	四丁基碘化铵	K_2CO_3	过氧单磺酸钾	THF : H_2O (1 : 1)	62
13④	四丁基碘化铵	K_2CO_3	过氧单磺酸钾	THF : H_2O (1 : 1)	65

①反应条件：**2.1a**（0.2mmol），碘化盐（2.0 当量），添加剂碱（3.0 当量），氧化剂（2.0 当量），8h。

②基于邻炔基苯甲酰胺 **2.1a** 的分离产率。

③四丁基碘化铵（1.5 当量）。

④K_2CO_3（2.0 当量）。观察到六内环化异构体，产率为 11%。DCE 为 1,2-二氯乙烷；THF 为四氢呋喃；MeCN 为乙腈。

2.4 底物拓展

在最优反应条件下对反应的适用范围进行探索，结果见表 2-2。在该反应体系中可以合成一系列异苯并呋喃酮衍生物 **2.3**。取代基 R^1等于芳基，烷基和三甲基硅烷基对该反应均适用。例如，在标准条件下，N-苯基-2-(苯基乙炔基)苯甲酰胺 **2.1a** 的反应以 70%的收率得到异苯并呋喃酮 **2.3a**。芳基 R^1的电子效应对反应结果具有显著影响。从表 2-2 的结果来看，供电子芳基比吸电子芳基更有利于反应。例如，4-甲基苯基连接的底物 **2.1b** 以 73%的产率得到所需产物 **2.3b**，而 4-氯苯基和 4-氟苯基连接的底物（**2.1d** 和 **2.1e**）仅得到异苯并呋喃-1-酮 **2.3d** 和 **2.3e**，收率分别为 55%和 63%。不过，当 2-((4-甲氧基苯基)乙炔基)-N-苯基苯甲酰胺 **2.1c** 用作底物时，形成了五元外环化 **2.3c** 和六内环化 **2.3c′**的混合产物（总产率为 74%，比率为 1 : 1）。2-((4-硝基苯基)乙炔基)-N-苯基苯甲酰胺的反应未能产生所需产物。杂芳基连接的底物在标准条件下反应可以得到相应的产物。例如，噻吩连接的原料 **2.1f** 反应顺利进行形成噻吩连接的异苯并呋喃 **2.3f**，收率为 82%。同时，使用具有空间位阻底物时反应的产率产生轻微影响。例如，叔丁基连接的底物 **2.1g** 的反应得到所需产物 **2.3g**，产率为 79%。另外，三甲基硅烷基连接的底物 **2.1h** 的反应也与反应相容，以良好的收率提供所需产物 **2.3h**。但是，R^1上的氢原子的取代基是不能得到想要的产物，其中相应的反应是杂乱的（数据未在表 2-2 中显示）。

表 2-2　异苯并呋喃酮类化合物的合成

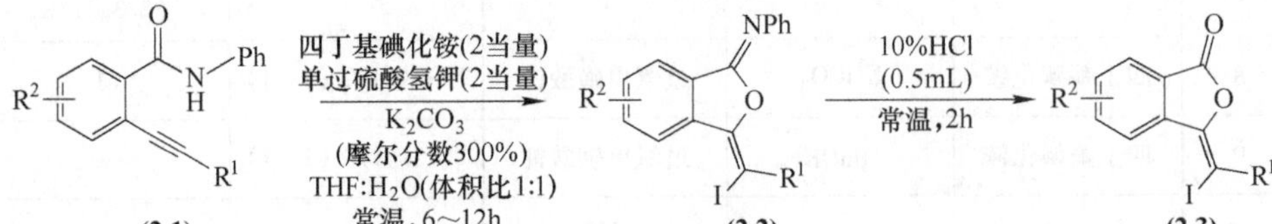

(2.1) → 四丁基碘化铵(2当量)，单过硫酸氢钾(2当量)，K_2CO_3 (摩尔分数300%)，THF:H_2O(体积比1:1)，常温，6～12h → (2.2) → 10%HCl (0.5mL)，常温，2h → (2.3)

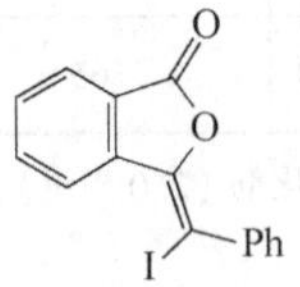

(2.3a),70%	(2.3b),73%	(2.3c) + (2.3c′)，总产率:74%,1:1
(2.3d),55%	(2.3e),63%	(2.3f),82%　(2.3g),79%　(2.3h),70%

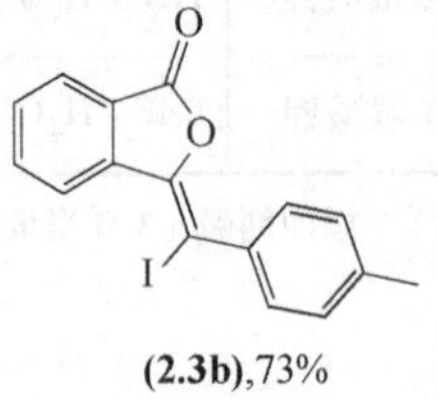

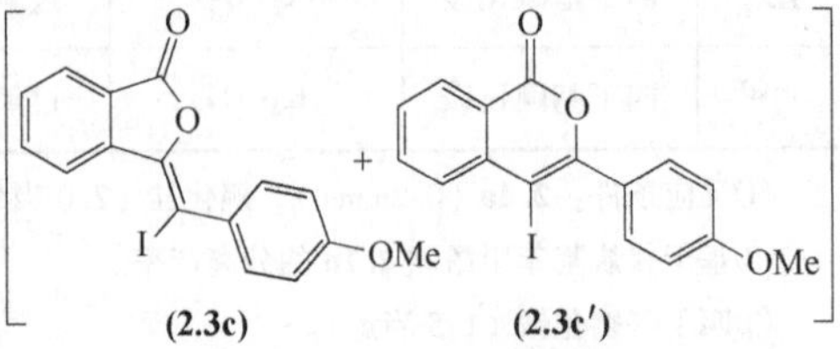

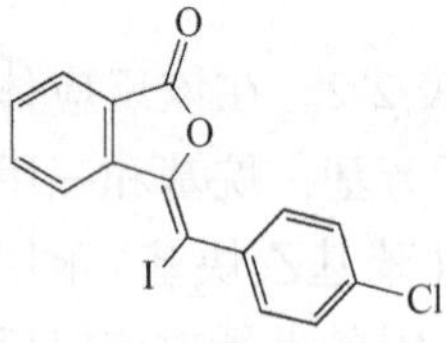

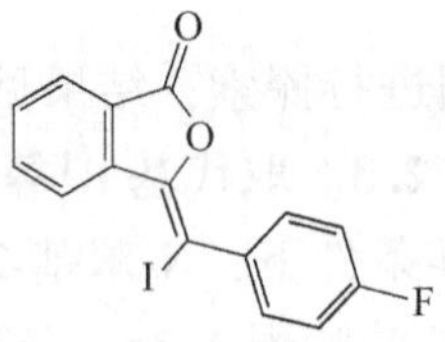

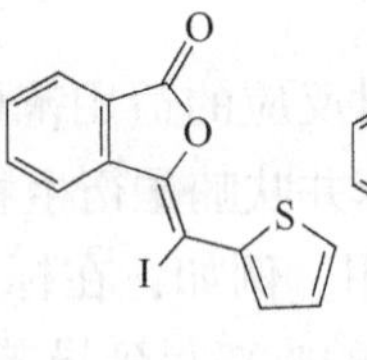

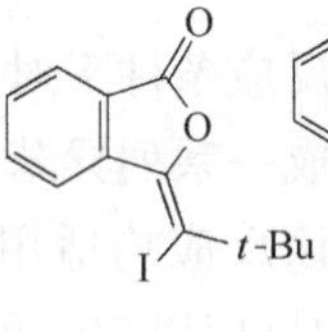

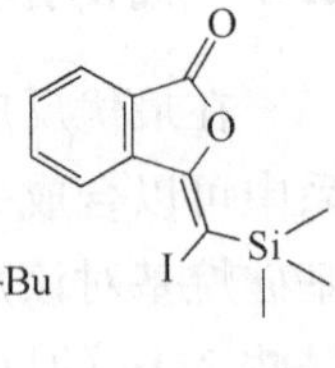

当取代基 R^1 被正丁基取代时，底物 **2. 1i** 充当良好的反应底物并以 70%的产率得到所需产物异苯并呋喃酮 **2. 3i**（五元外异构体和六元内异构体的区域选择性为 95∶5）。羟基的取代基在反应中是可以适用的。例如，发现 2-乙醇连接的，甲醇取代的和 1-丙醇连接的底物 **2. 1j～2. 1q** 均适用于该反应，合成相应的产物 **2. 3j～2. 3q**，收率均良好。而且 R^1 为羟基取代基时，R^2 上连有吸电子基团的底物对反应的产率影响不是特别大，且强吸电子基团硝基都能以 63%的产率得到产物 **2. 3o**。还研究了取代基 R^2 的电子和空间效应。根据表 2-3 结果所示，给电子基团具有更好的反应产率。例如，在标准条件下甲基连接的底物在 R^2 上的反应得到所需产物 **2. 3r**，产率为 78%，而氟连接的底物在 R^2 上的反应仅产生 **2. 3s**，产率为 58%。在标准条件下，3-甲基-邻炔基苯甲酰胺顺利进行反应，得到所需产物异苯并呋喃 **2. 3t**，收率 60%。

表 2-3 异苯并呋喃-1-酮类化合物的合成

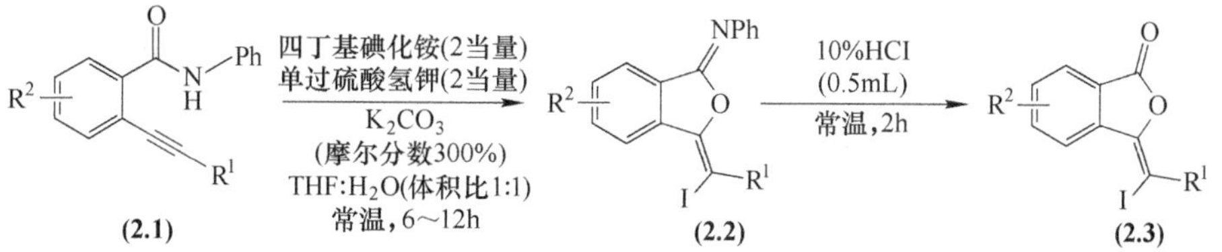

(2.1) —— 四丁基碘化铵(2当量)，单过硫酸氢钾(2当量)，K_2CO_3 (摩尔分数300%)，$THF:H_2O$(体积比1:1)，常温，6～12h → (2.2) —— 10%HCl (0.5mL)，常温，2h → (2.3)

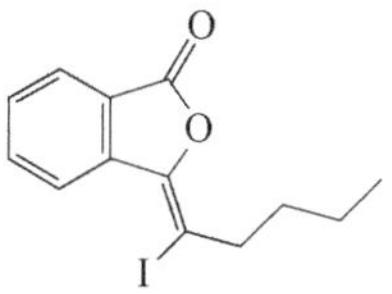 **(2.3i)**,70%	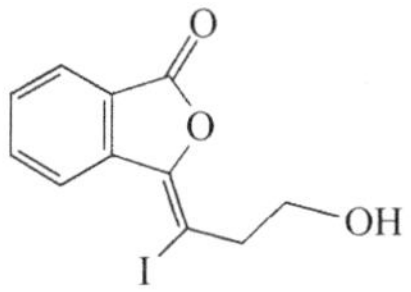 **(2.3j)**,76%	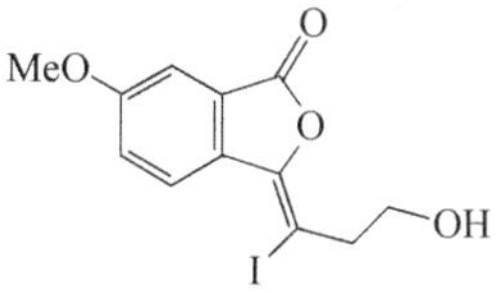 MeO; **(2.3k)**,82%	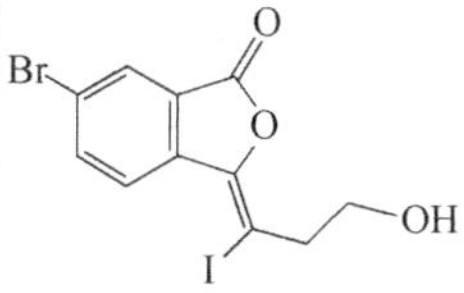 Br; **(2.3l)**,72%
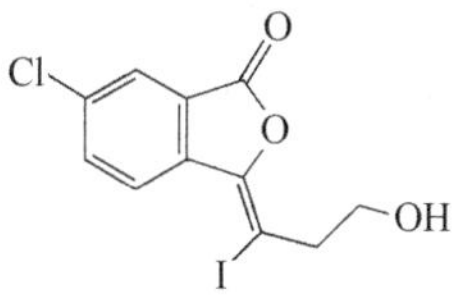 Cl; **(2.3m)**,71%	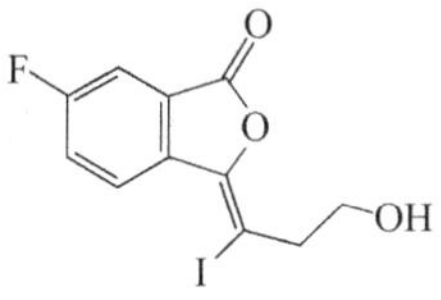 F; **(2.3n)**,66%	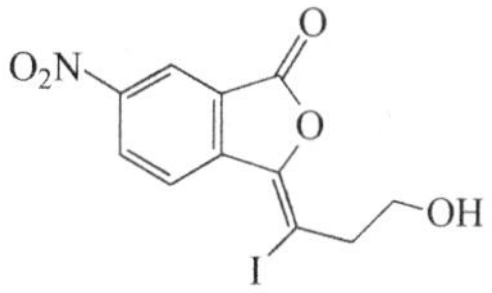 O_2N; **(2.3o)**,63%	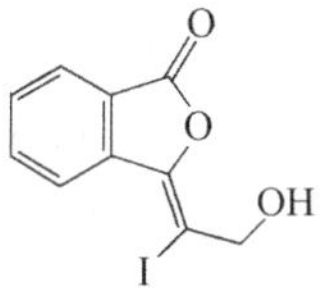 **(2.3p)**,75%
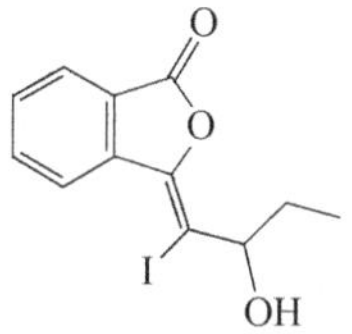 **(2.3q)**,80%	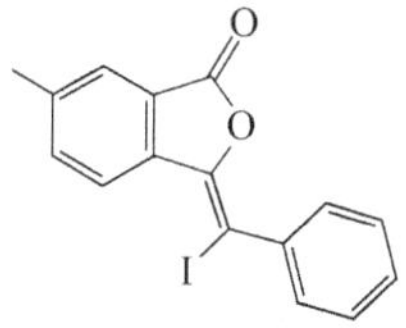 **(2.3r)**,78%	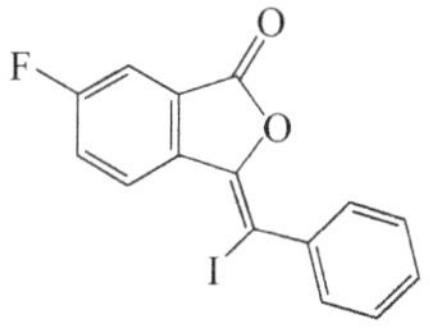 F; **(2.3s)**,58%	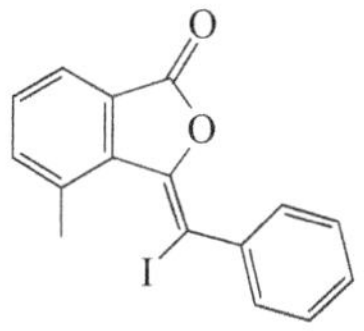 **(2.3t)**,60%

2.5 反应产物的应用

酞嗪-1 (2*H*)-酮，它是一种重要的药物分子中间体。可以采用碘代异苯并呋喃酮 **2.3** 与水合肼发生缩合反应得到一系列酞嗪-1 (2*H*)-酮衍生物，结果列于表 2-4 当中。从表 2-4 中可以看出该反应是在温和条件下以较高产率合成了一系列酞嗪-1 (2*H*)-酮化合物。产物 **2.3** 中取代基 R^1的位阻效应和电子效应仅对缩合反应产生轻微影响。

表 2-4　异苯并呋喃-1-酮类化合物的合成

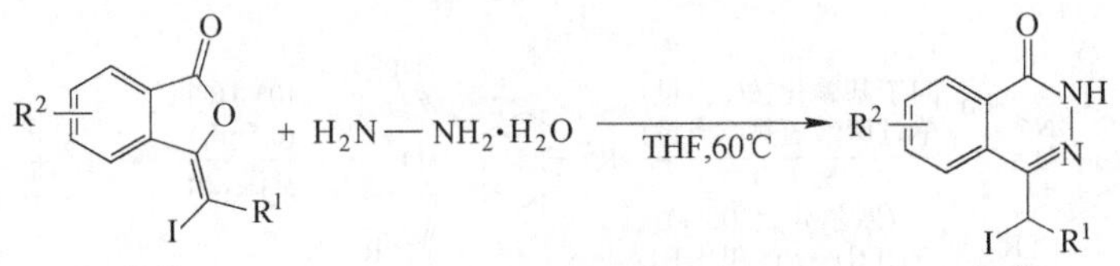

R^2 (2.3) + $H_2N—NH_2·H_2O$ —THF,60℃→ (2.4)

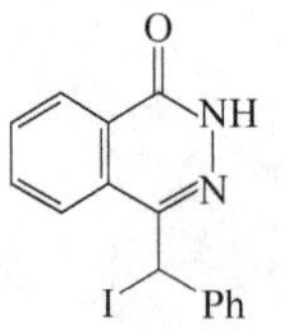 (2.4a),81%	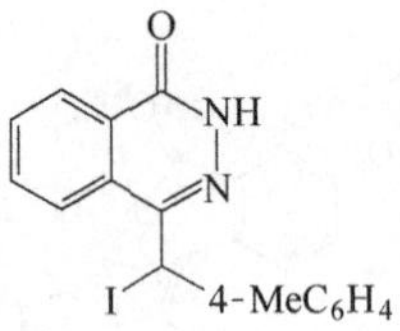 (2.4b),83%	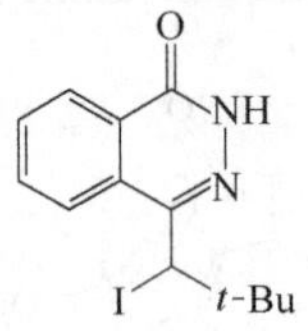 (2.4c),77%	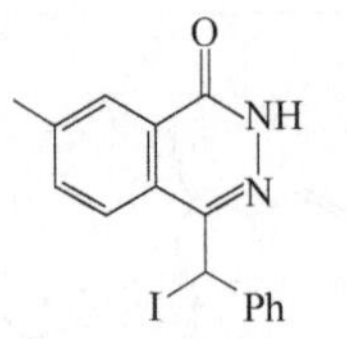 (2.4d),79%
I, Ph	I, 4-MeC_6H_4	I, *t*-Bu	I, Ph

另外，该碘代产物可以作为重要的合成中间体，与其他偶联组分发生系列偶联反应，构建更加复杂的高取代杂环化合物。利用钯催化含碘异苯并呋喃酮 **2.3a** 与 4-甲基苯基硼酸发生 Suzuki 交叉偶联反应以良好的收率得到所需产物 **2.5** 如图 2-8 所示。

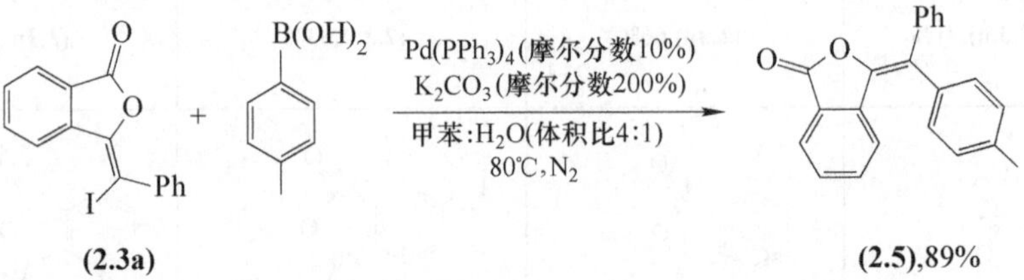

(2.3a) + $B(OH)_2$ —$Pd(PPh_3)_4$(摩尔分数10%)，K_2CO_3(摩尔分数200%)，甲苯:H_2O(体积比4:1)，80℃,N_2→ (2.5),89%

图 2-8　碘异苯并呋喃酮与 4-甲基苯基硼酸 Suzuki 交叉偶联反应

2.6　机理研究

根据课题组之前的研究，邻炔基苯甲酰胺的区域选择性五元溴环化反应，提出了自由基过程和亲电子环化过程两种可能的反应机理如图 2-9 所示。由图 2-9 可知，在路径 1 中，碘阴离子被氧化成碘自由基，然后碘自由基加成到碳碳三键上形成中间体 **2.2b**，由于其空间效应和中间体的稳定性，中间体 **2.2b′**不能优先产生。氧化的中间体 **2.2b** 随后被酰胺氧捕捉得到产物 **2.2a**。在另一路径 2 中，碘负离子被氧化成碘正离子（I^+）。然后碘正离子活化碳碳三键，促进了五元亲电子环化反应。基于表 2-2 中的结果，当使用 2-((4-甲氧基苯基)乙炔基)-N-苯基苯甲酰胺 **2.1c** 作为底物时，观察到五元环产物 **2.3c** 和六元环产物 **2.3c′**（比率为 1∶1）的混合产物。这与 Larock 课题组研究结果是一致的。因此，优选反应是经过亲电环化过程合成区域选择性产物 **2.2a** 的这个可能机理。

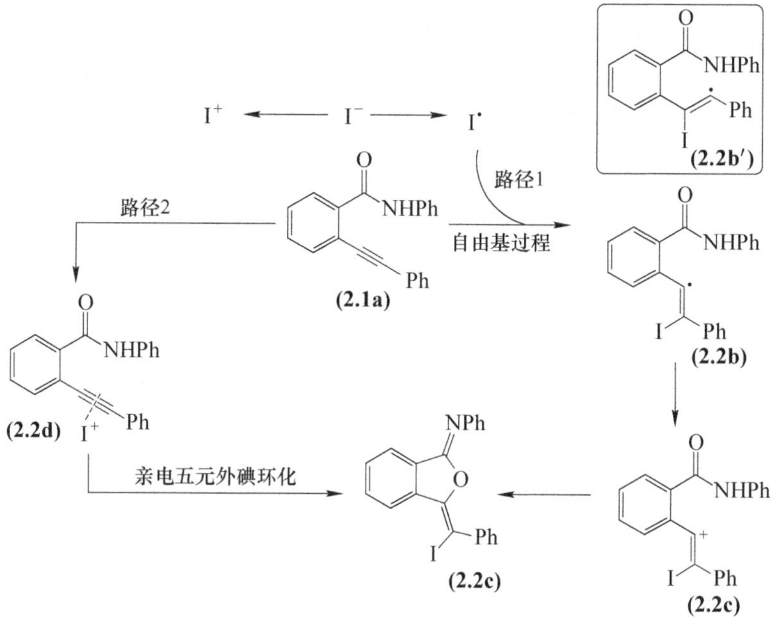

图 2-9 四丁基碘化铵促进的邻炔基苯甲酰胺的五元环化反应机理

2.7 实验部分

2.7.1 测试仪器

核磁共振谱图（^{1}H NMR 和^{13}C NMR）在 DMX 500 型核磁共振仪上测定的。以氘代氯仿或氘代 DMSO 作为溶剂，以 TMS 作^{1}H NMR 的内标。高分辨率质谱在 BRUKER 公司的 APEX Ⅲ 7.0 傅里叶变换回旋共振质谱仪上进行测定。

2.7.2 原料和试剂

通过采用柱层析的分离方法来分离纯化实验中的化合物，反应过程由薄层层析板（TLC）跟踪监测，并在紫外灯（254nm）下检测。选用的是 GF254 薄层层析硅胶板和 74~48μm（200~300 目）的柱层析硅胶粉。如果没有特别说明，使用的所有商业化试剂和溶剂直接从安耐吉公司买入，按原样使用无须纯化。洗脱剂石油醚、乙酸乙酯均为工业级溶剂，使用前按照标准程序来干燥和蒸馏处理。

2.7.3　底物的制备

向 250mL 的圆底烧瓶中加入邻碘苯甲酸（2.52g，10mmol），加入 10mL 的二氯亚砜作为溶剂，在 100℃的油浴锅中加热回流 4~5h，采用减压蒸馏的方法除去多余的二氯亚砜得到了邻碘苯甲酰氯。冷却至室温后，向圆底烧瓶中加入 50mL 的二氯甲烷作为溶剂放入到冰水浴当中，向圆底烧瓶中加入苯胺（1.2 当量）和三乙胺（3.0 当量），搅拌 20min。放到室温下反应 4~5h，反应期间每隔一段时间取出反应液与原料进行跟踪对比，在通过 TLC 显示底物消失后结束反应，如图 2-10 所示。

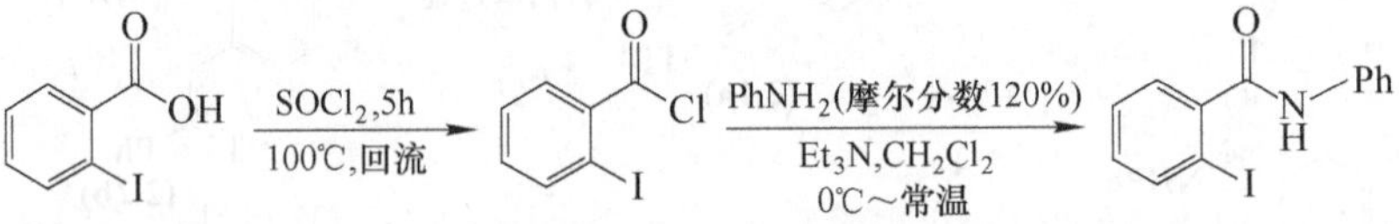

图 2-10　邻碘苯甲酰胺的合成

后处理：向反应体系中加入水（100mL）淬灭反应；二氯甲烷（3×20mL）萃取，合并有机层，并用无水 Na_2SO_4 干燥，旋干浓缩得到粗产物邻碘苯甲酰胺（2.91 g，9mmol），收率 92%。粗产物无需进一步分离纯化，可直接用于下一步反应。

向 250mL 的圆底烧瓶中加入邻碘苯甲酰胺（2.91g，9mmol）和 CuI（34.4mg，0.18mmol）、$Pd_2(PPh_3)_2Cl_2$（315.9mg，0.45mmol），然后通入氮气，向反应中依次用针管注入苯乙炔（1.10g，10.8mmol）、THF（50mL）、Et_3N（2.73g，27.0mmol）在 56℃条件下搅拌 5~6h，如图 2-11 所示。

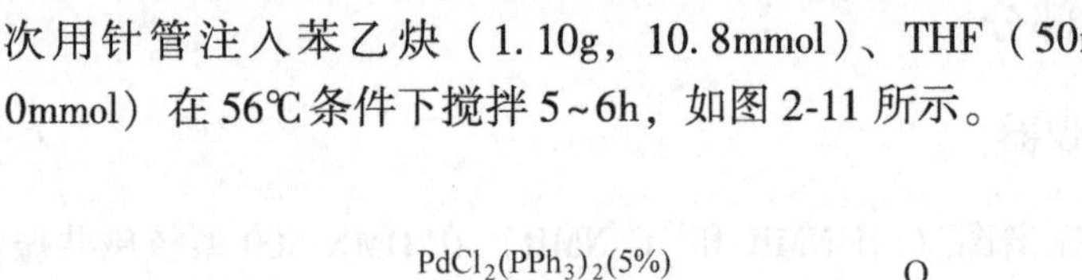

图 2-11　邻炔基苯甲酰胺的合成

后处理：将反应物倒入到装有硅藻土的砂芯漏斗中进行过滤，滤渣用乙酸乙酯（3×20mL）进行洗涤，合并有机层旋干浓缩后经柱层析提纯分离（洗脱剂：石油醚/乙酸乙酯=10：1），得到淡黄色固体（2.14g，7.2mmol），收率 80%。

2.7.4 产物的合成

向试管中加入邻炔基苯甲酰胺（59.47mg，0.2mmol）、过氧单磺酸钾（246mg，0.4mmol）、四丁基碘化铵（147.7mg，0.4mmol）和 K_2CO_3（83mg，0.6mmol），然后加入共溶剂 THF：H_2O（体积比=1：1，2mL），将混合物在室温下搅拌 6~12h。在通过 TLC 显示底物消失后，然后将 HCl（10%水溶液，0.5mL）加入混合物中搅拌 2h，如图 2-12 所示。

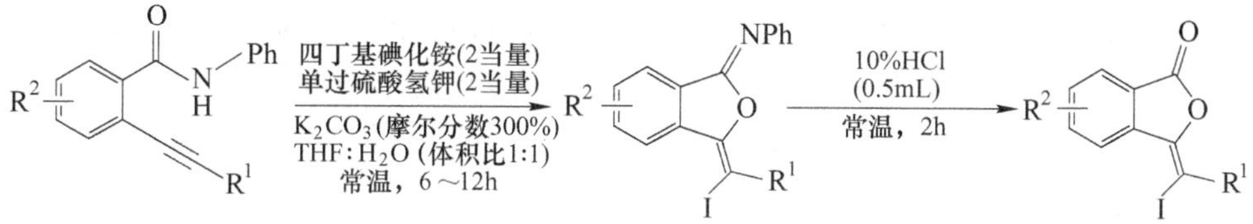

图 2-12 异苯并呋喃-1-酮的合成

后处理：向反应体系中加入水（2mL）淬灭反应；乙酸乙酯（3×2mL）萃取，合并有机相，用无水 Na_2SO_4 干燥，用旋转蒸发仪旋干溶剂浓缩，通过柱层析（洗脱剂：石油醚/乙酸乙酯=20：1）分离纯化得到所需要的产物 **2.3**（48.7mg，70%）。

将异苯并呋喃酮 **2.3**（69.6mg、0.2 mmol），$N_2H_4 \cdot H_2O$（12mg、0.24 mmol）加入试管中，加入溶剂 2mL THF 溶液。将混合物在 60℃ 下搅拌 4~6h，如图 2-13 所示。

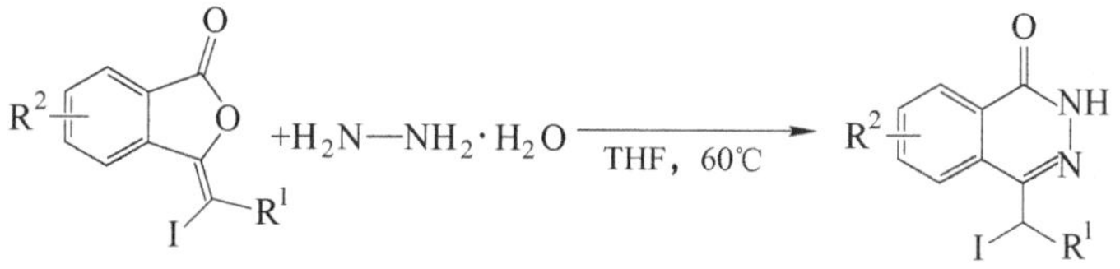

图 2-13 酞嗪-1（2*H*）-酮的合成

后处理：在通过 TLC 显示底物消失后，向反应体系中加入水（2mL）淬灭反应；乙酸乙酯（3×2mL）萃取，合并有机层，并用无水 Na_2SO_4 干燥，用旋转蒸发仪旋干溶剂浓缩，通过柱层析（洗脱剂：石油醚/乙酸乙酯=5：1）分离纯化得到所需要的产物 **2.4**。

将异苯并呋喃酮 **2.3**（69.6mg、0.2mmol）和 $Pd(PPh_3)_4$（23mg、0.02mmol）、对甲基苯硼酸（68.8mg，0.4mmol）、K_2CO_3（55.2mg，0.4mmol），通入氮气，向反应中用针管注入甲苯水溶液（体积比=4：1，5mL），在 110℃ 条

件下回流 12h，如图 2-14 所示。

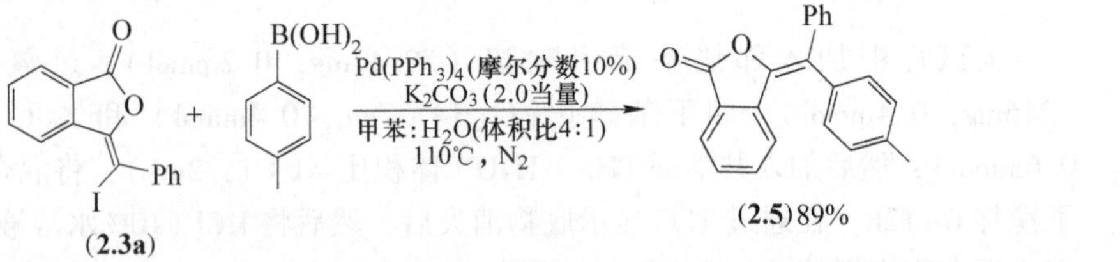

图 2-14　芳基取代的异苯并呋喃酮的合成

后处理：向反应体系中加入水（5mL）淬灭反应；乙酸乙酯（3×5mL）萃取，合并有机层，并用无水 Na_2SO_4 干燥，用旋转蒸发仪旋干溶剂浓缩，通过柱层析（洗脱剂：石油醚/乙酸乙酯 = 15：1）分离纯化得到所需要的产物 **2.5**（62.7mg，89%）。

2.8　本章小结

（1）发展了一种制备异苯并呋喃酮类化合物的方法，利用当量的四丁基碘化铵促进的邻炔基苯甲酰胺的五元碘环化反应。在四丁基碘化铵/过氧单磺酸钾体系中，该方法区域选择性和立体选择性高，且反应条件温和、底物适用性范围广。

（2）所研究的方法可作为邻炔基苯甲酰胺的五元环化的重要补充。此外，碘代异苯并呋喃酮还是一类重要的合成中间体，可以用来合成酞嗪-1(2*H*)-酮和芳基取代的异苯并呋喃酮类衍生物。

2.9　化合物结构表征

(*E*)-3-(碘(苯基)亚甲基) 异苯并呋喃-1-(3*H*) -酮 (2.3a)

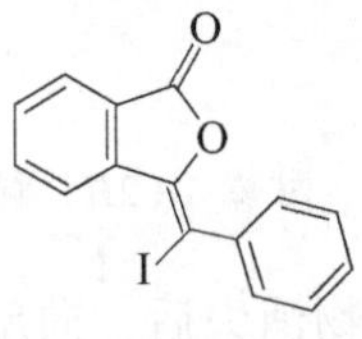

白色固体，48.7mg，70%；^{1}H NMR（400MHz，$CDCl_3$）δ 8.93（*d*，*J* = 8.1Hz，1H），7.96（*d*，*J* = 7.6Hz，1H），7.84～7.77（m，1H），7.65～7.62（m，1H），7.55（*d*，*J* = 7.6Hz，2H），7.39（*t*，*J* = 7.5Hz，2H），7.30（*t*，*J* = 7.4Hz，1H）；^{13}C NMR（100MHz，$CDCl_3$）δ 165.5，144.3，140.0，138.4，134.3，130.8，130.1，130.1，128.9，128.1，125.8，124.9，80.4；HRMS（ESI）理论值 $C_{15}H_{10}IO_2^+$：348.9720（M^++H），实测值：348.9726。

(*E*)-3-(碘(4-甲苯基)亚甲基)异苯并呋喃-1(3*H*)-酮(2.3b)

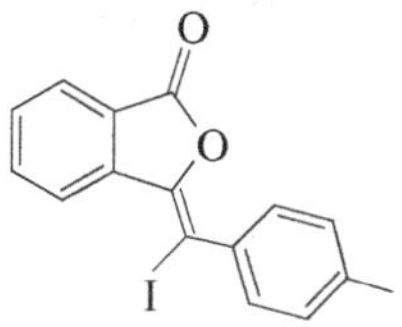

红色固体，52.8mg，73%；^{1}H NMR（400MHz，$CDCl_3$）δ 8.93（*d*，*J* = 8.1Hz，1H），7.96（*d*，*J* = 7.6Hz，1H），7.86~7.76（m，1H），7.64（*t*，*J* = 7.5Hz，1H），7.46（*d*，*J* = 8.2 Hz，2H），7.19（*d*，*J* = 8.0 Hz，2H），2.39（s，3H）；^{13}C NMR（100MHz，$CDCl_3$）δ 165.5，144.1，139.1，138.5，137.2，134.2，130.6，130.0，128.8，126.1，125.8，124.8，80.9，21.3；HRMS（ESI）理论值 $C_{16}H_{12}IO_2^+$：362.9876（M^++H），实测值：362.9872。

(*E*)-3-(碘(4-甲氧基苯基)亚甲基)异苯并呋喃-1(3*H*)-酮(2.3c)

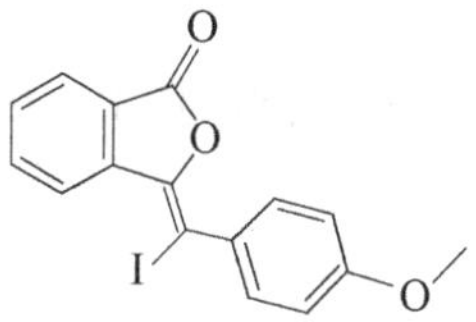

红色固体，55.9mg，74%；^{1}H NMR（400MHz，$CDCl_3$）δ 8.90（*d*，*J* = 8.0Hz，1H），7.94~7.53（m，5H），6.97（*d*，*J* = 8.5 Hz，2H），3.86（s，3H）．^{13}C NMR（100MHz，$CDCl_3$）δ 165.6，160.9，143.7，138.4，134.2，131.7，131.5，129.0，125.9，125.8，124.8，113.4，81.1，55.4；HRMS（ESI）理论值 $C_{16}H_{12}IO_3^+$：378.9826（M^++H），实测值：378.9823。

(*E*)-3-(碘(4-氯苯基)亚甲基)异苯并呋喃-1(3*H*)-酮(2.3d)

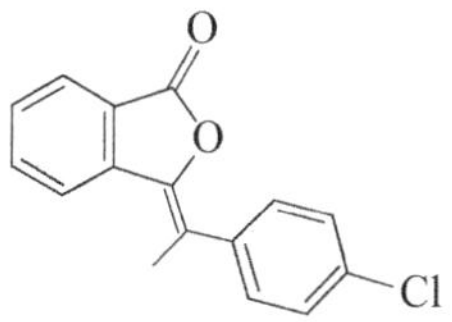

白色固体，42.0mg，55%；^{1}H NMR（400 MHz，$CDCl_3$）δ 8.91（*d*，*J* = 8.1Hz，1H），7.96（*d*，*J* = 7.6 Hz，1H），7.83（*t*，*J* = 7.4Hz，1H），7.66（*t*，*J* = 7.5Hz，1H），7.50（*d*，*J* = 8.5Hz，2H），7.36（*d*，*J* = 8.6Hz，2H）；^{13}C NMR（100MHz，$CDCl_3$）δ 165.3，144.7，138.4，138.2，134.8，134.4，131.4，131.0，128.3，126.0，125.9，124.9，78.3；HRMS（ESI）理论值 $C_{15}H_9ClIO_2^+$：382.9330

$(M^+ + H)$，实测值：382.9329。

(*E*)-3-(碘(4-氟苯基)亚甲基)异苯并呋喃-1(3*H*)-酮(2.3e)

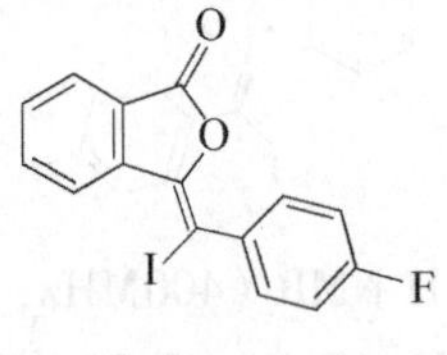

白色固体，46.1mg，63%；^1H NMR（400MHz，$CDCl_3$）δ 8.91（*d*，*J* = 8.1Hz，1H），7.97（*d*，*J* = 7.7Hz，1H），7.83（*t*，*J* = 7.7Hz，1H），7.66（*t*，*J* = 7.5Hz，1H），7.55（*d*，*J* = 8.5Hz，2H），7.08（*t*，*J* = 8.7Hz，2H）；^{13}C NMR（100 MHz，$CDCl_3$）δ 165.38，162.3（*d*，$^1J_{CF}$ = 250Hz），144.54，143.33，138.29，136.08，134.33，132.0（*d*，$^3J_{CF}$ = 9Hz），130.89，125.90，124.86，115.1（*d*，$^2J_{CF}$ = 22Hz），78.66. HRMS（ESI）理论值 $C_{15}H_9FIO_2^+$：366.9626（M^++H），实测值：366.9639；^{19}F NMR（378MHz，$CDCl_3$）δ -111.7

(*E*)-3-(碘(2-噻吩基)亚甲基)异苯并呋喃-1(3*H*)-酮(2.3f)

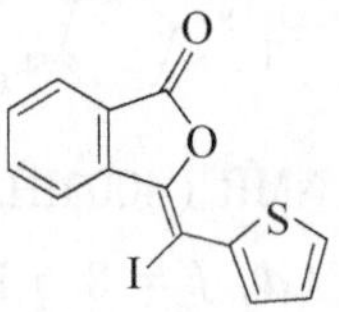

白色固体，58.1mg，82%；^1H NMR（400MHz，$CDCl_3$）δ 8.93（*d*，*J* = 8.1Hz，1H），7.97（*d*，*J* = 7.6Hz，1H），7.84～7.75（m，2H），7.65～7.57（m，2H），7.37（*dd*，*J* = 5.1，3.1Hz，1H）；^{13}C NMR（100MHz，$CDCl_3$）δ 165.4，143.7，139.5，138.8，134.2，130.5，130.2，129.1，125.9，125.8，125.0，75.0；HRMS（ESI）理论值 $C_{13}H_8IO_2S^+$：354.9284（M^++H），实测值：354.9281。

(*E*)-3-(碘(叔丁基)亚甲基)异苯并呋喃-1(3*H*)-酮(2.3g)

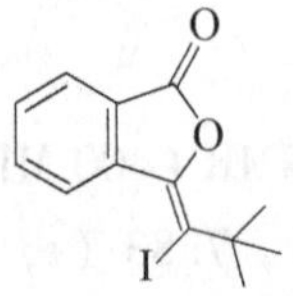

白色固体，51.8mg，79%；^1H NMR（400MHz，$CDCl_3$）δ 8.99（*d*，*J* = 8.2Hz，1H），7.93～7.88（m，1H），7.75～7.69（m，1H），7.57（*dd*，*J* = 10.9，4.0Hz，1H），1.49（s，9H）；^{13}C NMR（100MHz，$CDCl_3$）δ 165.4，143.4，139.7，134.6，

133.9, 130.1, 125.8, 125.6, 102.7, 40.7, 32.4; HRMS (ESI) 理论值 $C_{13}H_{14}IO_2^+$: 329.0033 (M^++H), 实测值: 329.0032。

(*E*)-3-(碘(三甲基硅基)亚甲基)异苯并呋喃-1(3*H*)-酮 (2.3h)

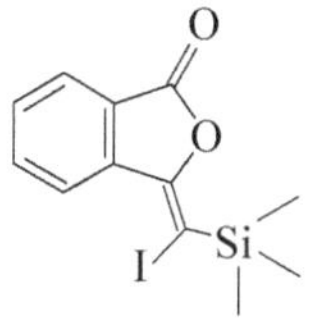

白色固体, 48.2mg, 70%; ^{1}H NMR (400MHz, $CDCl_3$) δ 9.00 (*d*, *J* = 8.1Hz, 1H), 7.92 (*dd*, *J* = 7.6, 0.7Hz, 1H), 7.76 (*dd*, *J* = 8.0, 7.5Hz, 1H), 7.63 (*t*, *J* = 7.5Hz, 1H), 0.40 (*d*, *J* = 1.1Hz, 9H); ^{13}C NMR (100MHz, $CDCl_3$) δ 165.8, 152.2, 138.7, 134.1, 130.9, 126.7, 125.6, 125.6, 87.2, 0.6; HRMS (ESI) 理论值 $C_{12}H_{14}IO_2Si^+$: 344.9802 (M^++H), 实测值: 344.9803。

(*E*)-3-(碘(正丁基)亚甲基)异苯并呋喃-1(3*H*)-酮 (2.3i)

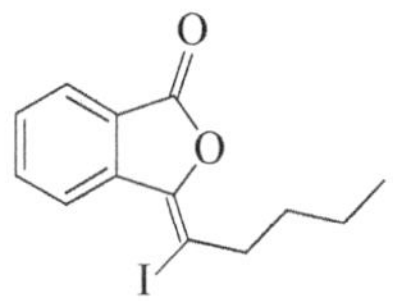

黄色固体, 45.9 mg, 70%; ^{1}H NMR (400MHz, $CDCl_3$) δ 8.73 (*d*, *J* = 7.8Hz, 1H), 7.90 (*d*, *J* = 7.1Hz, 1H), 7.72 (*t*, *J* = 7.2Hz, 1H), 7.56 (*t*, *J* = 7.2Hz, 1H), 2.97 (*t*, *J* = 7.0Hz, 2H), 1.65～1.52 (m, 2H), 1.37 (*dd*, *J* = 13.9, 6.9Hz, 2H), 0.93 (*t*, *J* = 6.8Hz, 3H); ^{13}C NMR (100MHz, $CDCl_3$) δ 165.6, 144.0, 138.2, 134.1, 130.1, 126.2, 125.6, 124.0, 88.3, 39.6, 31.4, 21.6, 13.9; HRMS (ESI) 理论值 $C_{13}H_{14}IO_2^+$: 329.0033 (M^++H), 实测值: 329.0035。

(*E*)-3-(3-羟基-1-碘代亚丙基)异苯并呋喃-1(3*H*)-酮 (2.3j)

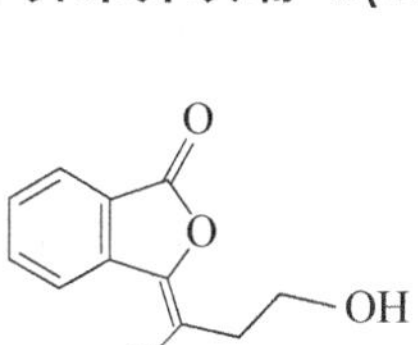

黄色固体, 48.1mg, 76%; ^{1}H NMR (400MHz, $CDCl_3$) δ 8.73 (*d*, *J* = 7.8Hz, 1H), 7.90 (*d*, *J* = 7.1Hz, 1H), 7.73 (*t*, *J* = 7.6Hz, 1H), 7.58 (*t*, *J* = 7.4Hz, 1H), 3.89 (*t*, *J* = 5.3Hz, 2H), 3.25 (*t*, *J* = 5.5Hz, 2H); ^{13}C NMR (100MHz,

$CDCl_3$）δ 165.4，145.7，138.0，134.3，130.5，126.2，125.7，124.2，81.9，61.4，42.9；HRMS（ESI）理论值 $C_{11}H_{10}IO_3^+$：316.9669（M^++H），实测值：316.9671。

(*E*)-3-(3-羟基-1-碘代亚丙基)-6-甲氧基异苯并呋喃-1(3*H*)-酮(2.3k)

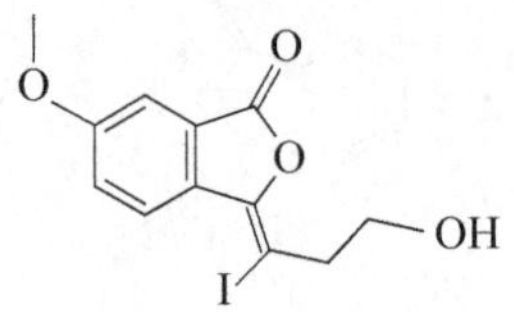

黄色固体，56.7mg，82%；^1H NMR（400MHz，$CDCl_3$）δ 8.58（*d*，*J* = 8.8Hz，1H），7.31～7.20（m，2H），3.90～3.85（m，5H），3.20（*t*，*J* = 6.3Hz，2H）.$^{13C\ NMR}$（100MHz，$CDCl_3$）δ 165.3，161.5，145.6，131.0，128.0，125.5，122.7，107.5，79.6，61.4，55.9，42.6；HRMS(ESI)理论值 $C_{12}H_{12}IO_4^+$：346.9775（M^++H），实测值：346.9777。

(*E*)-3-(3-羟基-1-碘代亚丙基)-6-溴异苯并呋喃-1(3*H*)-酮(2.3l)

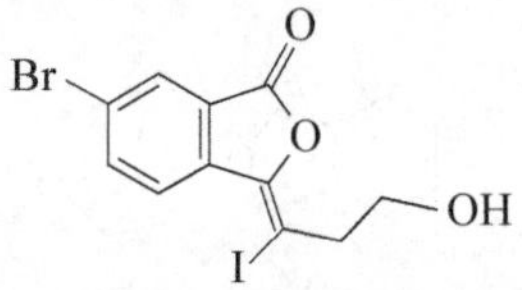

白色固体，56.7mg，72%；^1H NMR（400MHz，$CDCl_3$）δ 8.62（*d*，*J* = 8.5Hz，1H），8.01（*d*，*J* = 1.7Hz，1H），7.83（*dd*，*J* = 8.5，1.8Hz，1H），3.89（*t*，*J* = 6.2Hz，2H），3.23（*t*，*J* = 6.2Hz，2H）．^{13}C NMR（100MHz，$CDCl_3$）δ 163.8，145.1，137.2，136.7，128.6，127.9，125.4，124.6，83.3，61.3，42.9；HRMS（ESI）理论值 $C_{11}H_9BrIO_3^+$：394.8774（M^++H），实测值：394.8775。

(*E*)-3-(3-羟基-1-碘代亚丙基)-6-甲氧基异苯并呋喃-1(3*H*)-酮(2.3m)

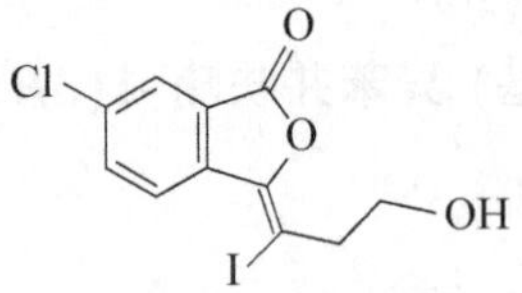

白色固体，49.7mg，71%；^1H NMR（400MHz，$CDCl_3$）δ 8.68（*dd*，*J* = 8.4，4.6Hz，1H），7.84（*d*，*J* = 4.8Hz，1H），7.70～7.63（m，1H），3.93～3.85（m，2H），3.23（*td*，*J* = 6.1，2.6Hz，2H）．^{13}C NMR（100MHz，$CDCl_3$）δ 163.9，145.0，136.7，136.3，134.4，127.8，125.5，125.3，83.2，61.3，42.9；HRMS（ESI）理论值 $C_{11}H_9ClIO_3^+$：350.9279（M^++H），实测值：350.9283。

(*E*)-3-(3-羟基-1-碘代亚丙基)-6-氟异苯并呋喃-1(3*H*)-酮(2.3n)

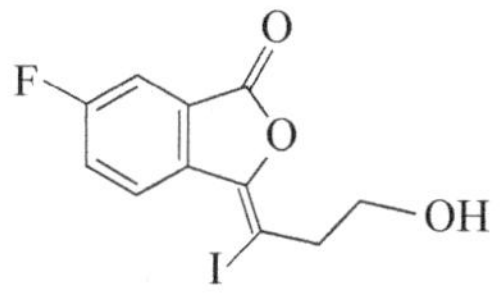

黄色固体，44.1mg，66%；^{1}H NMR(400MHz，$CDCl_3$) δ 8.77(*dd*，*J* = 8.5，4.2Hz，1H)，7.58(*d*，*J* = 6.6Hz，1H)，7.46(*t*，*J* = 7.5Hz，1H)，3.91(*t*，*J* = 6.1Hz，2H)，3.25(*t*，*J* = 6.1Hz，2H)．^{13}C NMR(100MHz，$CDCl_3$) δ 169.08，163.6(*d*，$^1J_{CF}$ = 252Hz)，145.12，134.21，128.4(*d*，$^3J_{CF}$ = 9Hz)，126.3(*d*，$^3J_{CF}$ = 8Hz)，122.1(*d*，$^2J_{CF}$ = 24Hz)，112.0(*d*，$^2J_{CF}$ = 24Hz)，81.72，61.37，42.79；HRMS(ESI) 理论值 $C_{11}H_9FIO_3^+$：334.9575(M^++H)，实测值：334.9558；^{19}F NMR(378MHz，$CDCl_3$) δ-107.5。

(*E*)-3-(3-羟基-1-碘代亚丙基)-6-硝基异苯并呋喃-1(3*H*)-酮 (2.3o)

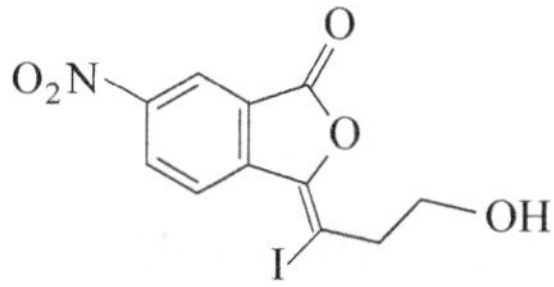

黄色固体，45.5mg，63%；^{1}H NMR(400MHz，$CDCl_3$) δ 9.04(*d*，*J* = 2.0Hz，1H)，8.47(*dd*，*J* = 8.6，2.2Hz，1H)，7.53(*d*，*J* = 8.6Hz，1H)，6.51(s，1H)，4.03(*t*，*J* = 5.9Hz，2H)，2.84(*t*，*J* = 5.9Hz，2H)．^{13}C NMR(100MHz，$CDCl_3$) δ 161.0，159.2，146.7，142.2，129.0，126.6，125.6，120.5，104.08，59.2，36.9；HRMS(ESI) 理论值 $C_{11}H_9INO_5^+$：361.9520(M^++H)，实测值：361.9567。

(*E*)-3-(2-羟基-1-碘代亚丙基)异苯并呋喃-1(3*H*)-酮 (2.3p)

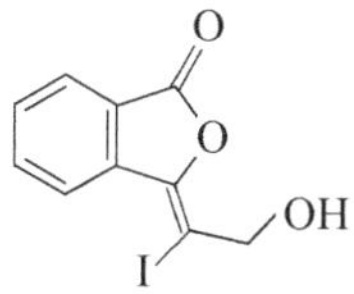

黄色固体，45.3mg，75%；^{1}H NMR(400MHz，$CDCl_3$)δ 8.75(*d*，*J* = 8.0Hz，1H)，7.93(*d*，*J* = 7.6Hz，1H)，7.76(*dd*，*J* = 11.0，4.4Hz，1H)，7.63(*t*，*J* = 7.5Hz，1H)，4.77(s，2H)．^{13}C NMR(100MHz，$CDCl_3$) δ 165.0，144.9，137.8，134.4，131.0，126.2，125.9，124.4，86.0，65.4. HRMS(ESI) 理论值 $C_{10}H_8IO_3^+$：302.9513(M^++H)，实测值：302.9541。

(*E*)-3-(2-羟基-1-碘代亚丁基)-6-甲氧基异苯并呋喃-1(3*H*)-酮(2.3q)

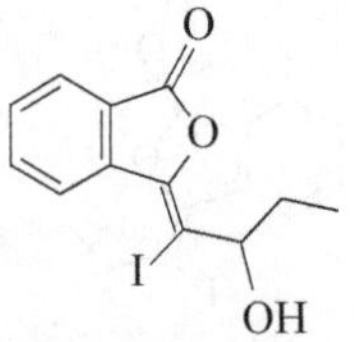

黄色固体，52.8mg，80%；^{1}H NMR(400MHz，$CDCl_3$) 8.84～8.75(m，1H)，7.92(*dd*，*J* = 7.6，0.7Hz，1H)，7.79～7.70(m，1H)，7.62(*dd*，*J* = 10.9，4.1Hz，1H)，4.59(*t*，*J* = 6.9Hz，1H)，1.77～1.55(m，2H)，0.94(*t*，*J* = 7.4Hz，3H)；^{13}C NMR(100MHz，$CDCl_3$) δ 165.3，144.1，138.0，134.3，130.9，126.29，125.9，124.5，96.1，71.4，30.3，9.4；HRMS(ESI) 理论值 $C_{12}H_{12}IO_3^+$：330.9826(M^++H)，实测值：330.9843。

(*E*)-3-(碘(苯基) 亚甲基)-6-甲基异苯并呋喃-1(3*H*)-酮(2.3r)

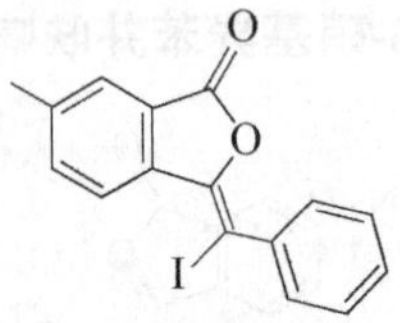

白色固体，56.5mg，78%；^{1}H NMR(400MHz，$CDCl_3$) δ 8.78(*d*，*J* = 8.2Hz，1H)，7.74(s，1H)，7.61(*d*，*J* = 8.2Hz，1H)，7.55(*d*，*J* = 7.7Hz，2H)，7.38(*t*，*J* = 7.7Hz，2H)，7.29(*t*，*J* = 7.3Hz，1H)，2.51(s，3H)；^{13}C NMR(100MHz，$CDCl_3$) δ 165.6，144.4，141.6，140.0，136.0，135.3，130.1，128.8，128.1，126.3，125.8，124.7，79.2，21.5；HRMS(ESI) 理论值 $C_{16}H_{12}IO_2^+$：362.9876(M^++H)，实测值：362.9900。

(*E*)-3-(碘(苯基) 亚甲基)-6-氟异苯并呋喃-1(3*H*)-酮(2.3s)

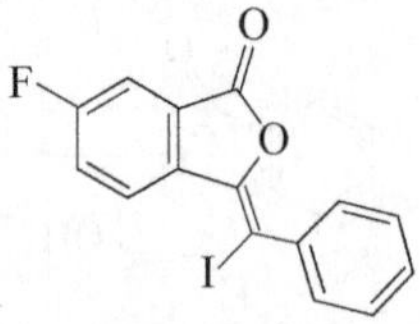

黄色固体，42.5mg，58%；^{1}H NMR(400MHz，$CDCl_3$) δ 8.94(*dd*，*J* = 8.8，4.3Hz，1H)，7.61(*dd*，*J* = 6.8，2.4Hz，1H)，7.53(*dd*，*J*= 8.5，2.5Hz，3H)，7.39(*t*，*J* = 7.5Hz，2H)，7.31(*t*，*J* = 7.4Hz，1H)；^{13}C NMR(100MHz，$CDCl_3$) δ 164.14，163.7(*d*，$^1J_{CF}$ = 252Hz)，143.68，139.76，134.53，130.29，130.01，129.06，128.16，126.9(*d*，$^3J_{CF}$ = 9Hz)，122.1(*d*，$^2J_{CF}$ = 23Hz)，112.1(*d*，$^2J_{CF}$ = 24Hz)，80.38. HRMS(ESI) 理论值 $C_{15}H_9FIO_2^+$：366.9626(M^++H)，实测值：366.9626；^{19}F NMR(378MHz，$CDCl_3$) δ -107.0。

(*E*)-3-(碘(苯基)亚甲基)-4-甲基异苯并呋喃-1(3*H*)-酮(2.3t)

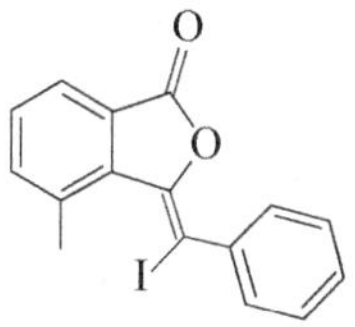

黄色固体，43.4mg，60%；^{1}H NMR(400MHz，$CDCl_3$)δ 7.78(*dd*，*J* = 5.3，3.0Hz，1H)，7.56(*d*，*J* = 5.6Hz，2H)，7.50(*d*，*J* = 7.9Hz，2H)，7.37(*dd*，*J* = 8.2，7.0Hz，2H)，7.29(*dd*，*J* = 10.5，4.2Hz，1H)，3.00(s，3H)；^{13}C NMR(100MHz，$CDCl_3$)δ 165.4，148.6，142.0，138.3，137.4，134.2，130.9，130.2，128.8，128.5，128.0，123.4，81.1，27.9；HRMS(ESI) 理论值 $C_{16}H_{12}IO_2^+$：362.9876(M^++H)，实测值：362.9867。

4-(碘(苯基)甲基)-1(2*H*)-酞嗪酮(2.4a)

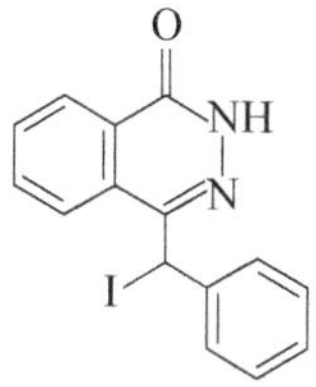

黄色固体，40.9mg，81%；^{1}H NMR(400MHz，DMSO)δ 12.58(s，1H)，8.23-8.19(m，1H)，8.10~8.04(m，1H)，7.76~7.70(m，2H)，7.43(*d*，*J* = 7.7Hz，2H)，7.30(*t*，*J* = 7.6Hz，2H)，7.20(*t*，*J* = 7.3Hz，1H)，6.46(*d*，*J* = 4.8Hz，1H)，5.97(*d*，*J* = 4.7Hz，1H)；^{13}C NMR(100MHz，DMSO)δ 159.9，147.7，142.8，133.2，131.6，128.7，128.6，127.3，126.9，126.3，126.2，74.3；HRMS(ESI) 理论值 $C_{15}H_{12}IN_2^+O$：362.9989(M^++H)，实测值：362.9958。

4-(碘(4-甲苯基)甲基)-1(2*H*)-酞嗪酮(2.4b)

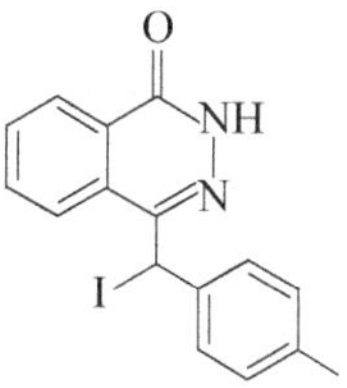

白色固体，44.2mg，83%；^{1}H NMR(400MHz，DMSO)δ 12.60(s，1H)，8.23-8.17(m，1H)，8.07~8.01(m，1H)，7.75~7.71(m，2H)，7.29(*d*，*J* = 8.0Hz，2H)，7.10(*d*，*J* = 8.0Hz，2H)，6.44(*d*，*J* = 4.7Hz，1H)，5.91(*d*，*J*= 4.7Hz，1H)，2.22(s，3H)；^{13}C NMR(100MHz，DMSO)δ 159.9，147.8，139.8，136.4，133.2，131.6，129.2，128.6，128.6，127.0，126.3，126.0，74.2，21.1；HRMS(ESI) 理论值 $C_{16}H_{14}IN_2O^+$：377.0145(M^++H)，实测值：377.0149。

4-(碘(叔丁基)甲基)-1(*2H*)-酞嗪酮(2.4c)

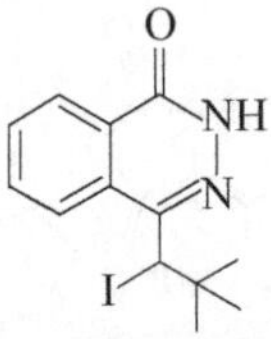

黄色固体，35.8mg，77%；^{1}H NMR(400MHz，DMSO)δ 12.59(s，1H)，8.45(*d*，*J* = 8.1Hz，1H)，8.23(*d*，*J* = 7.8Hz，1H)，7.85(*t*，*J* = 7.2Hz，1H)，7.78(*t*，*J* = 7.4Hz，1H)，5.52(*d*，*J* = 5.3Hz，1H)，4.67(*d*，*J* = 5.3Hz，1H)，0.92(s，9H)；^{13}C NMR(100MHz，DMSO)δ 159.6，147.0，133.1，131.4，130.3，128.1，127.5，126.1，78.7，36.6，27.4；HRMS(ESI) 理论值 $C_{13}H_{16}IN_2O^+$：343.0302(M^++H)，实测值：343.0310。

4-(碘(苯基)甲基)-7-甲基-1(*2H*)-酞嗪酮(2.4d)

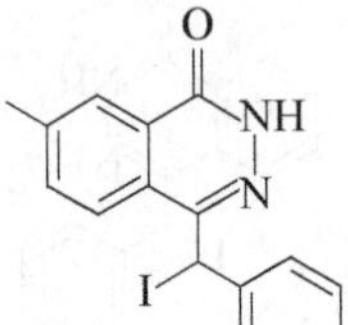

黄色固体，42.1mg，79%；^{1}H NMR(400MHz，DMSO)δ 12.52(s，1H)，8.02-7.92(m，2H)，7.56(*d*，*J* = 8.4Hz，1H)，7.40(*d*，*J* = 7.6Hz，2H)，7.29(*t*，*J* = 7.6Hz，2H)，7.19(*t*，*J* = 7.1Hz，1H)，6.47(*dd*，*J* = 4.8，1.4Hz，1H)，5.92(*d*，*J* = 4.6Hz，1H)，2.42(s，3H)；^{13}C NMR(100MHz，DMSO)δ 159.9，147.7，142.8，141.9，134.4，128.6，128.5，127.3，126.9，126.4，126.1，125.8，74.3，21.6；HRMS(ESI) 理论值 $C_{16}H_{14}IN_2O^+$：377.0145(M^++H)，实测值：377.0157。

(*E*)-3-(4-甲苯基(苯基)亚甲基)异苯并呋喃-1(*3H*)-酮(2.5)

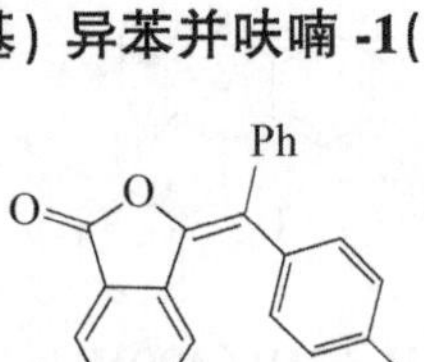

黄色固体，55.6mg，89%；^{1}H NMR(400MHz，CDCl3)δ 7.90(*dd*，*J* = 7.6，0.6Hz，1H)，7.60~7.50(m，2H)，7.42(*t*，*J* = 7.5Hz，1H)，7.38~7.27(m，6H)，7.27~7.22(m，2H)，6.43(*d*，*J* = 8.0Hz，1H)，2.49(s，3H)．^{13}C NMR(100MHz，CDCl3)δ167.2，142.4，139.6，138.7，137.6，134.5，133.9，130.5，130.4，130.0，129.3，128.1，128.1，125.2，125.1，124.8，123.6，21.5。

参 考 文 献

[1] Boyarskiy V P, Ryabukhin D S, Bokach N A, et al. Alkenylation of arenes and heteroarenes with alkynes [J]. Chemical Reviews, 2016, 116 (10): 5894~5986.

[2] Zheng Z, Wang Z, Wang Y, et al. Au-catalysed oxidativecyclisation [J]. Chemical Society Reviews, 2016, 45 (16): 4448~4458.

[3] Yoshida H. Borylation of alkynes under base/coinage metal catalysis: some recent developments [J]. ACS Catalysis, 2016, 6 (3): 1799~1811.

[4] Pirnot M T, Wang Y M, Buchwald S L. Copper hydride catalyzed hydroamination of alkenes and alkynes [J]. Angewandte Chemie International Edition, 2016, 55 (1): 48~57.

[5] M Heravi M, Tamimi M, Yahyavi H, et al. Huisgen's cycloaddition reactions: A full perspective [J]. Current Organic Chemistry, 2016, 20 (15): 1591~1647.

[6] Ackermann L. Carboxylate-assisted ruthenium-catalyzed alkyne annulations by C-H/Het-H bond-functionalizations [J]. Accounts of chemical research, 2013, 47 (2): 281~295.

[7] Chinchilla R, Najera C. Chemicals from alkynes with palladium catalysts [J]. Chemical Reviews, 2013, 114 (3): 1783~1826.

[8] Luo Y, Pan X, Yu X, et al. Doublecarbometallation of alkynes: an efficient strategy for the construction of polycycles [J]. Chemical Society Reviews, 2014, 43 (3): 834~846.

[9] Fürstner A. Alkyne metathesis on the rise [J]. Angewandte Chemie International Edition, 2013, 52 (10): 2794~2819.

[10] Wang H, Kuang Y, Wu J. 2-Alkynylbenzaldehyde: A versatile building block for the generation of cyclic compounds [J]. Asian Journal of Organic Chemistry, 2012, 1 (4): 302~312.

[11] Qiu G, Wu J. Generation of indene derivatives by tandem reactions [J]. Synlett, 2014, 25 (19): 2703~2713.

[12] He L, Nie H, Qiu G, et al. 2-Alkynylbenzaldoxime: a versatile building block for the generation of N-heterocycles [J]. Organic & biomolecular chemistry, 2014, 12 (45): 9045~9053.

[13] Li D Y, Shi K J, Mao X F, et al. Selective cyclization of alkynols and alkynylamines catalyzed by potassium tert-butoxide [J]. Tetrahedron, 2014, 70 (39): 7022~7031.

[14] Kundu N G, Khan M W. Palladium-catalysed heteroannulation with terminal alkynes: A highly regio-and stereoselective synthesis of (Z) -3-Aryl (alkyl) idene isoindolin-1-ones1 [J]. Tetrahedron, 2000, 56 (27): 4777~4792.

[15] Bian M, Yao W, Ding H, et al. Highly efficient access to iminoisocoumarins and α-iminopyrones via AgOTf-catalyzed intramolecular enyne-amide cyclization [J]. The Journal of Organic Chemistry, 2009, 75 (1): 269~272.

[16] Bianchi G, Chiarini M, Marinelli F, et al. Product selectivity control in the heteroannulation of *o*-(1-alkynyl) benzamides [J]. Advanced Synthesis & Catalysis, 2010, 352 (1): 136~142.

[17] Alvarez R, Martinez C, Madich Y, et al. A general synthesis of alkenyl-substituted benzo-

furans, Indoles, and isoquinolones by cascade palladium-catalyzed heterocyclization/oxidative Heck coupling [J]. Chemistry-A European Journal, 2010, 16 (42): 12746~12753.

[18] Ding D, Mou T, Xue J, et al. Access to divergent benzo-heterocycles via a catalyst-dependent strategy in the controllable cyclization of o-alkynyl-N-methoxyl-benzamides [J]. Chemical Communications, 2017, 53 (38): 5279~5282.

[19] Jithunsa M, Ueda M, Miyata O. Copper(Ⅱ) chloride-mediated cyclization reaction of N-alkoxy-ortho-alkynylbenzamides [J]. Organic Letters, 2010, 13 (3): 518~521.

[20] Mancuso R, Ziccarelli I, Armentano D, et al. Divergent palladium iodide catalyzed multicomponent carbonylative approaches to functionalized isoindolinone and isobenzofuranimine derivatives [J]. The Journal of Organic Chemistry, 2014, 79 (8): 3506~3518.

[21] Yao B, Jaccoud C, Wang Q, et al. Synergistic effect of palladium and copper catalysts: Catalytic cyclizative dimerization of ortho-(1-alkynyl) benzamides leading to axially chiral 1, 3-butadienes [J]. Chemistry-A European Journal, 2012, 18 (19): 5864~5868.

[22] Neto J S S, Back D F, Zeni G. Nucleophilic cyclization of *o*-alkynylbenzamides promoted by iron(Ⅲ) chloride and diorganyl dichalcogenides: Synthesis of 4-organochalcogenyl-1H-isochromen-1-imines [J]. European Journal of Organic Chemistry, 2015, 2015 (7): 1583~1590.

[23] Mehta S, Yao T, Larock R C. Regio-and stereoselective synthesis of cyclic imidates via electrophilic cyclization of 2-(1-alkynyl) benzamides. A correction [J]. The Journal of Organic Chemistry, 2012, 77 (23): 10938~10944.

[24] Mehta S, Waldo J P, Larock R C. Competition studies in alkyne electrophilic cyclization reactions [J]. The Journal of Organic Chemistry, 2008, 74 (3): 1141~1147.

[25] Jithunsa M, Ueda M, Miyata O. Copper(Ⅱ) chloride-mediated cyclization reaction of N-alkoxy-ortho-alkynylbenzamides [J]. Organic Letters, 2010, 13 (3): 518~521.

[26] Yao T, Larock R C. Regio-and stereoselective synthesis of isoindolin-1-ones via electrophilic cyclization [J]. The Journal of Organic Chemistry, 2005, 70 (4): 1432~1437.

3　四丁基溴化铵催化的邻炔基苯甲酰胺的六元环化反应

3.1　研究背景

在研究当量的四丁基碘化铵促进邻炔基苯甲酰胺的五元碘环化反应过程中发现，减少四丁基碘化铵的负载量到催化量时生成的主要是六元环产物异香豆素-1-亚胺。而异香豆素类杂环化合物是重要的杂环骨架，广泛存在天然产物和药物分子中。在过去的30年中，异香豆素骨架在自然界中的存在以及与之相关的广泛的生物活性引起了合成和药物化学家的极大兴趣。

邻炔基苯甲酰胺是重要有用的双功能结构单元之一，它可以通过三键的区域选择性环化合成各种含氮杂环化合物。N-杂环的结构多样性主要归因于反应类型的不同。对于邻炔基苯甲酰胺的化学反应过程，酰胺中的N/O亲核性和炔烃的区域选择性官能化被认为是两个主要问题，因此吸引了许多化学家的强烈兴趣。从根本上来说，使用不同的反应体系导致N/O亲核选择性和基于炔烃转化的反应区域选择性具有差异性。

用碱介导的邻炔基苯甲酰胺使得五元外氮杂环化产生3-亚甲基异吲哚-1-酮如图3-1（a）所示，并且底物中的酰胺表现出N-亲核性[1,2]。通过改变使用过渡金属作为催化剂（如银等），发生酰胺的O-亲核性，并实现邻炔基苯甲酰胺的六元内环化反应，得到一系列异香豆素-1-亚胺如图3-1(b）所示[3~5]。另外，适当的亲电子试剂也促进酰胺氧进攻邻炔基苯甲酰胺的氧环化反应。然而发现得到的是五元外氧环化产物和六元内氧环化产物的混合物，如图3-1（c）所示[6~8]。最近，一些实例表明，过渡金属配体也对N/O亲核选择性和反应区域选择性产生了重要影响[9]。

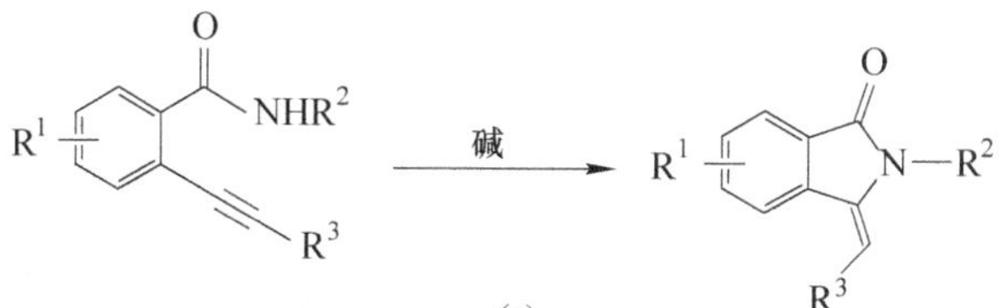

O
NHR²
R¹
R³
碱
O
R¹
N—R²
R³
(a)

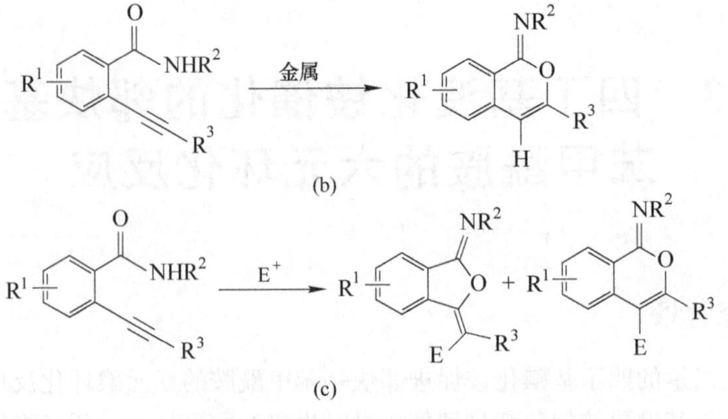

(b)

(c)

图 3-1　邻位酰胺基参与芳香乙炔的选择性环化反应

3.2　课题构思

考虑到异香豆素-1-亚胺结构的高度重要性，急须寻找一种无过渡金属催化下实现邻炔基苯甲酰胺的区域选择性的六元环化反应合成异香豆素-1-亚胺的方法。在过去的几年中，课题组的一个中心焦点是开发一种更清洁、更安全、更经济的反应体系，从易于获得的含炔基的底物构建特殊结构核心来实现区域选择性的转化。此外，在研究当量的四丁基碘化铵促进邻炔基苯甲酰胺的五元碘环化反应过程中发现催化量的四丁基碘化铵可以区域选择性的合成异香豆素-1-亚胺。受上述内容的启发，设想在氧化剂作用下，通过使用催化量的四丁基碘化铵，避免碘代过程的发生，进而实现邻炔基苯甲酰胺的六内环化反应，用于合成异香豆素-1-亚胺如图 3-2 所示。

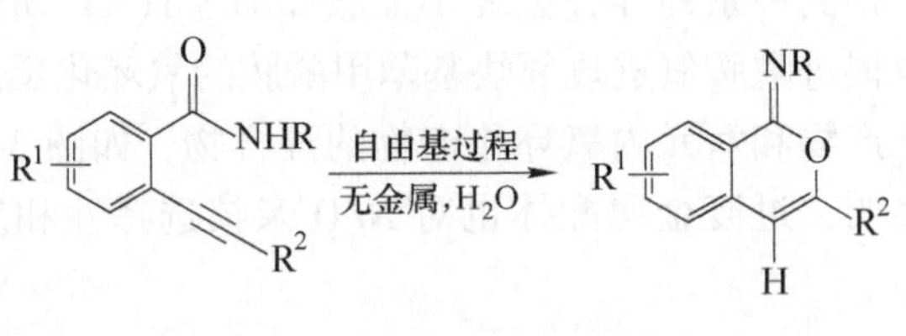

图 3-2　邻炔基苯甲酰胺的区域选择性六元环化反应

3.3　反应条件优化

根据课题组之前关于过氧单磺酸钾作为氧化剂在邻位基团参与炔烃的环化反应的化学过程中的研究结果，初步试验是在过氧单磺酸钾（2.0 当量）和 K_2CO_3（3.0 当量）和 THF：H_2O（体积比为 1：1）的条件下进行。邻炔基苯甲酰胺

3.1a 的尝试反应以 20%的产率得到所需的异香豆素-1-亚胺 **3.2a**（见表 3-1 中第 1 列），未检测到六内氮杂环化产物 **3.2a′**。而且，使用水作为混合溶剂不会引起异香豆素-1-亚胺 **3.2a** 水解为异香豆素 **3.3a**。因此，使用水作为混合溶剂的无金属方法可以实现邻炔基苯甲酰胺区域选择性六内氧环化反应得到异香豆素-1-亚胺。通过 NMR、HRMS 与 **3.2a** 的标准 NMR 数据比较确定化合物 **3.2a** 的结构。

表 3-1　反应条件优化

(3.1a) —氧化剂，添加剂 / 碱 / 溶剂，温度→ (3.2a) + (3.2a′)　(3.3a)

列	添加剂	氧化剂	碱	溶剂（体积比）	产率①② (**3.2a**)/%
1	—	过氧单磺酸钾	K_2CO_3	THF : H_2O (1 : 1)	20
2	四丁基碘化铵	过氧单磺酸钾	K_2CO_3	THF : H_2O (1 : 1)	65
3	四丁基溴化铵	过氧单磺酸钾	K_2CO_3	THF : H_2O (1 : 1)	70
4	SLS	过氧单磺酸钾	K_2CO_3	THF : H_2O	36
5	四丁基溴化铵	过氧单磺酸钾	K_2CO_3	DCE : H_2O (1 : 1)	46
6	四丁基溴化铵	H_2O_2	K_2CO_3	MeCN : H_2O (1 : 1)	20
7	四丁基溴化铵	过氧单磺酸钾	K_2CO_3	THF	31
8	四丁基溴化铵	过氧单磺酸钾	K_2CO_3	H_2O	59
9	四丁基溴化铵	过氧单磺酸钾	K_3PO_4	THF : H_2O (1 : 1)	62
10	四丁基溴化铵	过氧单磺酸钾	Na_2CO_3	THF : H_2O (1 : 1)	61
11	四丁基溴化铵	过氧单磺酸钾	—	THF : H_2O (1 : 1)	23
12③	四丁基溴化铵	过氧单磺酸钾	K_2CO_3	THF : H_2O (1 : 1)	65
13④	四丁基溴化铵	过氧单磺酸钾	K_2CO_3	THF : H_2O (1 : 1)	58

①基于邻炔基苯甲酰胺 **3.1a** 的分离产率。

②标准条件：邻炔基苯甲酰胺 **3.1a**（0.2mmol），四丁基溴化铵（0.1 当量），过氧单磺酸钾（2.0 当量），碱（3.0 当量），溶剂（2.0mL），80℃，过夜。

③反应温度=100℃。

④反应温度=50℃；SLS 为十二烷基硫酸钠。

为了提高反应效率，优化了其他影响结果的因素。如表 3-1 所示，对添加剂的筛选表明使用四丁基溴化铵作为添加剂可显著改善反应结果，得到所需的异香豆素-1-亚胺 **3.2a**，产率为 70%（见表 3-1，第 3 列）。因此推断四丁基溴化铵不仅用作相转移催化剂以提高邻炔基苯甲酰胺在混合溶剂中的溶解度，而且在反应中起到另一重要作用。使用 SLS 替代四丁基溴化铵作为添加剂的对照实验产生比较低的产率，因此添加剂在反应中不仅可作为相转移催化剂，还可作为试剂（见表 3-1，第 4 列）。使用四丁基碘化铵产生了相对较低的产率（见表 3-1，第 2 列），可能是由于碘阴离子在反应中容易被过氧单磺酸钾氧化。从溶剂效应探索来看，混合溶剂 THF : H_2O 是最佳选择，其他溶剂包括 DCE : H_2O、MeCN : H_2O、THF 和纯水得到更低的产率（见表 3-1，第 5 ~ 8 列）。通过改变使用其他碱，反应不能得到更高的产率（见表 3-1，第 9 ~ 11 列），同时，进行了空白实验发现没有添加碱会伴有水解的异香豆素，结果表明碱在反应中具有非常重要的地位。反应温度的升高或降低对反应不利（见表 3-1，第 12 和 13 列）。减少过氧单磺酸钾或 K_2CO_3 的负载量对反应产生不利的影响，使反应产率降低（数据未在表 3-1 中显示）。因此，我们得到优化的条件：四丁基溴化铵（0.1 当量），过氧单磺酸钾（2.0 当量），K_2CO_3（3.0 当量），THF : H_2O（体积比为 = 1 : 1）和温度 80℃。

3.4　底物拓展

在最优反应条件下对反应的适用范围进行探索，结果见表 3-2。在该反应体系中能以良好的收率得到了一系列取代的异香豆素-1-亚胺 **3.2**。从取代基 R^1 的筛选结果来看，取代基 R^1 可以是供电子基团和吸电子基团。此外，具有供电子基团的底物更有利于反应。例如，5-甲基-N-苯基-2-(苯基乙炔基) 苯甲酰胺的反应得到所需产物 **3.2b**，产率为 73%，而 5-氟-N-苯基-2-（苯基乙炔基）苯甲酰胺的反应得到 **3.2c**，产率为 60%。R^1 的空间位阻效应对反应产生显著的影响。例如，当进行空间 3-甲基-N-苯基-2-（苯基乙炔基）苯甲酰胺的反应时，**3.2e** 的产率大大降低。

表 3-2　异香豆素-1-亚胺类化合物的合成

(3.1) → (3.2)
四丁基碘化铵(2当量)
单过硫酸氢钾(2当量)
K_2CO_3(3.0当量)
THF : H_2O(体积比1:1)
80℃

续表 3-2

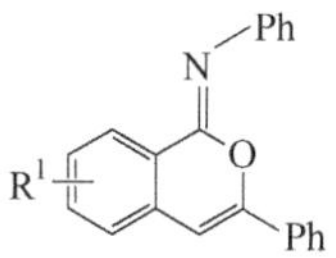 **3.2a**，R=H，70%； **3.2b**，R=5-Me，73%； **3.2c**，R=5-F，60%； **3.2d**，R=5-Cl，62%； **3.2e**，R=3-Me，53%；	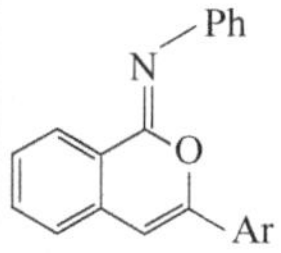 **3.2f**，Ar=4-$CH_3C_6H_4$，74%； **3.2g**，Ar=4-$CH_3OC_6H_4$，65%； **3.2h**，Ar=3-$CH_3C_6H_4$，73%； **3.2i**，Ar=4-FC_6H_4，61%； **3.2j**，Ar=4-ClC_6H_4，64%； **3.2k**，Ar=2-噻吩，68%
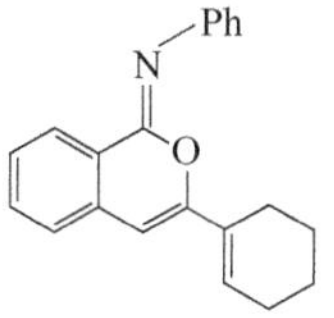 (**3.2l**)，60%	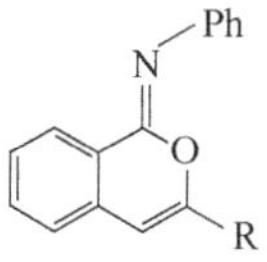 **3.2m**，R=正丁基，70%； **3.2n**，R=叔丁基，85%； **3.2o**，R=苯丙烯基，69%； **3.2p**，R=壬基，71%
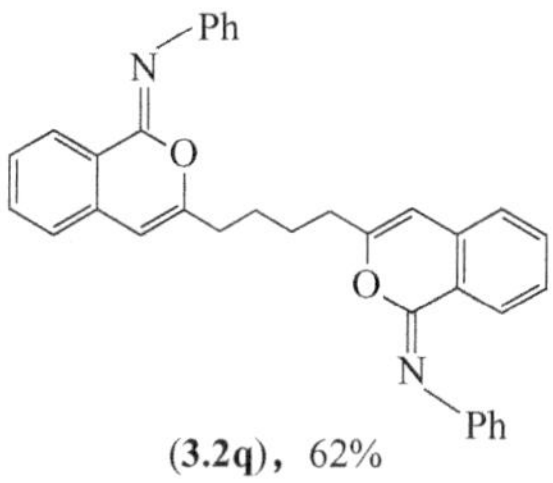 (**3.2q**)，62%	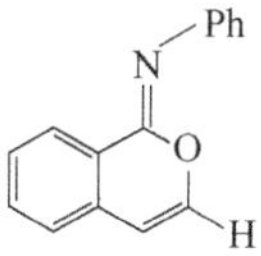 (**3.2r**)，0%

然后进行研究了 R^2 的取代基效应。从结果中来看，发现 R^2 上的取代基为芳基、杂芳基、乙烯基和烷基，这些均适用于该反应并得到相应的异香豆素-1-亚胺 **3.2f**~**3.2q**，产率为 60%~85%。例如，使用具有 4-甲氧基苯基底物的反应以 65%的产率产生所需的异香豆素-1-亚胺 **3.2g**，并且用 4-氯苯基取代的底物的反应以相似的产率产生 **3.2j**。N-苯基-2-(噻吩-2-乙炔基）苯甲酰胺在标准条件下反应可以得到相应的产物，产生所需的异香豆素-1-亚胺 **3.2k**，产率为 68%。另外，底物 2-(环已基-1-烯-1-乙炔基）苯甲酰胺也适合于该反应，生成 60%产率的目标产物异香豆素-1-亚胺 **3.2l**。各种烷基连接的底物的均适用于该反应，形成一系列的异香豆素 **3.2m**~**3.2p**，反应产率均良好。而且，底物 2，2′-(1，7-辛二炔-1，8-二基）二苯甲酰胺可以得到相应的产物，以 62%的产率形成异香豆素-1-亚胺 **3.2q**。然而，2-乙炔基-N-苯基苯甲酰胺的反应未能产生所需的异香豆素-1-亚胺 **3.2r**。

探索酰胺中 N-保护基团的耐受性见表 3-3。通过将 N-保护基团 R 变为氢，甲基和苄基，反应不能得到相应的异香豆素-1-亚胺 **3.2**，而是分别产生产率为 80%、76%和 78%的水解产物 **3.3a**。可能由于 N-氢取代的，N-甲基取代的和 N-苄基取代的异香豆素-1-亚胺在反应中发生了水解。在标准条件下，N 上无保护基团的邻炔基苯甲酰胺 **3.1** 的反应以良好的收率得到一系列异香豆素 **3.3b**~**3.3e**。

表 3-3 异香豆素类化合物的合成

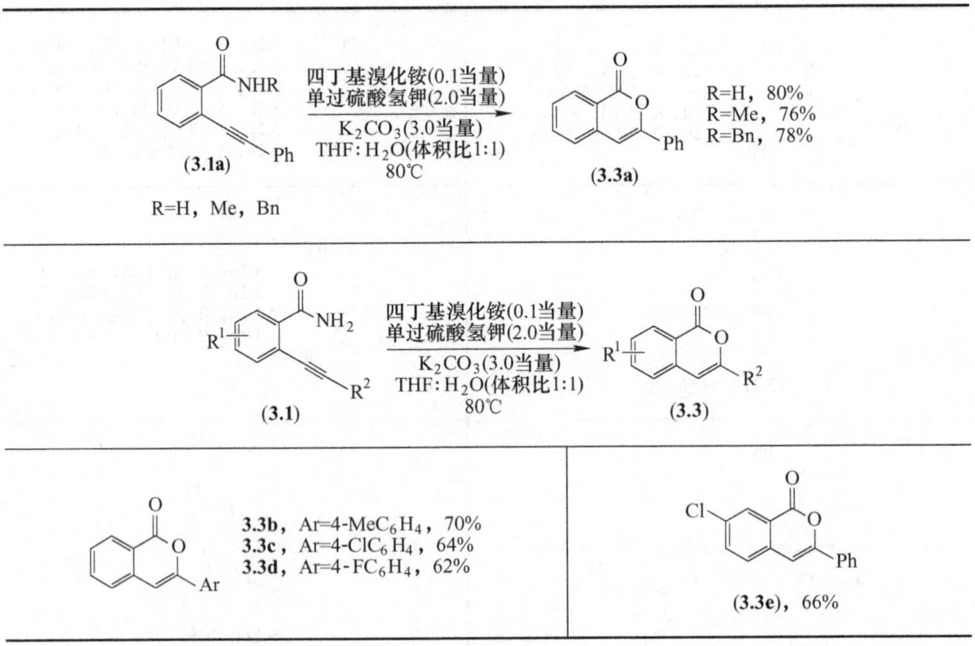

(3.1a) R=H，Me，Bn

四丁基溴化铵(0.1当量)
单过硫酸氢钾(2.0当量)
K_2CO_3(3.0当量)
THF∶H_2O(体积比1∶1)
80℃

(3.3a) R=H，80%；R=Me，76%；R=Bn，78%

(3.1)

四丁基溴化铵(0.1当量)
单过硫酸氢钾(2.0当量)
K_2CO_3(3.0当量)
THF∶H_2O(体积比1∶1)
80℃

(3.3)

3.3b，Ar=4-MeC_6H_4，70%
3.3c，Ar=4-ClC_6H_4，64%
3.3d，Ar=4-FC_6H_4，62%

(3.3e)，66%

然而，在标准条件下，N-苯基 2-三甲基硅基乙炔苯甲酰胺的反应并不是经过了六元内氧环化反应，而是经过了五元内氧环化和脱甲硅烷基化得到一系列 3-亚甲基异苯并呋喃-1-亚胺 **3. 4**，见表 3-3。考虑到异苯并呋喃-1-亚胺在许多有用的体系结构中的普遍存在，探究了反应的适用性。当各种取代的 N-苯基 2-三甲基硅基乙炔苯甲酰胺作为底物时，以良好的收率实现了一系列 3-亚甲基异苯并呋喃-1-亚胺 **3. 4a～3. 4e**。合成 **3. 4** 的反应过程为反应机理研究提供了重要的依据。

表 3-4 N-苯基 2-三甲基硅基乙炔苯甲酰胺参与的环化反应

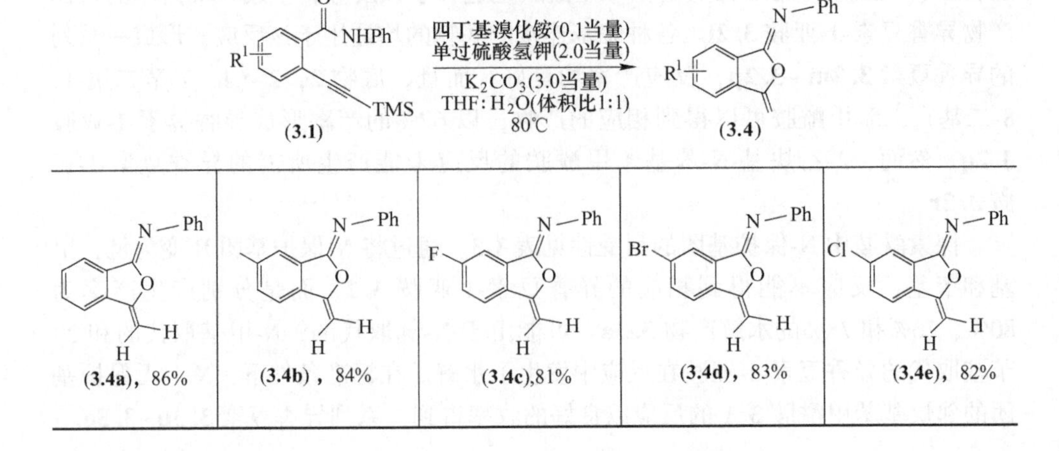

3.5 机理研究

为了探讨反应可能发生的过程，进行了三个对照实验，如图3-3所示。与2，2，6，6-四甲基哌啶-氮-氧化物（TEMPO）自由基捕捉剂作为添加剂的反应，大大延迟了产生**3.2a**反应过程，产率为23%。但是，并没有检测到任何自由基捕获的中间体。反应可能经历了自由基过程。在混合溶剂中使用D_2O代替H_2O反应中产生氘代异香豆素-1-亚胺**3.2a-D**，产率为67%。最重要的是，在标准条件下，3-亚甲基异苯并呋喃-1-亚胺**3.5**的反应也以15%的收率得到所需的异香豆素**3.2a**。该结果表明3-亚甲基异苯并呋喃-1-亚胺**3.5**可能是参与该反应的重要中间体。

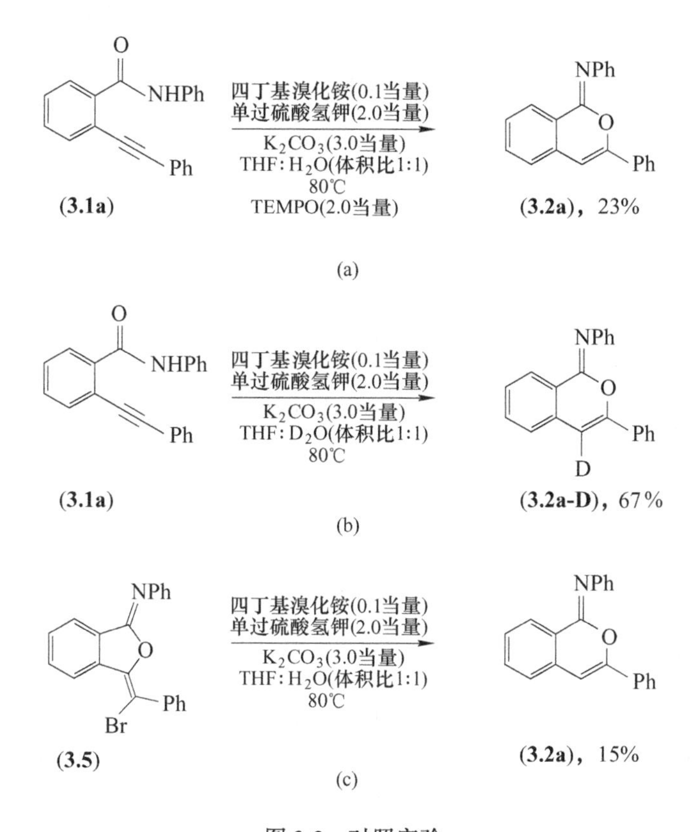

图3-3 对照实验

基于上述结果，提出了一种可能的反应机理，如图3-4所示。在此过程中，溴阴离子被氧化剂氧化成溴自由基，然后与溴形成自由基组合。根据课题组之前的研究结果，对邻炔基苯甲酰胺**3.1**进行区域选择性五元外氧环化反应，得到中间体**3.5a**。中间体**3.5a**的质子化产生中间体**3.5b**。然后，中间体**3.5b**经历了碳阳离子的1,2-HAT和C-O键的1,2-迁移形成异香豆素-1-亚胺阳离子**3.5c**。最后中间体**3.5c**中的溴离去，得到目标产物**3.2**和Br_2。另一方面，对于中间体**3.5b**存在另一种可能的转化，当使用N-苯基2-三甲基硅基乙炔苯甲酰胺作为底物时，在该方法中，中间体**3.5b**倾向于通过直接脱溴转化为中间体**3.5d**。在碱存在下，中间体**3.5d**经历脱甲硅烷基化得到最终产物**3.4**。

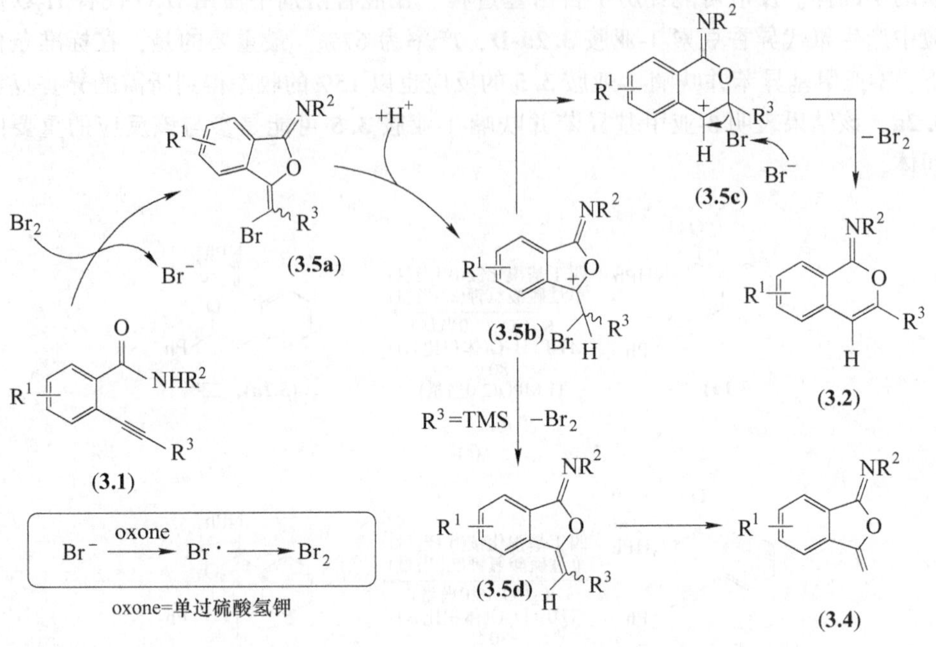

图3-4 四丁基溴化铵催化的邻炔基苯甲酰胺的环化反应机理

3.6 实验部分

3.6.1 测试仪器

核磁共振谱图（^{1}H NMR和^{13}C NMR）在DMX 500型核磁共振仪上测定的。以氘代氯仿或氘代DMSO作为溶剂，以TMS作^{1}H NMR的内标。高分辨率质谱在BRUKER公司的APEX Ⅲ 7.0傅立叶变换回旋共振质谱仪上进行测定。

3.6.2 原料和试剂

通过采用柱层析的分离方法来分离纯化实验中的化合物，反应过程由薄层层析板（TLC）跟踪监测，并在紫外灯（254nm）下检测。选用的是GF254薄层层析硅胶板和48~74μm（200~300目）的柱层析硅胶粉。如果没有特别说明，使用的所有商业化试剂和溶剂直接从安耐吉公司买入，按原样使用无需纯化。洗脱剂石油醚、乙酸乙酯均为工业级溶剂，使用前按照标准程序来干燥和蒸馏处理。

3.6.3 底物的制备

向250mL的圆底烧瓶中加入邻碘苯甲酸（2.52g，10mmol），然后加入10mL的二氯亚砜作为溶剂，在100℃的油浴锅中加热回流4~5h，采用减压蒸馏的方法除去多余的二氯亚砜得到了邻碘苯甲酰氯。冷却至室温后，向圆底烧瓶中加入50mL的二氯甲烷作为溶剂放入到冰水浴当中，再向圆底烧瓶中加入氨水或苯胺（1.2当量）和三乙胺（3.0当量），搅拌20min。放到室温下反应4~5h，反应期间每隔一段时间取出反应液与原料进行跟踪对比，在通过TLC显示底物消失后结束反应，如图3-5所示。

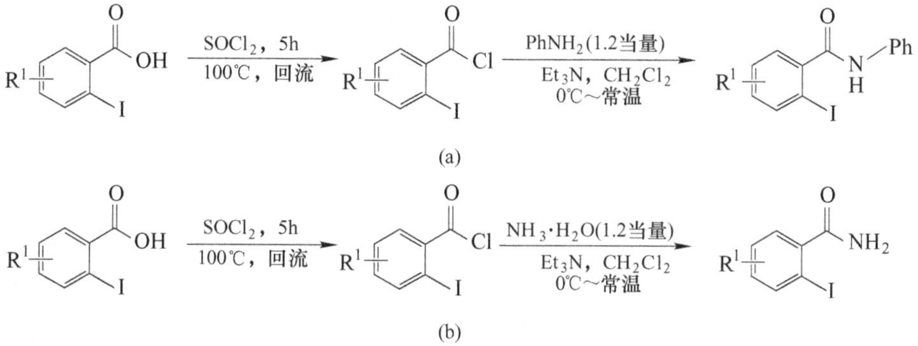

(a)

(b)

图3-5 邻碘苯甲酰胺的合成

后处理：向反应体系中加入水（100mL）淬灭反应；二氯甲烷（3×20mL）萃取，合并有机相，用无水Na_2SO_4干燥，旋干浓缩得到粗产物邻碘苯甲酰胺（2.91g，9mmol），收率92%。粗产物无需进一步分离纯化，可直接用于下一步反应。

向250mL的圆底烧瓶中加入邻碘苯甲酰胺（2.91g，9mmol）和CuI（34.4mg，0.18mmol）、$Pd_2(PPh_3)_2Cl_2$（315.9mg，0.45mmol），通入氮气，向反应中依次用针管注入乙炔类（1.10g，10.8mmol）、THF（2.0 mL）、Et_3N（2.73g，27.0mmol）在56℃条件下搅拌5~6h，如图3-6所示。

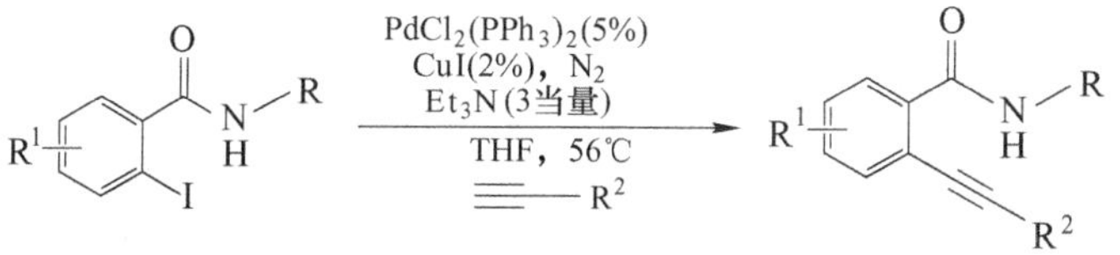

图3-6 邻炔基苯甲酰胺的合成

后处理：将反应物倒入装有硅藻土的砂芯漏斗中进行过滤，滤渣用乙酸乙酯（3×20mL）进行洗涤，合并有机相旋干浓缩后经柱层析提纯分离（洗脱剂：石油醚/乙酸乙酯=10∶1），得到淡黄色固体（2.14g，7.2mmol），收率80%。

3.6.4　产物的合成

将N-苯基-邻炔基苯甲酰胺**3.1**（59.6mg，0.2mmol），四丁基溴化铵（6.5mg，0.02mmol），过氧单磺酸钾（246mg，0.4mmol），K_2CO_3（83mg，0.6mmol）加入试管中，然后加入共溶剂THF∶H_2O（体积比1∶1，2.0mL），将混合物在80℃下搅拌12h，如图3-7所示。

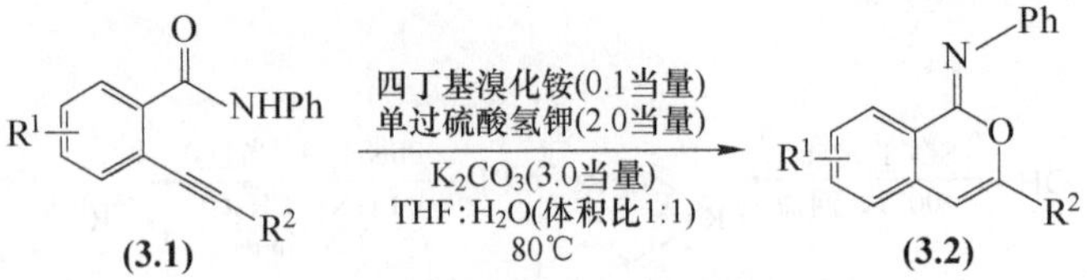

图3-7　异香豆素-1-亚胺的合成

后处理：在通过TLC显示底物消失后，向反应体系中加入水（2mL）淬灭反应，并用乙酸乙酯（3×2mL）萃取。合并有机层并用Na_2SO_4干燥，用旋转蒸发仪旋干溶剂浓缩，并通过柱层析（洗脱剂：石油醚/乙酸乙酯=30∶1）分离纯化得到所需要的产物**3.2**。

将N上无保护基团的邻炔基苯甲酰胺**3.1**（44.2mg，0.2mmol），四丁基溴化铵（6.5mg，0.02mmol），过氧单磺酸钾（246mg，0.4mmol），K_2CO_3（83mg，0.6mmol）加入试管中，加入共溶剂THF∶H_2O（体积比1∶1，2.0mL），将混合物在80℃下搅拌12h，如图3-8所示。

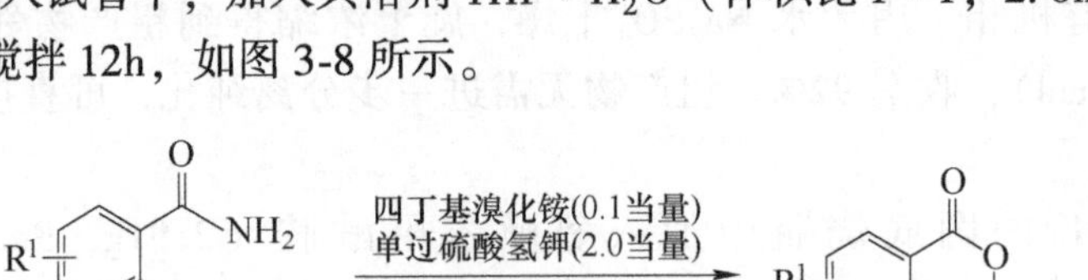

图3-8　异香豆素的合成

后处理：在通过TLC显示底物消失后，向反应体系中加入水（2mL）淬灭反应，并用乙酸乙酯（3×2mL）萃取。合并有机层并用Na_2SO_4干燥，用旋转蒸发仪旋干溶剂浓缩，并通过柱层析（洗脱剂：石油醚/乙酸乙酯=30∶1）分离纯化得到所需要的产物**3.3**。

将 N-苯基-邻炔基苯甲酰胺 **3.1**（58.6mg，0.2mmol），四丁基溴化铵（6.5mg，0.02mmol），过氧单磺酸钾（246mg，0.4mmol），K_2CO_3（83mg，0.6mmol）加入试管中，然后加入共溶剂 THF：H_2O（体积比 1：1，2.0mL），将混合物在 80℃下搅拌 12h，如图 3-9 所示。

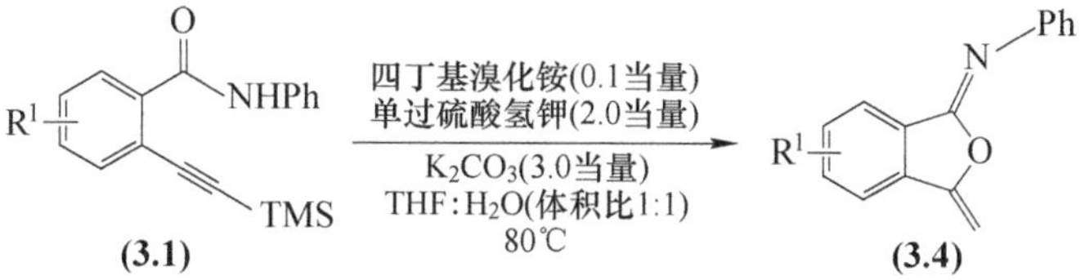

四丁基溴化铵(0.1当量)
单过硫酸氢钾(2.0当量)
K_2CO_3(3.0当量)
THF:H_2O(体积比1:1)
80℃
(3.1) (3.4)

图 3-9 3-亚甲基异苯并呋喃-1-亚胺的合成

后处理：在通过 TLC 显示底物消失后，向反应体系中加入水（2mL）淬灭反应，并用乙酸乙酯（3×2mL）萃取。合并有机层并用 Na_2SO_4 干燥，用旋转蒸发仪旋干溶剂浓缩，并通过柱层析（洗脱剂：石油醚/乙酸乙酯=30：1）分离纯化得到所需要的产物 **3.4**。

3.7 总结

（1）开发了一种四丁基溴化铵（四丁基溴化铵）催化的邻炔基苯甲酰胺区域选择性六元环化反应，用于合成一系列异香豆素-1-亚胺类化合物。

（2）在氧化剂（过氧单磺酸钾），催化量的四丁基溴化铵条件下，该反应的区域选择性较高，底物适应范围广。

（3）当使用 N-苯基 2-三甲基硅基乙炔基苯甲酰胺作为底物时，在标准条件下发生的是五元环化反应得到异苯并呋喃-1-亚胺类化合物。

（4）3-溴苯并苯并呋喃-1-亚胺是一种关键中间体，经过 C—O 键迁移和脱溴反应得到最终产物。

3.8 化合物结构表征

(*Z*)-*N*，3-二苯基-1*H*-异苯并吡喃-1-亚胺(3.2a)

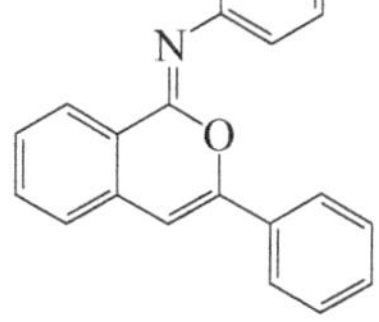

黄色固体，41.6mg，70%；^{1}H NMR(400MHz，$CDCl_3$)δ 8.40(d，J = 7.9Hz，1H)，7.61~7.51(m，3H)，7.46~7.37(m，3H)，7.37~7.30(m，4H)，7.30-7.23(m，2H)，7.15(t，J = 7.4Hz，1H)，6.72(s，1H)；^{13}C NMR(100MHz，$CDCl_3$)δ

151. 7，149. 8，146. 7，133. 9，132. 5，132. 3，129. 4，128. 7，128. 7，128. 2，127. 5，125. 6，124. 6，123. 6，122. 4，100. 9；HRMS(ESI) 理论值 $C_{21}H_{16}NO^+$：298. 1226 (M^++H)，实测值：298. 1225。

(*Z*)-7- 甲基 -*N*，3- 二苯基 -1*H*- 异苯并吡喃 -1- 亚胺(3. 2b)

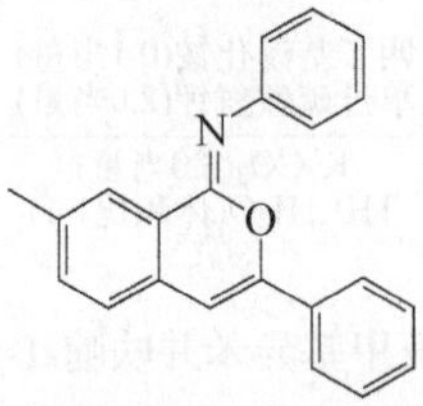

黄色固体，45. 4mg，73%；^{1}H NMR(400MHz，$CDCl_3$)δ 8. 23(s，1H)，7. 58~7. 54(m，2H)，7. 45~7. 35(m，3H)，7. 34~7. 30(m，3H)，7. 27~7. 25(m，3H)，7. 16-7. 14(m，1H)，6. 71(s，1H)，2. 46(s，3H)；^{13}C NMR(100MHz，$CDCl_3$)δ 150. 8，138. 5，133. 7，132. 4，131. 4，129. 8，129. 3，128. 8，128. 6，127. 9，127. 4，125. 7，124. 5，123. 6，123. 3，122. 5，100. 9，21. 5；HRMS(ESI) 理论值 $C_{22}H_{18}NO^+$：312. 1383(M^++H)，实测值：312. 1397。

(*Z*)-5- 甲基 -*N*，3- 二苯基 -1*H*- 异苯并吡喃 -1- 亚胺(3. 2c)

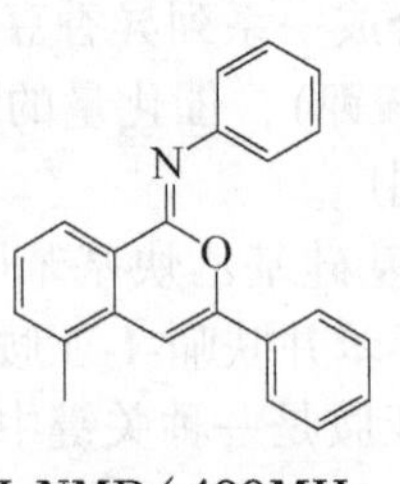

红色固体，33. 0mg，53%；^{1}H NMR(400MHz，$CDCl_3$)δ 8. 29(*d*，*J* = 7. 5Hz，1H)，7. 61~7. 59(m，2H)，7. 39(*t*，*J* = 7. 3Hz，3H)，7. 34~7. 31(m，4H)，7. 26~7. 24(m，2H)，7. 14(*t*，*J* = 7. 4Hz，1H)，6. 87(s，1H)，2. 51(s，3H)；^{13}C NMR(100MHz，$CDCl_3$)δ 151. 3，146. 7，142. 7，133. 7，132. 9，132. 6，129. 4，128. 7，128. 7，127. 7，125. 4，124. 7，123. 6，122. 4，97. 6，18. 8；HRMS(ESI) 理论值$C_{22}H_{18}NO^+$：312. 1383 (M^++H)，实测值：312. 1361。

(*Z*)-7- 氟 -*N*，3- 二苯基 -1*H*- 异苯并吡喃 -1- 亚胺(3. 2d)

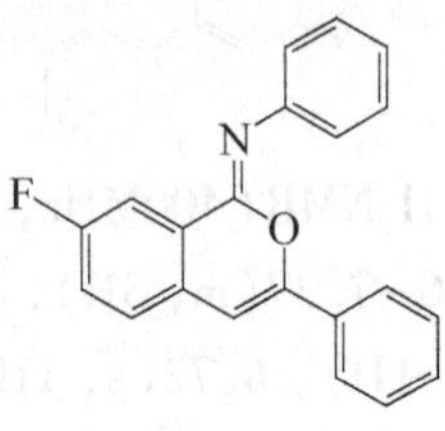

蓝色固体，37.8mg，60%；^{1}H NMR(400MHz，$CDCl_3$)δ 8.10(*d*，*J* = 9.1Hz，1H)，7.62~7.53(m，2H)，7.43~7.39(m，2H)，7.34~7.31(m，4H)，7.27(*d*，*J* = 8.7Hz，3H)，7.16(*t*，*J* = 7.4Hz，1H)，6.71(s，1H)；^{13}C NMR(100MHz，$CDCl_3$)δ 162.2(*d*，$^{1}J_{CF}$ = 247Hz)，151.2，132.1，130.3，129.5，128.7(*d*，$^{3}J_{CF}$ = 8Hz)，127.6(*d*，$^{3}J_{CF}$ = 8Hz)，125.2，124.5，124.0，123.7，122.5，120.5(*d*，$^{2}J_{CF}$ = 24Hz)，113.6(*d*，$^{2}J_{CF}$ = 24Hz)，100.1；HRMS(ESI) 理论值 $C_{21}H_{15}FNO^+$：316.1132 (M^++H)，实测值：316.1133。

(*Z*)-7-氯-*N*，3-二苯基-1*H*-异苯并吡喃-1-亚胺(3.2e)

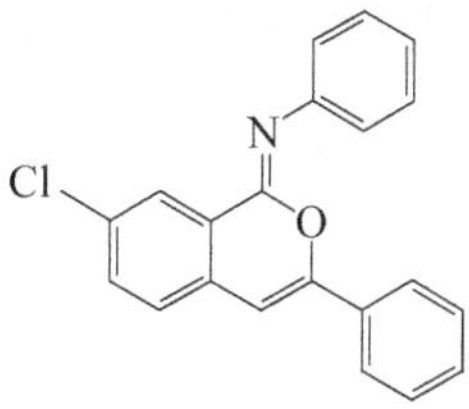

蓝色固体，41.1mg，62%；^{1}H NMR(400MHz，$CDCl_3$)δ 8.38(s，1H)，7.58~7.56(m，2H)，7.50~7.48(m，1H)，7.40(*t*，*J* = 7.8Hz，2H)，7.37~7.31(m，3H)，7.28~7.24(m，3H)，7.16(*t*，*J* = 7.3Hz，1H)，6.69(s，1H)；^{13}C NMR(100MHz，$CDCl_3$)δ 152.0，133.8，132.7，132.4，132.0，129.7，129.2，128.8，128.7，127.2，127.0，125.0，124.6，124.0，123.7，122.4，100.0；HRMS(ESI) 理论值 $C_{21}H_{15}ClNO^+$：332.0837(M^++H)，实测值：332.08344。

(*Z*)-*N*-苯基-3-(4-甲苯基)-1*H*-异苯并吡喃-1-亚胺(3.2f)

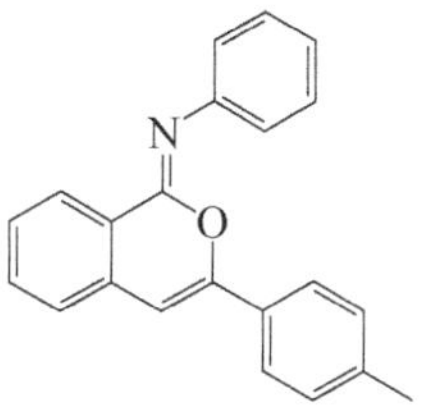

黄色固体，46.1mg，74%；^{1}H NMR(400MHz，$CDCl_3$)δ 8.39(*d*，*J* = 7.9Hz，1H)，7.56~7.51(m，1H)，7.47(*d*，*J* = 8.3Hz，2H)，7.41(*t*，*J* = 7.7Hz，3H)，7.34~7.24(m，3H)，7.15(*t*，*J* = 7.9Hz，3H)，6.66(s，1H)，2.34(s，3H)；^{13}C NMR(100MHz，$CDCl_3$)δ 151.8，150.0，146.8，139.7，134.2，132.5，129.5，129.4，128.7，127.9，127.5，125.5，124.6，123.6，123.4，122.5，100.1，21.3；HRMS(ESI) 理论值 $C_{22}H_{18}NO^+$：312.1383(M^++H)，实测值：312.1382。

(*Z*)-*N*-苯基-3-(4-甲氧基苯基)-1*H*-异苯并吡喃-1-亚胺(3.2g)

黄色固体，42.5mg，65%；^{1}H NMR(400MHz，$CDCl_3$)δ 8.38 (*d*，*J* = 7.8Hz，1H)，7.55~7.49(m，3H)，7.42~7.38(m，3H)，7.30~7.25(m，3H)，7.15(*t*，

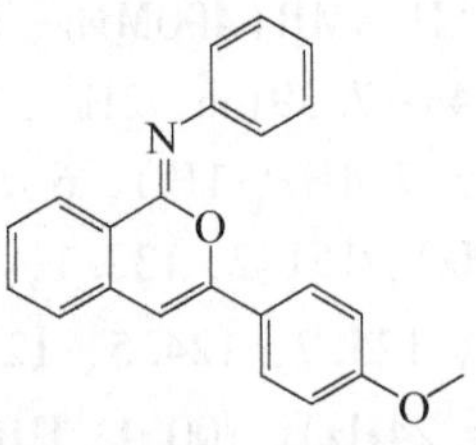

J = 7.3Hz, 1H), 6.84(*d*, *J* = 8.8Hz, 2H), 6.59(s, 1H), 3.80(s, 3H); ^{13}C NMR(100MHz, $CDCl_3$) δ 160.6, 151.6, 134.3, 132.5, 128.8, 127.7, 127.4, 126.1, 125.4, 124.9, 123.6, 123.1, 122.5, 114.1, 99.2, 55.3; HRMS(ESI) 理论值$C_{22}H_{18}NO_2^+$: 328.1332(M^++H), 实测值: 328.1331。

(*Z*)-*N*-苯基-3-(3-甲苯基)-1*H*-异苯并吡喃-1-亚胺(3.2h)

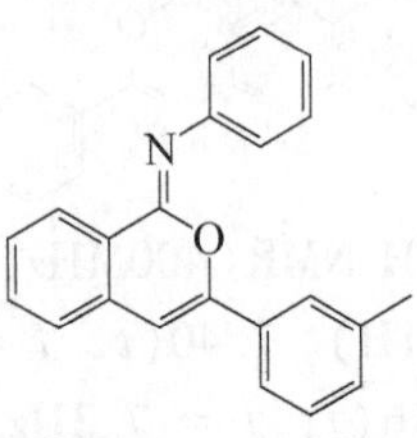

红色固体, 45.4mg, 73%; ^{1}H NMR(400MHz, $CDCl_3$) δ 8.40(*d*, *J* = 7.9Hz, 1H), 7.54(*t*, *J* = 7.5Hz, 1H), 7.46~7.38(m, 5H), 7.31(*t*, *J* = 9.0Hz, 3H), 7.24-7.19(m, 1H), 7.16(*t*, *J* = 6.2Hz, 2H), 6.70(s, 1H), 2.32(s, 3H); ^{13}C NMR(100MHz, $CDCl_3$) δ 151.7, 150.0, 146.9, 138.3, 134.0, 132.4, 132.2, 130.2, 128.7, 128.5, 128.1, 127.4, 125.6, 125.4, 123.6, 122.6, 121.7, 100.6, 21.4; HRMS(ESI) 理论值 $C_{22}H_{18}NO^+$: 312.1383(M^++H), 实测值: 312.1392。

(*Z*)-*N*-苯基-3-(4-氟苯基)-1*H*-异苯并吡喃-1-亚胺(3.2i)

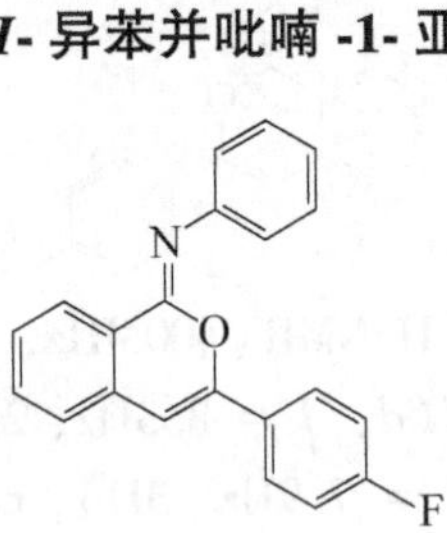

蓝色固体, 38.4mg, 61%; ^{1}H NMR(400MHz, $CDCl_3$) δ 8.43(*d*, *J* = 6.7Hz, 1H), 7.60~7.49(m, 3H), 7.47~7.36(m, 3H), 7.33(*d*, *J* = 7.7Hz, 1H), 7.25~7.23(m, 2H), 7.15(*t*, *J* = 7.4Hz, 1H), 7.02(*t*, *J* = 8.6Hz, 2H), 6.67(s, 1H); ^{13}C NMR(100MHz, $CDCl_3$) δ 163.4(*d*, $^1J_{CF}$ = 249Hz), 150.8, 133.9, 132.7, 128.82, 128.3, 127.6, 126.6(*d*, $^3J_{CF}$ = 9Hz), 125.6, 123.8, 122.3, 115.8(*d*, $^2J_{CF}$ = 22Hz), 100.7; HRMS(ESI) 理论值 $C_{21}H_{15}FNO^+$: 316.1132(M^++

H)，实测值：316.1136。

(*Z*)-*N*-苯基-3-(4-氯苯基)-1*H*-异苯并吡喃-1-亚胺(3.2j)

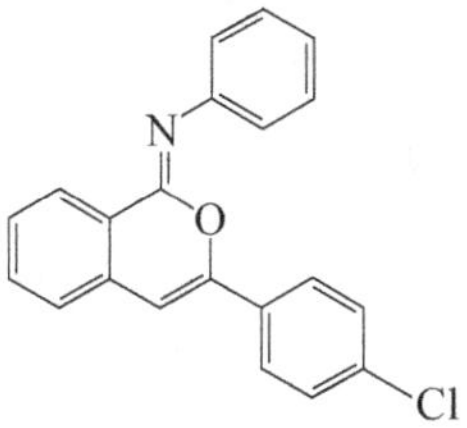

黄色固体，42.4mg，64%；^{1}H NMR(400MHz，$CDCl_3$)δ 8.38(*d*，*J* = 7.9Hz，1H)，7.54(*t*，*J* = 7.5Hz，1H)，7.46(*t*，*J* = 8.0Hz，2H)，7.44~7.35(m，3H)，7.30(*t*，*J* = 8.5Hz，3H)，7.24(*t*，*J* = 7.3Hz，2H)，7.15(*t*，*J* = 7.4Hz，1H)，6.67(s，1H)；^{13}C NMR(100MHz，$CDCl_3$) δ 150.6，149.5，146.6，135.3，133.6，132.5，130.7，128.9，128.8，128.4，127.5，125.8，125.7，123.7，123.6，122.3，101.1；HRMS(ESI) 理论值 $C_{21}H_{15}ClNO^+$：332.0837(M^++H)，实测值：332.08376。

(*Z*)-*N*-苯基-3-(2-噻吩基)-1*H*-异苯并吡喃-1-亚胺(3.2k)

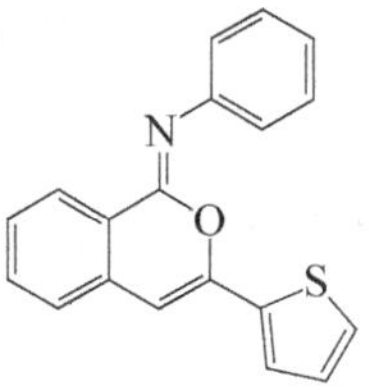

黄色固体，41.2mg，68%；^{1}H NMR(400MHz，$CDCl_3$)δ 8.38(*d*，*J* = 7.9Hz，1H)，7.55~7.51(m，1H)，7.43~7.35(m，4H)，7.33~7.28(m，2H)，7.26~7.23(m，3H)，7.14(*t*，*J* = 7.4Hz，1H)，6.53(s，1H)；^{13}C NMR(100MHz，$CDCl_3$)δ 148.6，134.5，134.0，132.5，128.7，128.0，127.5，126.7，125.5，123.9，123.7，123.3，123.0，122.4，100.5；HRMS(ESI) 理论值 $C_{19}H_{14}NOS^+$：304.0791(M^++H)，实测值：304.0790。

(*Z*)-*N*-苯基-3-环己烯基-1*H*-异苯并吡喃-1-亚胺(3.2l)

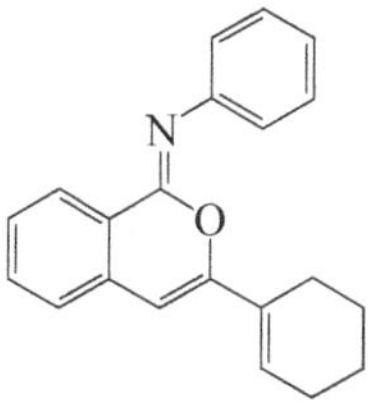

黄色油状物，36.2mg，60%；^{1}H NMR(400MHz，$CDCl_3$)δ 8.35(*d*，*J* = 7.5Hz，1H)，7.50(*t*，*J* = 7.6Hz，1H)，7.39~7.32(m，3H)，7.27~7.18(m，

3H), 7.09(t, J = 7.4Hz, 1H), 6.25(s, 1H), 6.13(s, 1H), 2.23~2.17(m, 2H), 2.13~2.06(m, 2H), 1.73~1.66(m, 2H), 1.60~1.54(m, 2H); ^{13}C NMR (100MHz, $CDCl_3$) δ 152.5, 134.6, 134.3, 132.3, 128.6, 128.6, 128.5, 127.6, 127.4, 125.5, 123.5, 122.4, 99.5, 25.6, 23.9, 22.2, 21.8; HRMS(ESI) 理论值 $C_{21}H_{20}NO^+$: 302.1539(M^++H), 实测值: 302.1537。

(*Z*)-*N*-苯基-3-丁基-1*H*-异苯并吡喃-1-亚胺(3.2m)

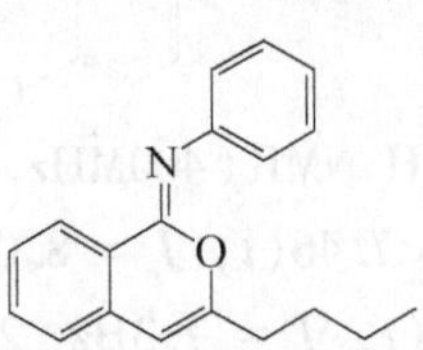

黄色固体, 38.8mg, 70%; ^{1}H NMR(400MHz, $CDCl_3$) δ 8.36(d, J = 7.6Hz, 1H), 7.50(t, J = 7.4Hz, 1H), 7.39~7.30(m, 3H), 7.19(t, J = 6.8Hz, 3H), 7.10(t, J = 7.2Hz, 1H), 5.99(s, 1H), 2.34(t, J = 7.3Hz, 2H), 1.57~1.49(m, 2H), 1.36~1.30(m, 2H), 0.90(t, J = 7.2Hz, 3H); ^{13}C NMR(100MHz, $CDCl_3$) δ 156.3, 134.1, 132.3, 128.6, 127.5, 127.4, 124.6, 123.4, 123.1, 122.8, 101.8, 32.7, 28.8, 21.9, 13.8; HRMS(ESI) 理论值 $C_{19}H_{20}NO^+$: 278.1539(M^++H), 实测值: 278.1553。

(*Z*)-*N*-苯基-3-叔丁基-1*H*-异苯并吡喃-1-亚胺(3.2n)

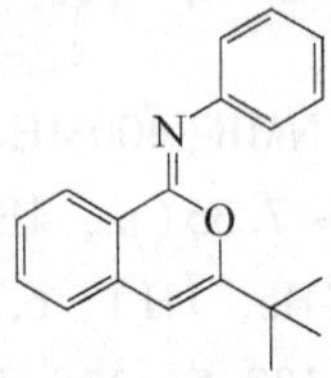

黄色固体, 47.1mg, 85%; ^{1}H NMR(400MHz, $CDCl_3$) δ 8.35(d, J = 7.9Hz, 1H), 7.54~7.46(m, 1H), 7.41~7.31(m, 3H), 7.22(d, J = 7.7Hz, 1H), 7.18~7.12(m, 2H), 7.09(t, J = 7.3Hz, 1H), 6.03(s, 1H), 1.13(s, 9H); ^{13}C NMR(100MHz, $CDCl_3$) δ 163.2, 150.7, 147.0, 134.2, 132.3, 128.5, 127.5, 127.2, 125.1, 123.3, 123.0, 122.5, 98.4, 35.6, 27.8; $C_{19}H_{20}NO^+$: 278.1539 (M^++H), 实测值: 278.1525。

(*Z*)-*N*-苯基-3-(3-苯丙基)-1*H*-异苯并吡喃-1-亚胺(3.2o)

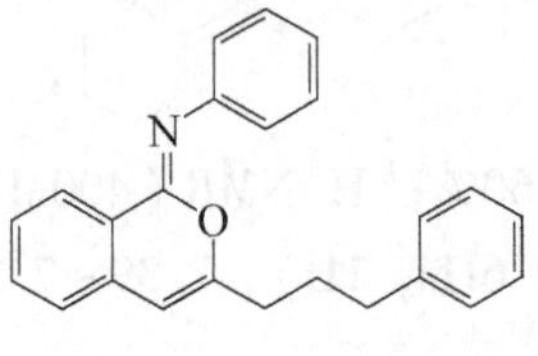

黄色固体，46.8mg，69%；^{1}H NMR(400MHz, $CDCl_3$) δ 8.35(*d*, *J* = 7.9Hz, 1H), 7.50(*t*, *J* = 7.5Hz, 1H), 7.40~7.31(m, 3H), 7.28(*t*, *J* = 7.8Hz, 2H), 7.19(*t*, *J* = 6.5Hz, 4H), 7.15~7.06(m, 3H), 5.99(s, 1H), 2.62(*t*, *J* = 7.6Hz, 2H), 2.36(*t*, *J* = 7.4Hz, 2H), 1.93~1.84(m, 2H); ^{13}C NMR(100MHz, $CDCl_3$) δ 155.7, 146.6, 141.5, 134.0, 132.3, 128.6, 128.4, 128.3, 127.6, 127.4, 125.9, 124.6, 123.4, 123.2, 122.7, 102.2, 34.8, 32.4, 28.2; HRMS(ESI) 理论值 $C_{24}H_{22}NO^+$：340.1696(M^++H)，实测值：340.1690。

(*Z*)-*N*-苯基-3-癸基-1*H*-异苯并吡喃-1-亚胺(3.2p)

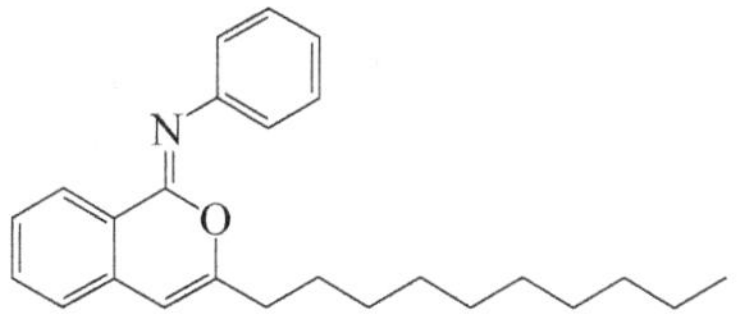

黄色油状物，51.3mg，71%；^{1}H NMR(400MHz, $CDCl_3$) δ 8.35(*d*, *J* = 7.9Hz, 1H), 7.49(*t*, *J* = 7.5Hz, 1H), 7.39~7.31(m, 3H), 7.21~7.15(m, 3H), 7.08(*t*, *J* = 7.3Hz, 1H), 5.98(s, 1H), 2.32(*t*, *J* = 7.4Hz, 2H), 1.59-1.47(m, 2H), 1.25(s, 14H), 0.88(*t*, *J* = 6.7Hz, 3H); ^{13}C NMR(100MHz, $CDCl_3$) δ 156.3, 134.1, 132.3, 128.5, 127.4, 127.4, 124.6, 123.4, 122.8, 101.8, 33.0, 31.9, 29.7, 29.6, 29.4, 29.3, 28.8, 26.6, 22.7, 14.1; HRMS(ESI) 理论值 $C_{25}H_{32}NO^+$：362.2478(M^++H)，实测值：362.2478。

(*Z*)-*N*-苯基-3-(4-((*E*)-1-(苯基亚氨基)-1*H*-异苯并吡喃-3-基)丁基)-1*H*-异苯并吡喃-1-亚胺(3.2q)

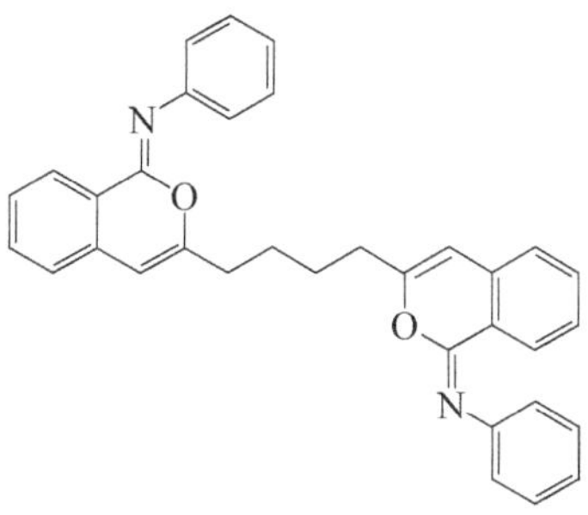

黄色固体，61.5mg，62%；^{1}H NMR(400MHz, $CDCl_3$) δ 8.35(*d*, *J* = 7.7Hz, 1H), 7.50(*t*, *J* = 7.4Hz, 1H), 7.38(*t*, *J* = 7.5Hz, 1H), 7.25(*t*, *J* = 7.7Hz, 2H), 7.17(*d*, *J* = 7.7Hz, 1H), 7.12(*d*, *J* = 7.5Hz, 2H), 7.01(*t*, *J* = 7.3Hz, 1H), 5.95(s, 1H), 2.30(s, 2H), 1.52(s, 2H); ^{13}C NMR(100MHz, $CDCl_3$) δ 155.5, 151.2, 146.5, 133.9, 132.4, 128.5, 127.6, 127.4, 126.1, 124.6, 123.4, 122.6, 102.1, 32.7, 25.8; HRMS(ESI) 理论值 $C_{34}H_{29}N_2O_2^+$：

497.2224(M^{+}+H)，实测值：497.2222。

3-苯基-1*H*-异苯并吡喃-1-酮(3.3a)

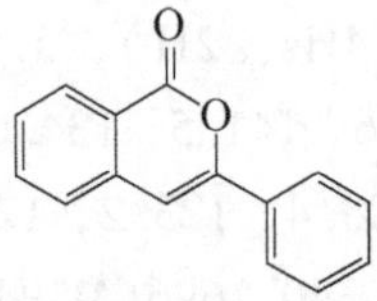

白色固体，34.6mg，78%；^{1}H NMR(400MHz, $CDCl_3$)δ 8.30(*d*, *J* = 8.2Hz, 1H)，7.90~7.85(m, 2H)，7.74~7.68(m, 1H)，7.51~7.48(m, 2H)，7.47~7.45(m, 1H)，7.45-7.41(m, 2H)，6.95(s, 1H)；^{13}C NMR(100MHz, $CDCl_3$)δ 162.3，153.6，137.5，134.9，131.9，129.9，129.6，128.8，128.2，126.0，125.2，120.5，101.8。

3-(4-甲苯基)-1*H*-异苯并吡喃-1-酮(3.3b)

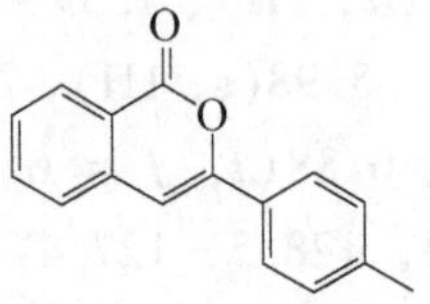

蓝色固体，33.0mg，70%)；^{1}H NMR(400MHz, $CDCl_3$)δ 8.29(*d*, *J* = 8.0Hz, 1H)，7.85~7.35(m, 2H)，7.72~7.67(m, 1H)，7.50~7.41(m, 2H)，7.25(*d*, *J* = 6.3Hz, 2H)，6.89(s, 1H)，2.39(s, 3H)；^{13}C NMR(100MHz, $CDCl_3$)δ 162.4，153.8，140.3，137.7，134.8，129.6，129.5，129.2，127.9，125.8，125.2，120.4，101.1，21.4。

3-(4-氯苯基)-1*H*-异苯并吡喃-1-酮(3.3c)

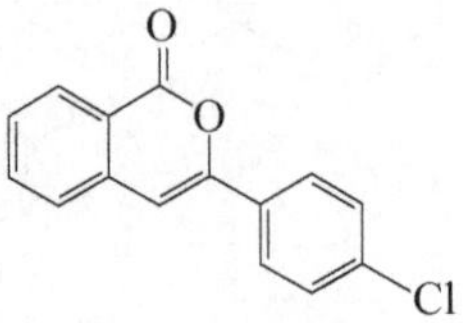

白色固体，32.8mg，64%；^{1}H NMR(400MHz, $CDCl_3$)δ 8.30(*d*, *J* = 7.9Hz, 1H)，7.81(*d*, *J* = 8.7Hz, 2H)，7.72(*t*, *J* = 7.6Hz, 1H)，7.54~7.47(m, 2H)，7.43(*d*, *J* = 8.7Hz, 2H)，6.93(s, 1H)；^{13}C NMR(100MHz, $CDCl_3$)δ 162.0，152.5，137.2，136.0，134.9，130.4，129.7，129.1，128.4，126.5，126.0，120.5，102.0。

3-(4-氟苯基)-1*H*-异苯并吡喃-1-酮(3.3d)

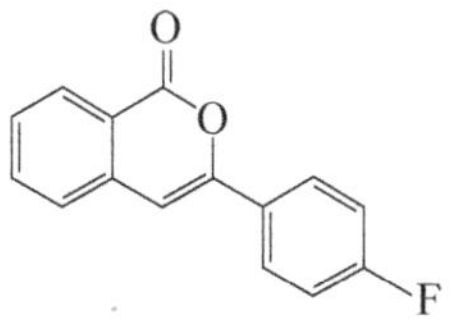

蓝色固体，29.8mg，62%；^1H NMR(400MHz，$CDCl_3$)δ 8.29(*d*，J = 8.4Hz，1H)，7.90~7.82(m，2H)，7.71(*t*，J = 7.6Hz，1H)，7.49(*t*，J = 7.6Hz，2H)，7.17~7.09(m，2H)，6.88(s，1H)；^{13}C NMR(100MHz，$CDCl_3$)δ 163.7(*d*，$^1J_{CF}$ = 249Hz)，152.7，137.4，135.0，129.7，128.2，127.2(*d*，$^3J_{CF}$ = 9Hz)，125.9，120.3，115.9(*d*，$^2J_{CF}$ = 22Hz)，101.6。

3-苯基-7-氯-1*H*-异苯并吡喃-1-酮(3.3f)

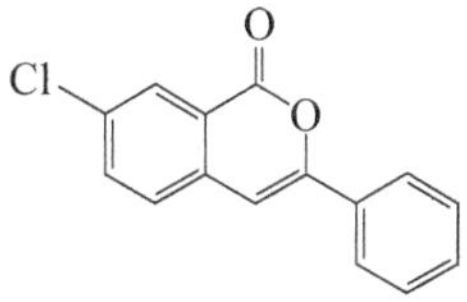

蓝色固体，33.8mg，66%；^1H NMR(400MHz，$CDCl_3$)δ 8.25(s，1H)，7.88~7.81(m，2H)，7.67~7.62(m，1H)，7.49~7.40(m，4H)，6.92(s，1H)；^{13}C NMR(100MHz，$CDCl_3$)δ 161.2，153.9，135.9，135.2，133.8，131.5，130.2，129.1，128.9，127.4，125.2，121.6，100.9。

(*Z*)-3-亚甲基-*N*-苯基异苯并呋喃-1(3*H*)-亚胺(3.4a)

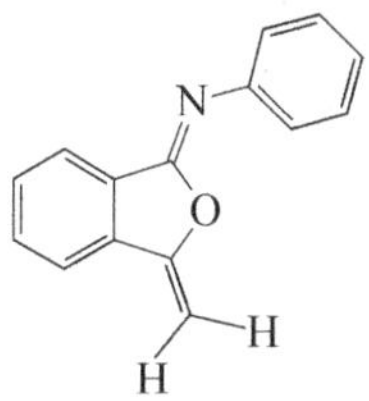

蓝色固体，38.1mg，86%；^1H NMR(400MHz，$CDCl_3$)δ 7.95~7.90(m，1H)，7.79~7.73(m，1H)，7.67~7.61(m，1H)，7.59~7.48(m，3H)，7.44~7.34(m，3H)，5.24~7.21(m，1H)，4.82~4.78(m，1H)；^{13}C NMR(100MHz，$CDCl_3$)δ 166.7，143.1，136.2，134.5，132.3，129.8，129.3，128.9，128.1，128.0，123.6，120.0，90.5；HRMS(ESI) 理论值 $C_{15}H_{12}NO^+$：222.0913(M^++H)，实测值：222.0913。

(*Z*)-3-亚甲基-6-甲基-*N*-苯基异苯并呋喃-1(3*H*)-亚胺(3.4b)

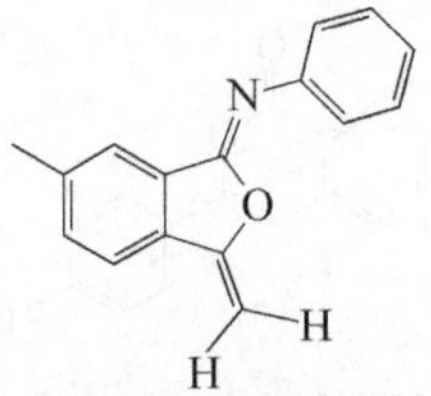

蓝色固体，39.5mg，84%；^{1}H NMR(400MHz，$CDCl_3$)δ 7.72(s，1H)，7.64(*d*，*J* = 7.8Hz，1H)，7.51(*t*，*J* = 7.6Hz，2H)，7.47-7.41(m，2H)，7.38(*t*，*J* = 7.8Hz，2H)，5.16(*d*，*J* = 1.9Hz，1H)，4.75(*d*，*J* = 1.9Hz，1H)，2.49 (s，3H)；^{13}C NMR (100MHz，$CDCl_3$) δ 166.8，143.1，140.2，134.6，133.7，133.3，129.3，128.1，127.9，126.5，123.7，119.9，89.7，21.6；HRMS(ESI) 理论值 $C_{16}H_{14}NO^{+}$：236.1070(M^{+}+H)，实测值：236.1076。

(*Z*)-3-亚甲基-6-氟-*N*-苯基异苯并呋喃-1(3*H*)-亚胺(3.4c)

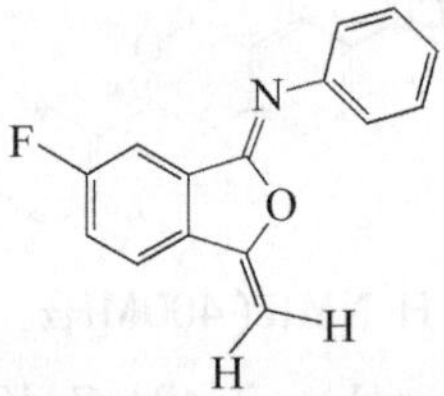

蓝色固体，38.8mg，81%；^{1}H NMR(400MHz，$CDCl_3$)δ 7.73(*d*，*J* = 8.4Hz，1H)，7.59(*d*，*J* = 7.4Hz，1H)，7.52(*t*，*J* = 7.6Hz，2H)，7.43(*t*，*J* = 7.3Hz，1H)，7.40～7.30(m，3H)，5.19(*d*，*J* = 2.1Hz，1H)，4.80(*d*，*J* = 2.0Hz，1H)；^{13}C NMR(100MHz，$CDCl_3$)δ 163.8 (*d*，$^{1}J_{CF}$ = 249Hz)，161.4，142.3，134.3，129.4，129.2，128.2，128.0，126.4，122.0(*d*，$^{3}J_{CF}$ = 8Hz)，120.0(*d*，$^{2}J_{CF}$ = 24Hz)，110.3(*d*，$^{2}J_{CF}$ = 23Hz)，90.7；HRMS(ESI) 理论值 $C_{15}H_{11}FNO^{+}$：240.0819(M^{+}+H)，实测值：240.0813。

(*Z*)-3-亚甲基-6-溴-*N*-苯基异苯并呋喃-1(3*H*)-亚胺(3.4d)

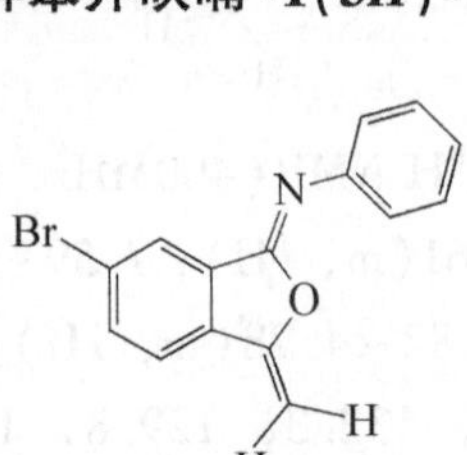

蓝色固体，49.7mg，83%；^{1}H NMR(400MHz，$CDCl_3$)δ 8.04(s，1H)，7.77～7.71(m，1H)，7.62(*d*，*J* = 8.1Hz，1H)，7.51(*t*，*J* = 7.6Hz，2H)，7.42(*t*，

J = 7.4Hz, 1H), 7.36(d, J = 7.4Hz, 2H), 5.24(d, J = 2.2Hz, 1H), 4.84 (d, J = 2.2Hz, 1H); ^{13}C NMR(100MHz, $CDCl_3$) δ 165.2, 142.3, 135.3, 134.8, 134.2, 130.6, 129.4, 128.3, 128.0, 126.7, 123.8, 121.7, 91.5; HRMS (ESI) 理论值 $C_{15}H_{11}BrNO^+$: 300.0019(M^++H), 实测值: 300.0019。

(Z)-3-亚甲基-6-氯-N-苯基异苯并呋喃-1(3H)-亚胺(3.4e)

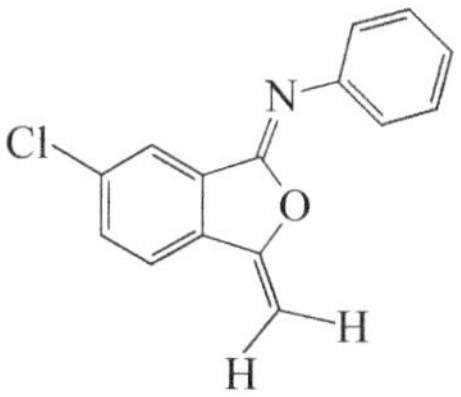

蓝色固体, 41.8mg, 82%; ^{1}H NMR(400MHz, $CDCl_3$)δ 7.89(s, 1H), 7.69(d, J = 8.2Hz, 1H), 7.63~7.57(m, 1H), 7.52(t, J = 7.5Hz, 2H), 7.42(t, J = 7.3Hz, 1H), 7.37(d, J = 7.5Hz, 2H), 5.23(d, J = 1.9Hz, 1H), 4.84(d, J = 1.8Hz, 1H); ^{13}C NMR(100MHz, $CDCl_3$)δ 165.3, 142.3, 135.9, 134.4, 134.2, 132.5, 130.4, 129.4, 128.3, 128.0, 123.7, 121.4, 91.4; HRMS(ESI) 理论值 $C_{15}H_{11}ClNO^+$: 256.0524(M^++H), 实测值: 256.0530。

参 考 文 献

[1] Monsieurs K, Tapolcsányi P, Loones K T J, et al. Is samoquasine A indeed benzo [f] phthalazin-4 (3H)-one Unambiguous, straightforward synthesis of benzo [f] phthalazin-4 (3H) -one and its regioisomer benzo [f] phthalazin-1 (2H)-one [J]. Tetrahedron, 2007, 63 (18): 3870~3881.

[2] He Y, Qiu G. ZnBr 2-Mediated oxidative spiro-bromocyclization of propiolamide for the synthesis of 3-bromo-1-azaspiro [4.5] deca-3, 6, 9-triene-2, 8-dione [J]. Organic & Biomolecular Chemistry, 2017, 15 (16): 3485~3490.

[3] Jithunsa M, Ueda M, Miyata O. Copper (Ⅱ) Chloride-Mediated Cyclization Reaction of N-Alkoxy-ortho-alkynylbenzamides [J]. Organic Letters, 2010, 13 (3): 518~521.

[4] Mancuso R, Ziccarelli I, Armentano D, et al. Divergent palladium iodide catalyzed multicomponent carbonylative approaches to functionalized isoindolinone and isobenzofuranimine derivatives [J]. The Journal of Organic Chemistry, 2014, 79 (8): 3506~3518.

[5] Yao B, Jaccoud C, Wang Q, et al. Synergistic Effect of Palladium and Copper Catalysts: Catalytic Cyclizative Dimerization of ortho-(1-Alkynyl) benzamides Leading to Axially Chiral 1, 3-Butadienes [J]. Chemistry-A European Journal, 2012, 18 (19): 5864~5868.

[6] Neto J S S, Back D F, Zeni G. Nucleophilic Cyclization of o-Alkynylbenzamides Promoted by Iron (Ⅲ) Chloride and Diorganyl Dichalcogenides: Synthesis of 4-Organochalcogenyl-1H-isochromen-1-imines [J]. European Journal of Organic Chemistry, 2015, 2015 (7): 1583~1590.

[7] Mehta S, Yao T, Larock R C. Regio-and stereoselective synthesis of cyclic imidates via electrophilic cyclization of 2-(1-alkynyl) benzamides. A correction [J]. The Journal of Organic Chemistry, 2012, 77 (23): 10938~10944.

[8] Mehta S, Waldo J P, Larock R C. Competition studies in alkyne electrophilic cyclization reactions [J]. The Journal of Organic Chemistry, 2008, 74 (3): 1141~1147.

[9] Ding D, Zhu G, Jiang X. Ligand-Controlled Palladium (Ⅱ)-Catalyzed Regiodivergent Carbonylation of Alkynes: Syntheses of Indolo [3, 2-c] coumarins and Benzofuro [3,2-c] quinolinones [J]. Angewandte Chemie, 2018, 130 (29): 9166~9170.

4 邻位酰胺基团参与的共轭烯炔的2,4-二卤化反应

4.1 研究背景

共轭烯炔是有机化学中重要的中间体和结构单元。类似于炔化学，共轭烯炔在有机合成中，也存在反应区域选择性不高的问题，需要在提高反应效率的基础上加以解决。共轭烯炔作为类炔结构，基本上，在过渡金属催化的情况下，反应总是优先发生在炔键上。而亲电加成和自由基加成更倾向于发生在双键上。

据我们所知，以烯炔为基础的区域选择性转化引起了越来越多化学家的关注。例如，2019 年，Frontier[1] 开发了一种以共轭烯炔为原料的阳离子级联反应，合成了一系列的复杂多环分子。最近，Bao[2] 报道在铜催化下，通过自由基过程实现了共轭烯炔的 1，4-二官能团化反应，合成一系列多取代联烯产物。考虑到烯炔结构巨大的合成潜力，我们认为进一步开发以烯炔为基础的有机合成反应是十分必要的。

4.2 课题构思

在过去几年，我们课题组一直致力于开发一种更清洁、更安全、更经济的炔区域选择性官能团化的方法[3~8]。2018 年，我们小组[9] 报道了一个使用四丁基溴化铵/过氧单磺酸钾系统促进的邻位酯基参与的共轭烯炔的 2，4-二溴化反应的策略。机理研究表明，联烯阳离子是关键的中间体，而且苯甲酸酯是一种有效的导向基团，起始底物 2-共轭烯炔苯甲酸酯中的酯羰基氧原子被转移到共轭烯炔的三键上形成羰基。受上述工作的启发，我们推测底物 **4.1** 中的酰胺基团也是个有效的导向基团，可以使共轭烯炔区域选择性 2，4 二溴化和羰基化反应。经过初步实验我们得到了目的产物 **4.3**，如图 4-1 所示。传统的方法需要大量的氧化剂，反应添加剂较多，处理过程烦琐。因此，开发一种条件简单、不需要额外添加氧化剂、使用大量的水作溶剂合成 2，4-二卤化产物的方法有重要意义。

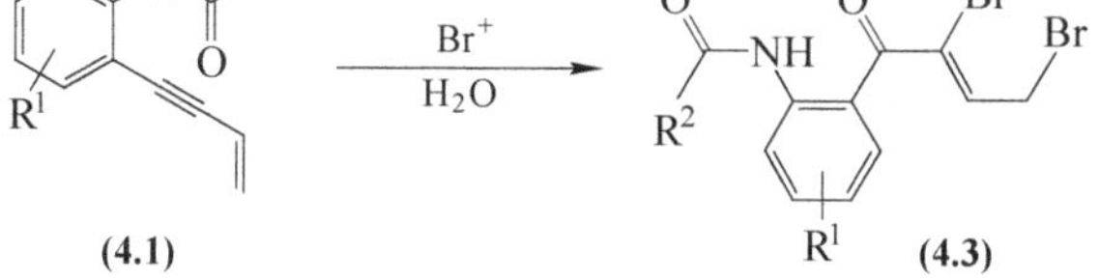

图 4-1 课题构思

4.3　反应条件优化

如表 4-1 所示，我们以 2-(共轭烯炔)-N-苯甲酰基苯胺 **4.1a** 为底物进行相关条件优化。首先，我们对溴源进行探索，发现使用四丁基溴化铵、液溴、NBS 均可得到目标产物，与其他溴源相比，使用 NBS 产率最高，产率为 81%（第 1~3 列）。之后，我们研究了溶剂效应，发现溶剂对反应影响很大，当使用 THF：H_2O（体积比 1：1）为混合溶剂时，产率提高到 90%（第 4 列），但使用 MeCN：H_2O（体积比 1：1）作为混合溶剂时，反应受到抑制，获得 69%的产率（第 5 列）。随后。我们又调节了混合溶剂的比例，发现稍微提高水的比例可以提高产率（第 6 列），但是，水所占体积过大时产率反而降低，用纯水作溶剂也可以获得 84%的产率（第 8 列）。当我们用纯水作溶剂，再加入表面活性剂四丁基溴化铵或十二烷基磺酸钠时，产率并没有提高。之后，我们对 NBS 的量进行了研究，当 NBS 的量为 2.2 当量时，产率下降到 85%（第 9 列）。所以，该反应最佳条件为：NBS（2.5 当量），THF：H_2O（体积比 1：5），常温，5h。

表 4-1　反应条件优化

(4.1a) + [Br⁺] / H_2O —无金属 / 溶剂，常温→ (4.3a)

列	[Br^+] (2.5 当量)	溶剂 (体积比)	T/℃	产率①② (**4.3a**)/%
1	四丁基溴化铵 /过氧单磺酸钾	DCE：H_2O（1：1）	室温	75
2	Br_2	DCE：H_2O（1：1）	室温	62
3	NBS	DCE：H_2O（1：1）	室温	81
4	NBS	THF：H_2O（1：1）	室温	90
5	NBS	MeCN：H_2O（1：1）	室温	69
6	NBS	THF：H_2O（1：5）	室温	92
7	NBS	THF：H_2O(1：9)	室温	87
8	NBS	H_2O	室温	84
9③	NBS	THF：H_2O（1：5）	室温	85

①基于邻炔基-N-乙酰苯胺 **4.1a** 的分离产率。

②标准条件：邻炔基-N-乙酰苯胺 **4.1a**(0.2mmol)，[Br^+]（2.5 当量），溶剂（2mL），室温，12h。

③添加了 NBS 2.2 当量。

4.4 底物拓展

在获得最优反应条件后，我们对反应的底物适用范围进行探索，见表 4-2。我们首先研究了氨基保护基团对反应的影响。结果表明，各种氨基保护基团底物均能适应反应。例如，4-甲基苯甲酰基保护的苯胺底物 **4.1b** 以 83%的产率获得目标产物 **4.3b**。而 2-甲基苯甲酰基保护的苯胺底物 **4.1c** 得到相应的产物 **4.3c** 产率为 68%。其他保护基团底物如芳基、萘基、噻吩基、苄氧基、乙烯基、烷基等均适应该反应，得到相应产物 **4.3d**~**4.3p** 产率为 52%~93%。

表 4-2 NBS 引发的邻位酰胺基团参与的共轭烯炔的 2，4 二溴化反应

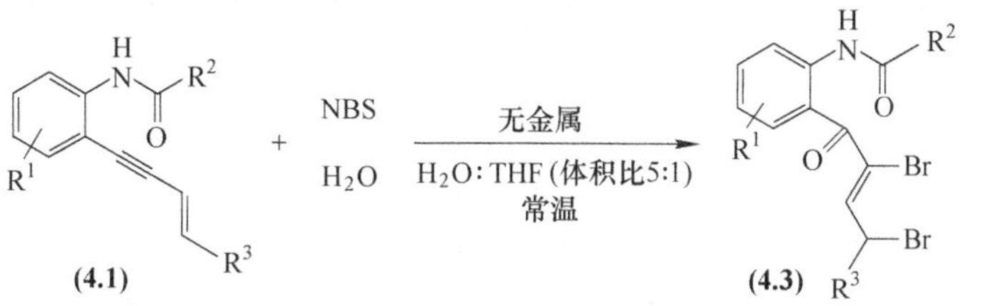

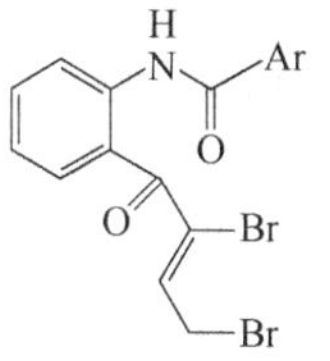

(4.1) + NBS, H_2O —— 无金属, H_2O:THF (体积比5:1), 常温 → (4.3)

4.3a，Ar=Ph，92%
4.3b，Ar=4-MeC_6H_4，83%
4.3c，Ar=2-MeC_6H_4，68%
4.3d，Ar=3-MeC_6H_4，80%
4.3e，Ar=4-ClC_6H_4，72%
4.3f，Ar=4-FC_6H_4，82%
4.3g，Ar=2-ClC_6H_4，89%

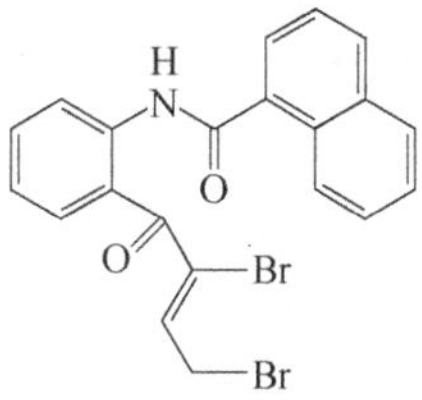

(4.3h)，52%

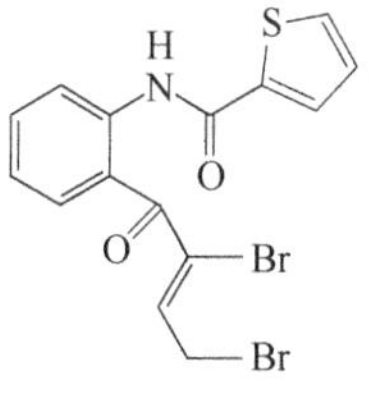

(4.3i)，74% 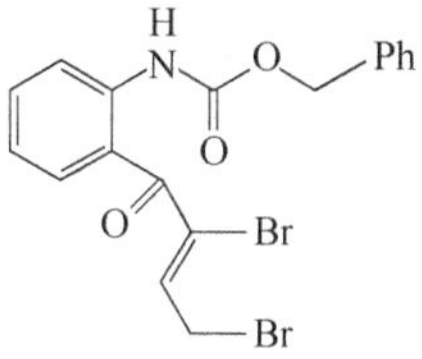　**(4.3j)**，59% 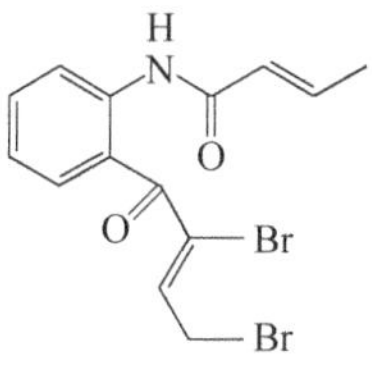　**(4.3k)**，78% 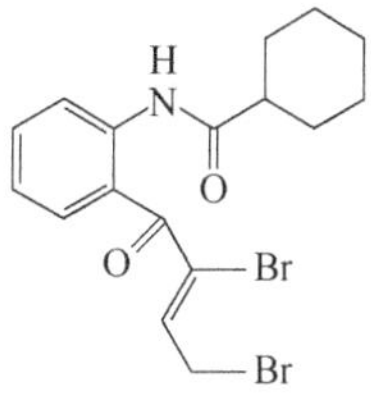　**(4.3l)**，86%

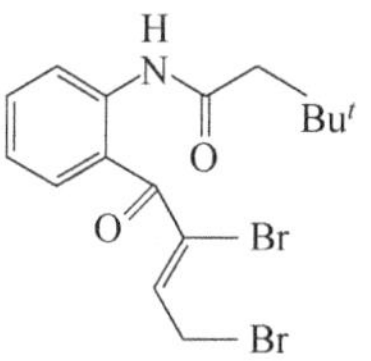

(4.3m)，93% 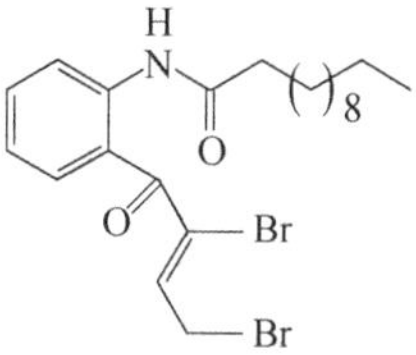　**(4.3n)**，81% 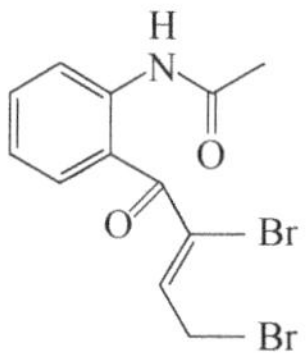　**(4.3o)**，82% 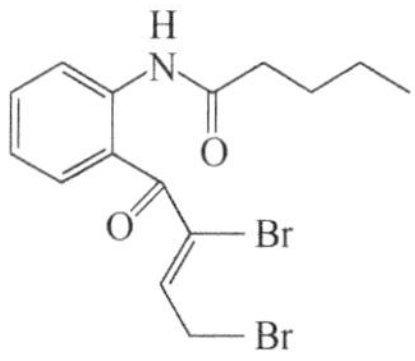　**(4.3p)**，66%

续表 4-2

4.3q，R^1=5-Me，74% **4.3r**，R^1=4-OMe，91% **4.3s**，R^1=5-Cl，92% **4.3t**，R^1=4-Br，92% **4.3u**，R^1=5-F，74% **4.3v**，R^1=3-Cl，63% **4.3w**，R^1=4-CN，80%	**(4.3x)**，71%

随后，我们研究了苯胺芳环上的取代基 R^1 对反应的影响。当 R^1 基团可以是甲基，甲氧基，氟，氯，溴和氰基，并且获得相应产物 **4. 3q～4. 3w** 产率为 63%～92%。例如，4-甲氧基取代的底物 **4. 1r** 参与反应，以 91%的产率获得产物 **4. 3r**。甲基连接端烯连有甲基的底物 **4. 1x** 也是一种高效的反应伙伴，反应生成产物 **4. 3x** 获得 71%的收率。

此外，我们也考察了 NIS 参与的 2，4 二碘化反应，见表 4-3。当 R^2 基团为芳基、烷基、萘、噻吩等都适应反应，产率中等至极好（51%～97%）。而 R^2 基团为芳基时，芳环上取代基对反应影响很大，吸电子基团更有利于反应，如 **4. 4b** 产率 74%，**4. 4f** 产率为 97%，空间位阻较大的邻甲基底物 **4. 1c** 仅获得产率为 61%的 **4. 4c**。同时，我们也研究了苯胺芳环上取代基 R^1 对反应的影响，无论 R^1 为吸电子基氟、氯、溴，还是供电子基甲基和甲氧基都可以获得很好的产率 **4. 4m～4. 4r**（60%～86%）。当 R^1 为 4-氰基时，能够以 78%的产率得到目标产物 **4. 4s**。对于在 NBS 体系中不能发生反应的底物，也得到了所需产物 **4. 4t**，但产物中存在顺反异构，混合产率为 67%。

表 4-3 NIS 引发的邻位酰胺基团参与的共轭烯炔的 2,4 二碘化反应

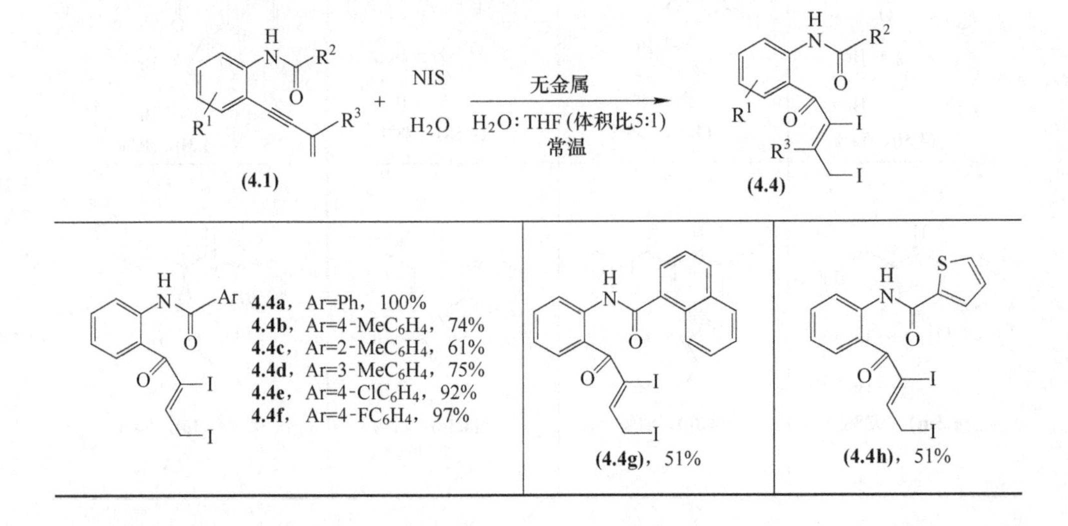

续表 4-3

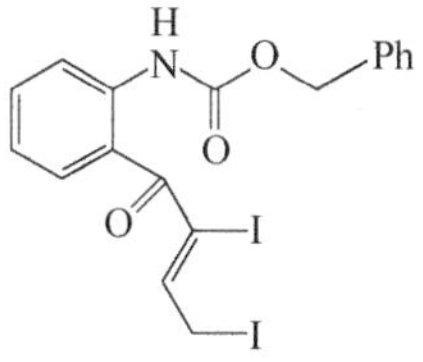 (4.4i)，54%	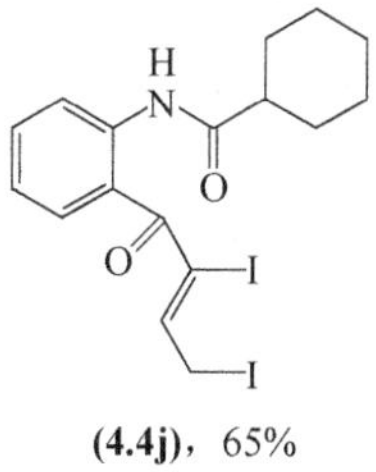 (4.4j)，65%	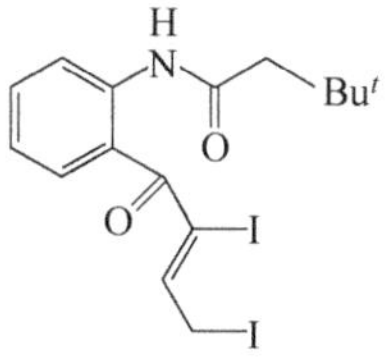 (4.4k)，81%	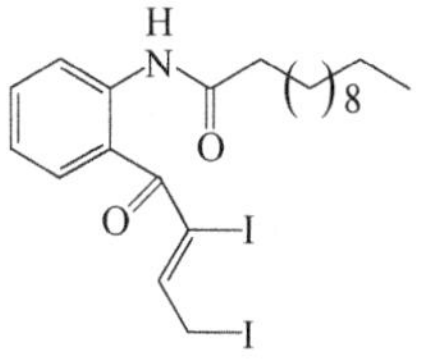 (4.4l)，95%
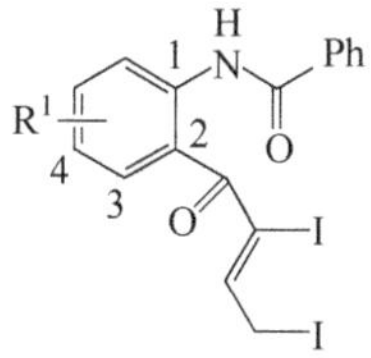 4.4m，R^1=5-Me，75% 4.4n，R^1=4-OMe，77% 4.4o，R^1=5-Cl，81% 4.4p，R^1=4-Br，86% 4.4q，R^1=5-F，72% 4.4r，R^1=3-Cl，60% 4.4s，R^1=4-CN，78%		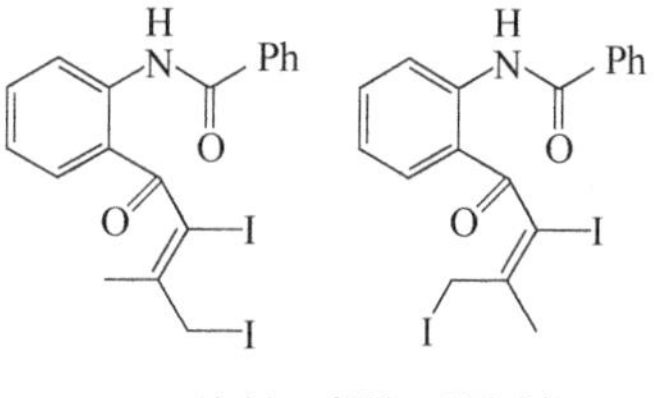 (4.4t)，67%，Z/E=2/1	

为了进一步拓展反应的适用范围，在标准条件下，我们将 NCS 加入反应液中，遗憾的是，我们没有得到 2，4-二氯化产物，如图 4-2 所示。

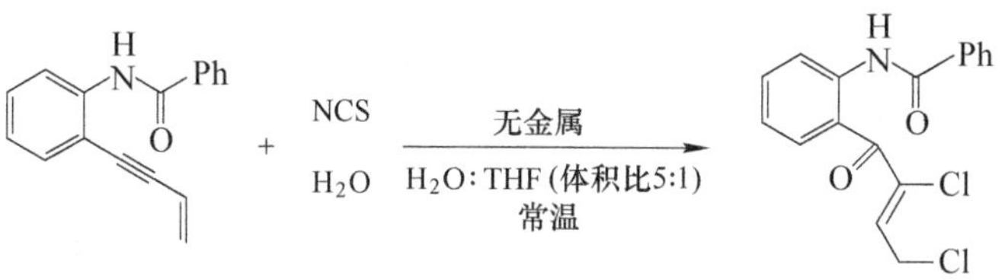

(4.1a) + NCS H_2O —无金属, H_2O:THF (体积比5:1), 常温→ (4.4u)，0%

图 4-2 NCS 引发的邻位酰胺基团参与的共轭烯炔的 2，4 二氯化反应

4.5　产物应用

如表 4-4 所示，为了将产物进一步应用，我们将 **4.3** 置于硼氢化钠的甲醇溶液中反应 1 小时，得到了一系列的还原产物 **4.5**，产率 57%～70%。

表 4-4　产物 4.3 的还原反应

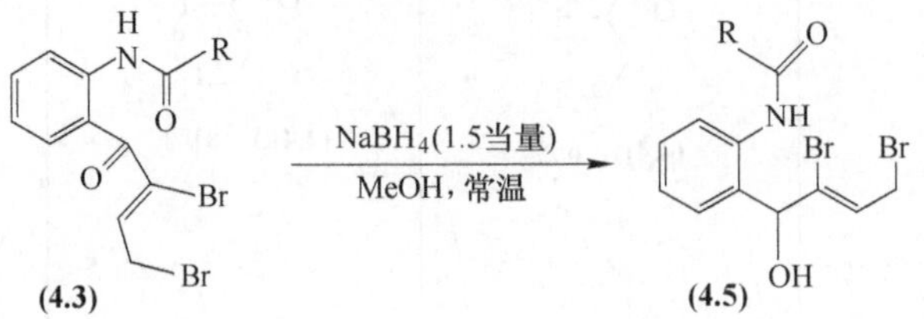

(4.3) $\xrightarrow[\text{MeOH，常温}]{NaBH_4\text{(1.5当量)}}$ (4.5)

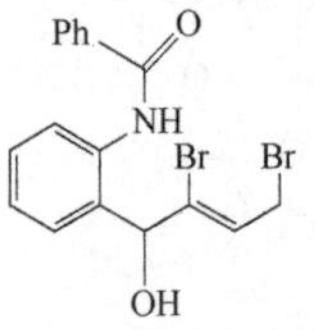 (4.5a)，69%	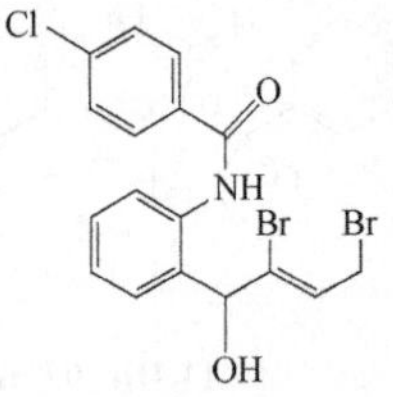 (4.5b)，66%	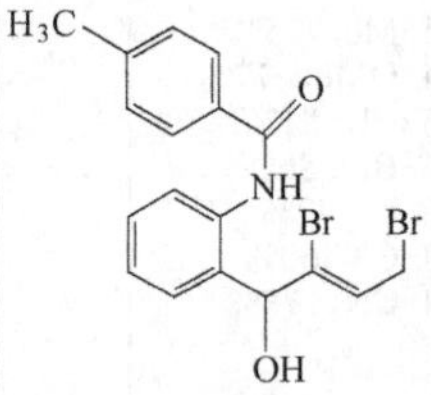 (4.5c)，60%	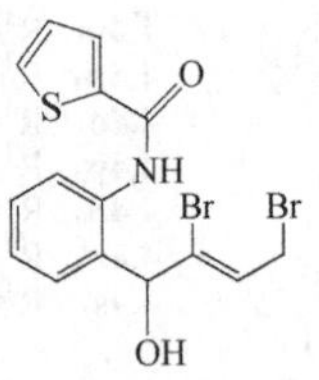 (4.5d)，70%	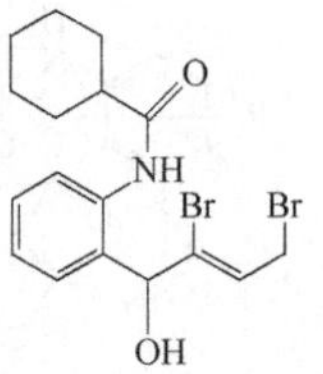 (4.5e)，57%

4.6　机理研究

为了探究反应机理，我们开展了 3 组控制实验，如图 4-3 所示。我们以 3-共轭烯炔-N-苯甲酰基苯胺为底物参与反应时，该反应不能进行，表明邻位酰胺基团参与了反应。随后，在标准条件下，我们向反应中加入 2 当量的 TEMPO，反应产率明显降低起始底物 **4.1a** 消失，但没有捕获任何自由基中间体。因此，我们认为添加剂 TEMPO 与原料发生了反应，从而导致反应结果变差。此外，为了确定氧转移过程，我们进行了同位素标记实验。以 H_2O^{18} 取代 H_2O 为反应溶剂，通过质谱检测，发现产物 **4a** 中含有 O^{18}。为了进一步验证氧转移，我们将标记后的产物 **4.3a** 与水合肼反应，也得到了 O^{18} 标记的产物 **4.6**。这说明 O^{18} 位于酰胺基中。因此，我们认为产物 **4.3** 中酰胺羰基氧来源于水，而新生成的羰基氧来源于起始底物 **4.1** 的酰胺羰基氧。

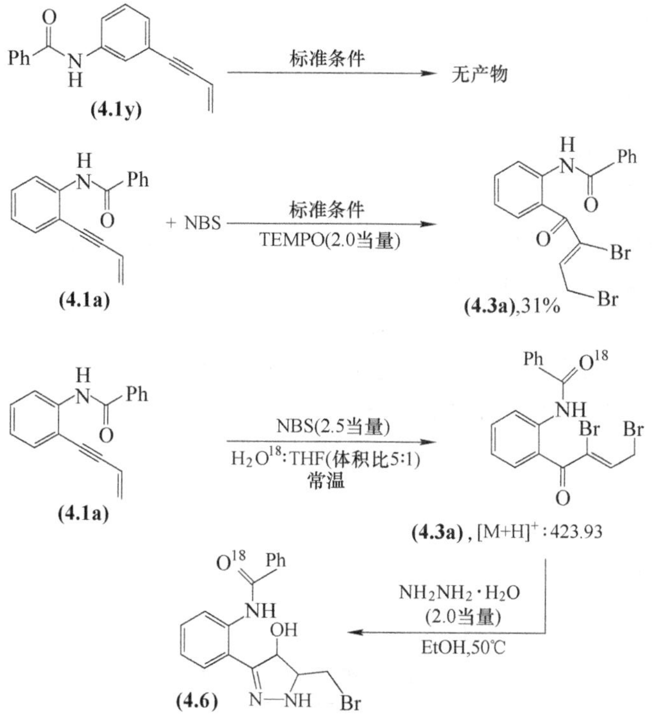

标准条件
无产物
(4.1y)
+ NBS
标准条件
TEMPO(2.0当量)
(4.1a)
(4.3a),31%
NBS(2.5当量)
H_2O^{18}:THF(体积比5:1)
常温
(4.1a)
(4.3a), $[M+H]^+$:423.93
$NH_2NH_2 \cdot H_2O$
(2.0当量)
EtOH,50℃
(4.6)

图 4-3 控制实验

基于研究结果，我们提出了一种反应机理，如图 4-4 所示。首先溴正离子进攻端烯，生成炔丙基正离子 **4.7a**。随后形成联烯中间体 **4.7b**。之后，在酰胺基团的参与下形成六元环中间体 **4.7c**。最后，在水分子和溴正离子作用下得到目标产物 **4.3**。

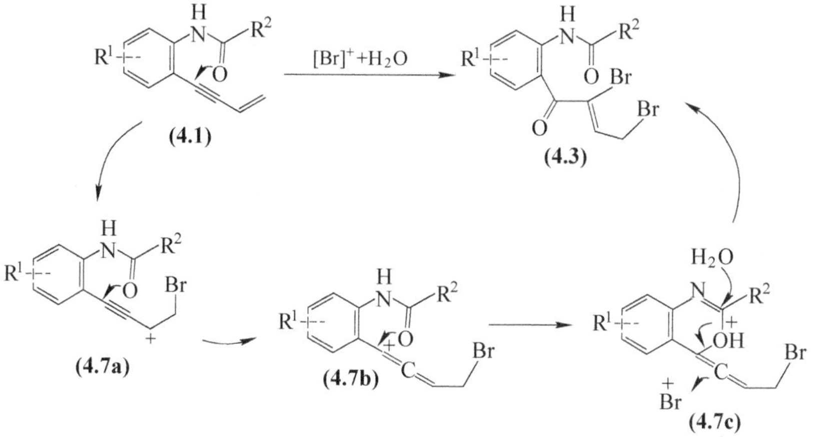

$[Br]^+ + H_2O$
(4.1)
(4.3)
(4.7a)
(4.7b)
(4.7c)

图 4-4 反应机理

4.7 实验部分

4.7.1 实验试剂

邻碘苯胺、5-甲基-2-碘苯胺、4-甲氧基-2-碘苯胺、5-氯-2-碘苯胺、5-氟-2-碘苯胺、3-氯-2-碘苯胺、4-氨基-3-碘氰苯、苯甲酰氯、4-甲基苯甲酰氯、2-甲基苯甲酰氯、3-甲基苯甲酰氯、4-氯苯甲酰氯、4-氟苯甲酰氯、2-氯苯甲酰氯、1-萘甲酰氯、2-噻吩甲酰氯、氯甲酸苄酯、2-丁烯酸、环已基甲酰氯、3，3-二甲基丁酰氯、月桂酰氯、乙酰氯、戊酰氯、NBS、NIS 等都是从安耐吉购买的分析纯试剂，没有进一步提纯处理直接使用。三乙胺、四氢呋喃、乙腈、DMSO、DMF、甲醇、DCE 等都从嘉信医疗器械有限责任公司购买的分析纯试剂，没有进一步提纯处理直接使用。石油醚、二氯甲烷、乙酸乙酯、乙醇等都是分析纯溶剂，没有进一步提纯处理直接使用。

4.7.2 实验仪器

实验仪器及型号见表 4-5。

表 4-5 实验仪器及型号

仪器名称	仪器型号	产 地
电子天平	ME-104	梅特勒-托利多仪器（上海）有限公司
紫外分析仪	ZF-Ⅰ	上海驰唐仪器有限公司
傅里叶红外光谱仪	Vector-55	德国 Bruker 公司
高分辨质谱	Micro-Q-TOFⅡ	德国 Bruker 公司
薄层硅胶板	0. 20~0. 25mm	烟台新诚硅胶材料有限公司
硅胶	49~74μm(300~200 目)	烟台新诚硅胶材料有限公司
水浴锅	RV-211M	上海一恒科学仪器有限公司
磁力搅拌器	85-1 型	河南艾伯特科技发展有限公司
核磁共振仪	Mercury Plus 400MHz	美国 Varian 公司
真空油泵	2XZ-2 型	临海市谭氏真空设备有限公司
电热鼓风干燥箱	DHG-9140A	上海一恒科技有限公司精宏实验设备有限公司

4.7.3 反应底物制备

4.7.3.1 中间产物 **4.0** 的合成

向 250mL 的圆底烧瓶中加入 2-碘-N-苯甲酰基苯胺（10mmol，1.0 当量），CuI（0.2mmol，摩尔分数 2%）、$Pd_2(PPh_3)_2Cl_2$（0.3mmol，摩尔分数 3%），然后通入氮气，向反应中注入高炔丙醇（11mmol，1.1 当量）、THF（50mL）、Et_3N（30mmol，3.0 当量）。在 56℃条件下搅拌 5～6 h。反应完成后，用硅藻土过滤。真空旋干，过柱分离。反应如图 4-5 所示。

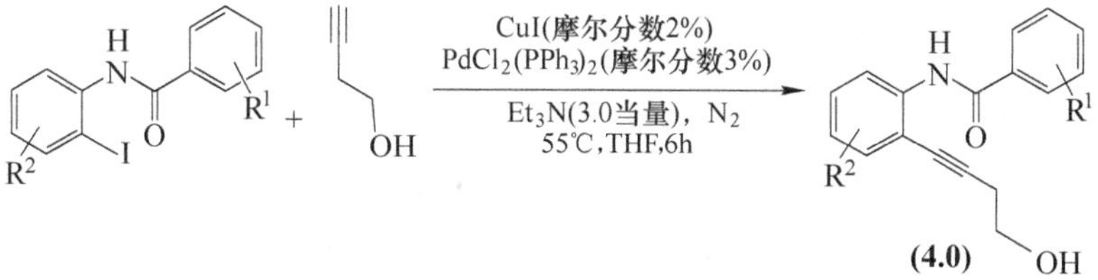

图 4-5 中间体 **4.0** 的合成

4.7.3.2 起始底物 **4.1** 的合成

在圆底烧瓶中，将底物 **4.0**（1mmol，1.0 当量），Et_3N（6 mmol，6 当量）溶于 DCM，随后将 MsCl（3mmol，3 当量）缓慢加入到反应液中。在 55℃反应 6h，加入水，用 DCM（3×5mL）萃取。用无水硫酸钠干燥，真空旋干，过柱分离。反应如图 4-6 所示。

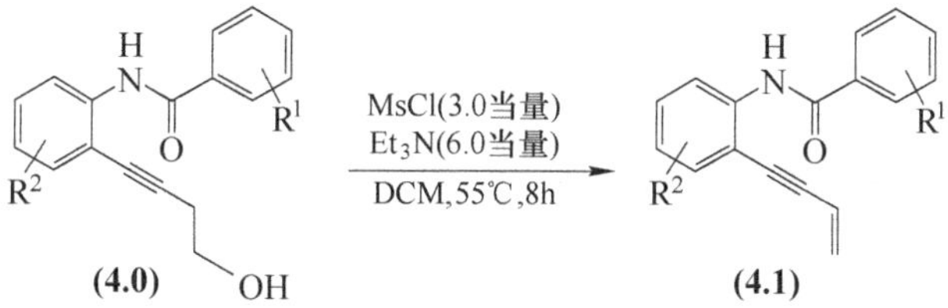

图 4-6 底物 **4.1** 的合成

4.7.4 产物合成

4.7.4.1 产物 **4.3** 的合成

在试管中，加入共轭烯炔 **4.1**（0.2mmol，1.0 当量），$ZnBr_2$（0.5mmol，2.5 当量），混合溶剂 THF：H_2O（体积比 1：5，2.0mL），常温反应 5h，用 TCL 监测反应。底物 **4.1** 反应完成后，向试管中加入 2mL 水，并用乙酸乙酯（3×2mL）萃取。合并有机层并用无水硫酸钠干燥，用旋转蒸发仪旋干溶剂浓缩，并通过柱层析分离纯化得到所需要的产物。反应如图 4-7 所示。

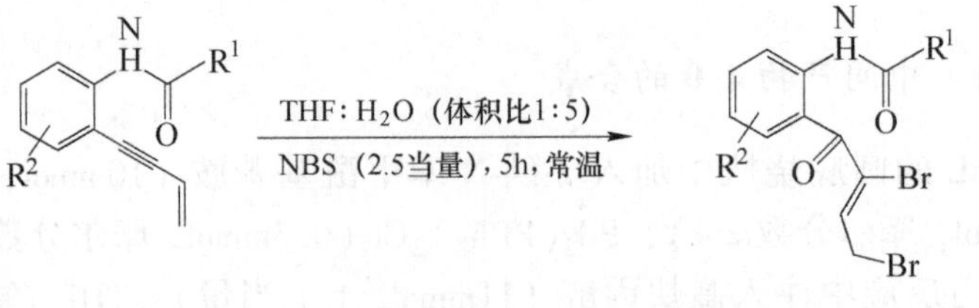

图 4-7　目标产物 **4.3** 的合成

4.7.4.2　产物 **4.4** 的合成

在试管中，加入共轭烯炔 **4.1**（0.2mmol，1.0 当量），ZnI_2（0.44mmol，2.2 当量），混合溶剂 THF：H_2O（体积比 1：5，2.0mL），常温反应 5h，用 TCL 监测反应。底物 **4.1** 反应完成后，向试管中加入 2mL 水，并用乙酸乙酯（3×2mL）萃取。合并有机层并用无水硫酸钠干燥，用旋转蒸发仪旋干溶剂浓缩，并通过柱层析分离纯化得到所需要的产物。反应如图 4-8 所示。

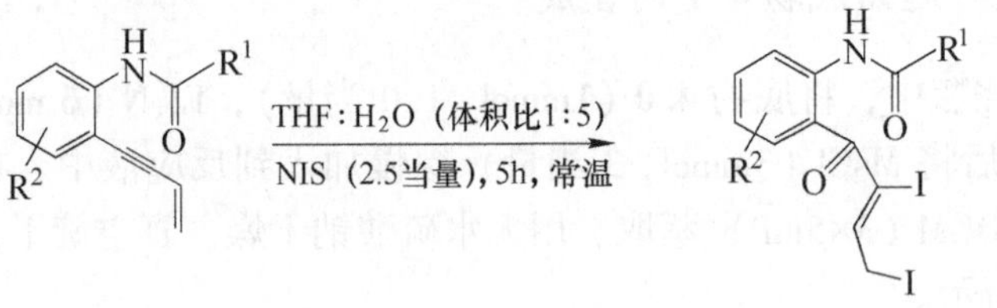

图 4-8　目标产物 **4.4** 的合成

4.7.4.3　产物 **4.5** 的合成

在试管中，加入 **4.3**（0.2mmol，1.0 当量），$NaBH_4$（3.0mmol，1.5 当量）和 MeOH（2mL），常温反应 5h，用 TCL 监测反应。反应完成后，真空旋干过柱分离。反应如图 4-9 所示。

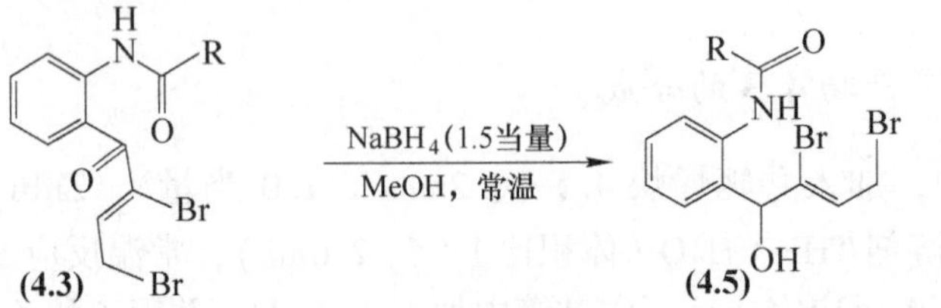

图 4-9　目标产物 **4.5** 的合成

4.8 小结

（1）开发了一种 NBS/NIS 介导的共轭烯炔的 2，4-二卤化反应新方法。

（2）机理研究表明：该反应经历了氧转移过程。

（3）该方法无须金属催化剂且使用大量水作溶剂，减少了有毒、有害有机溶剂的使用，廉价易得，绿色环保。

（4）该方法底物适用范围广，产率高，条件温和。

4.9 化合物结构表征

(Z)-N-(2-(2,4-二溴-2-丁烯酰基)苯基)苯甲酰胺(4.3a)

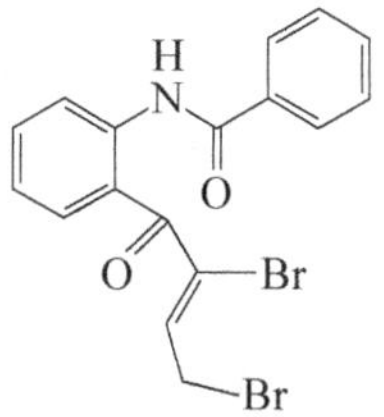

黄色固体，79.5mg，92%；^{1}H NMR（400MHz，$CDCl_3$）δ 11.49（s，1H），8.84（d，J = 8.5Hz，1H），8.04~7.99（m，2H），7.73~7.75（m，1H），7.64~7.68（m，1H），7.49~7.58（m，3H），7.20~7.13（m，1H），6.78（t，J=7.9Hz，1H），4.23~4.19（m，2H）；^{13}C NMR（101MHz，$CDCl_3$）δ 193.0，166.0，141.8，137.8，136.1，134.4，133.4，132.5，129.1，127.6，126.9，122.8，121.9，121.2，27.8；HRMS（ESI）理论值 $C_{17}H_{14}Br_2NO_2^+$：421.9386（M + H^+），实测值：421.9380。

(Z)-N-(2-(2,4-二溴-2-丁烯酰基)苯基)-4-甲基苯甲酰胺(4.3b)

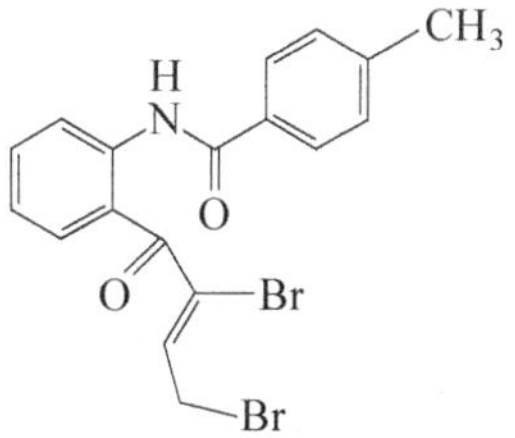

黄色固体，72.2mg，83%；^{1}H NMR（400MHz，$CDCl_3$）δ 11.46（s，1H），8.84（d，J= 8.4Hz，1H），7.91（d，J=8.1Hz，2H），7.73（d，J=7.9Hz，1H），7.64（t，J=7.4Hz，1H），7.29（d，J=8.0Hz，2H），7.15（t，J=7.6Hz，1H），6.77（t，J=7.9Hz，1H），4.21（d，J=7.9Hz，2H），2.41(s，3H)；^{13}C NMR（101MHz，$CDCl_3$）δ 193.0，165.9，143.1，141.9，137.7，136.1，133.4，131.6，129.8，

127. 6，126. 9，122. 6，121. 9，121. 0，27. 8，21. 8；HRMS（ESI）理论值 $C_{18}H_{16}Br_2NO_2^+$：435. 9542（M+H⁺），实测值：435. 9548。

(*Z*)-*N*-(2-(2,4-二溴-2-丁烯酰基)苯基)-2-甲基苯甲酰胺(4.3c)

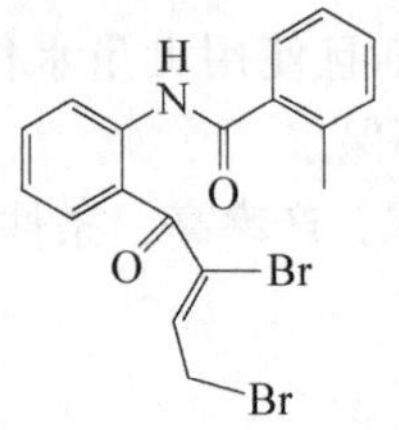

褐色液体，59. 6mg，68%；^{1}H NMR（400MHz，$CDCl_3$）δ 10. 72（s，1H），8. 72（*d*，*J*=8. 4Hz，1H），7. 63（*d*，*J*=7. 9Hz，1H），7. 58（*t*，*J*=7. 9Hz，1H），7. 51（*d*，*J*=7. 6Hz，1H），7. 32~7. 26（m，1H），7. 19（*d*，*J*=7. 0Hz，2H），7. 10（*t*，*J*=7. 6Hz，1H），6. 72（*t*，*J*=7. 8Hz，1H），4. 12（*d*，*J*=7. 9Hz，2H），2. 47（s，3H）；^{13}C NMR（101MHz，$CDCl_3$）δ 192. 4，168. 6，141. 3，138. 3，137. 4，135. 8，135. 7，133. 1，131. 8，130. 9，127. 3，127. 2，126. 4，122. 9，121. 9，121. 6，27. 8，20. 5；HRMS（ESI）理论值 $C_{18}H_{16}Br_2NO_2^+$：435. 9542（M + H⁺），实测值：435. 9530。

(*Z*)-*N*-(2-(2,4-二溴-3-丁烯酰基)苯基)-3-甲基苯甲酰胺(4.3d)

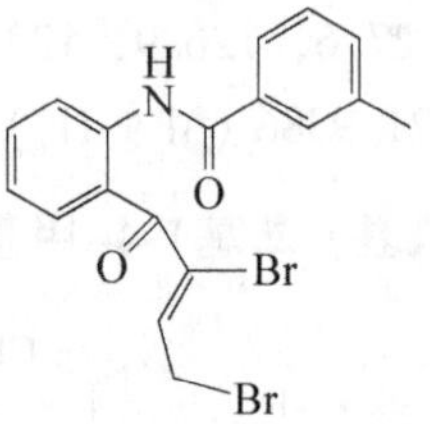

褐色液体，70. 2 mg，80%；^{1}H NMR（400MHz，$CDCl_3$）δ 11. 43（s，1H），8. 82（*d*，*J*=8. 4Hz，1H），7. 82（s，1H），7. 78（*d*，*J*=6. 9Hz，1H），7. 73~7. 75（m，1H），7. 68~7. 63（m，1H），7. 38（*q*，*J*=7. 8Hz，2H），7. 18~7. 19（m，1H），6. 78（*t*，*J*=7. 9Hz，1H），4. 21（*d*，*J*=7. 9Hz，2H），2. 44（s，3H）；^{13}C NMR（101MHz，$CDCl_3$）δ 192. 7，166. 0，141. 5，138. 8，137. 5，135. 8，134. 2，133. 1，133. 1，128. 8，128. 2，126. 7，124. 2，122. 6，121. 8，121. 0，27. 6，21. 5；HRMS（ESI）理论值 $C_{18}H_{16}Br_2NO_2^+$：435. 9542（M + H⁺），实测值：435. 9542。

(Z)-*N*-(2-(2,4-二溴-2-丁烯酰基)苯基)-4-氯苯甲酰胺(4.3e)

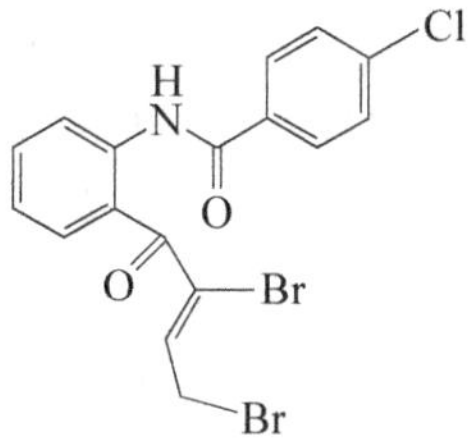

黄色固体，65.9mg，72%；^{1}H NMR (400MHz, $CDCl_3$) δ 11.53 (s, 1H), 8.82 (*d*, *J* =8.4Hz, 1H), 7.96 (*d*, *J*=8.6Hz, 2H), 7.75~7.78 (m, 1H), 7.70~7.64 (m, 1H), 7.48 (*d*, *J*=8.6Hz, 2H), 7.20 (*t*, *J*=7.6Hz, 1H), 6.79 (*t*, *J*=7.9Hz, 1H), 4.22 (*d*, *J*=7.9Hz, 2H)；^{13}C NMR (101MHz, $CDCl_3$) δ 193.2, 164.9, 141.7, 138.9, 137.9, 136.2, 133.6, 132.9, 129.4, 129.1, 126.8, 123.1, 121.9, 121.1, 27.7；HRMS (ESI) 理论值 $C_{17}H_{13}Br_2ClNO_2^+$：455.8996 (M+H$^+$)，实测值：455.8968。

(Z)-*N*-(2-(2,4-二溴-2-丁烯酰基)苯基)-4-氟苯甲酰胺(4.3f)

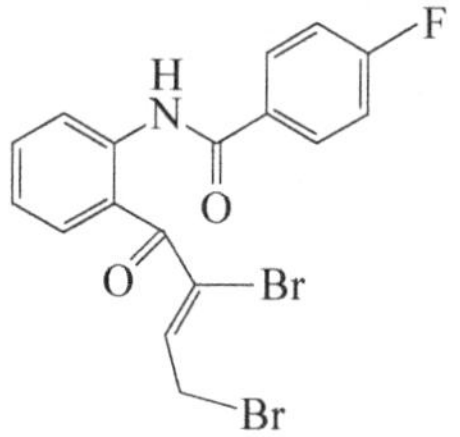

黄色固体，72.4mg，82%；^{1}H NMR (400MHz, $CDCl_3$) δ 11.52 (s, 1H), 8.83 (*d*, *J*=8.5Hz, 1H), 8.02~8.06 (m, 2H), 7.77 (*d*, *J*=7.9Hz, 1H), 7.68 (*t*, *J*=7.9Hz, 1H), 7.19 (*t*, *J*=8.5Hz, 3H), 6.77~6.81 (m, 1H), 4.22~4.24 (m, 2H)；^{13}C NMR (101MHz, $CDCl_3$) δ 193.3, δ 165.5 (*d*, *J*=253.2Hz), 164.2, 141.8, 138.0, 136.2, 133.6, 130.7, 130.1 (*d*, *J*=9.1Hz), 116.3 (*d*, *J*=22.0Hz), 27.7, 126.9, 123.0, 121.9, 121.1；HRMS (ESI) 理论值$C_{17}H_{13}Br_2FNO_2^+$:439.9292 (M + H$^+$)，实测值：439.9296。

(Z)-*N*-(2-(2,4-二溴-2-丁烯酰基)苯基)-2-氯苯甲酰胺(4.3g)

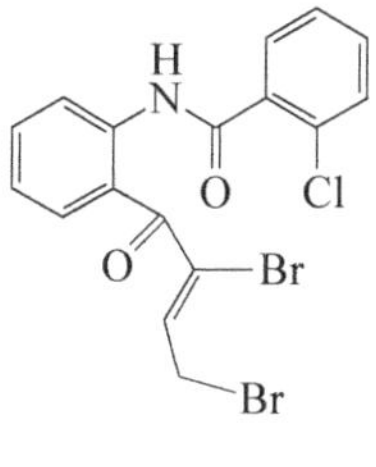

黄色液体，81.4mg，89%；^1H NMR（400MHz，$CDCl_3$）δ 10.76（s，1H），8.75（*d*，*J*=8.4Hz，1H），7.64~7.71（m，3H），7.47~7.33（m，3H），7.21（*t*，*J*=7.6Hz，1H），6.82（*t*，*J*=7.9Hz，1H），4.20（*d*，*J*=7.9Hz，2H）；^{13}C NMR（101 MHz，$CDCl_3$）δ 192.2，165.7，140.4，138.9，135.6，135.6，132.9，132.0，131.4，130.9，129.7，127.4，127.4，123.4，122.4，122.2，27.8；HRMS（ESI）理论值 $C_{17}H_{13}Br_2ClNO_2^+$：455.8996(M + H^+)，实测值：455.8984。

(*Z*)-*N*-(2-(2,4-二溴-2-丁烯酰基）苯基)-1-萘甲酰胺(4.3h)

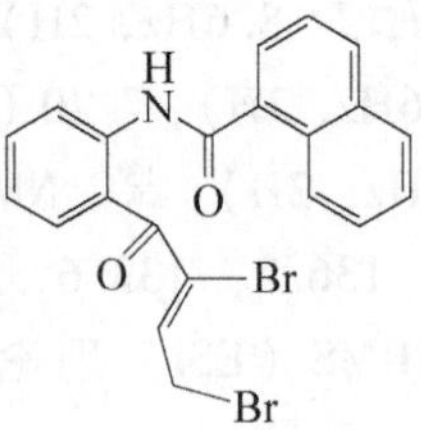

黄色固体，49.5mg，52%；^1H NMR（400MHz，$CDCl_3$）δ 11.03（s，1H），8.91（*d*，*J*=8.4Hz，1H），8.52（*d*，*J*=8.2Hz，1H），7.99（*d*，*J*=8.2Hz，1H），7.90（*d*，*J*=7.8Hz，1H），7.86（*d*，*J*=7.1Hz，1H），7.69~7.75（m，2H），7.61~7.51（m，3H），7.22（*t*，*J*=7.7Hz，1H），6.81（*t*，*J*=7.9Hz，1H），4.19~4.21（m，2H）；^{13}C NMR（101MHz，$CDCl_3$）δ 192.5，168.2，141.4，138.4，135.8，134.1，133.91，133.2，131.9，130.6，128.7，127.6，127.2，126.8，125.9，125.6，125.1，123.1，122.1，121.7，27.8；HRMS（ESI）理论值 $C_{21}H_{16}Br_2NO_2^+$：471.9542（M + H^+），实测值：471.9540。

(*Z*)-*N*-(2-(2,4-二溴-2-丁烯酰基）苯基)-2-噻吩甲酰胺(4.3i)

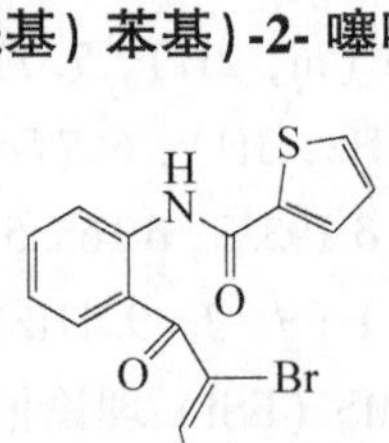

黄色固体，63.1mg，74%；^1H NMR（400MHz，$CDCl_3$）δ 11.51（s，1H），8.76（*d*，*J*=8.3Hz，1H），7.73~7.77（m，2H），7.67~7.60（m，1H），7.57~7.58（m，1H），7.18~7.11（m，2H），6.77（*t*，*J*=7.9Hz，1H），4.22（*d*，*J*=7.9Hz，2H）；^{13}C NMR（101MHz，$CDCl_3$）δ 193.1，160.6，141.7，139.8，137.6，136.2，133.5，132.0，129.1，128.3，126.7，122.8，121.7，120.7，27.8；RMS（ESI）理论值 $C_{15}H_{12}Br_2NO_2S^+$：427.8950（M + H^+），实测值：427.8950。

(Z)-*N*-(2-(2,4-二溴-2-丁烯酰基)苯基)氨基甲酸卞酯(4.3j)

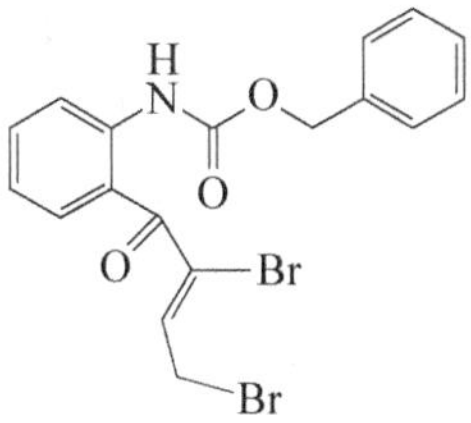

黄色固体，53.5mg，59%；^{1}H NMR（400MHz，$CDCl_3$）δ 9.93（s，1H），8.42（*d*，*J*=8.5Hz，1H），7.67~7.63（m，1H），7.59（*t*，*J*=7.9Hz，1H），7.33~7.42（m，5H），7.09（*t*，*J* = 7.6Hz，1H），6.75（*t*，*J* = 7.9Hz，1H），5.21（s，2H），4.20(*d*，*J*=7.9Hz，2H)；^{13}C NMR（101MHz，$CDCl_3$）δ 192.1，153.7，141.6，137.9，136.1，135.7，133.0，128.9，128.6，128.6，127.4，121.9，120.9，120.5，67.4，27.9；HRMS（ESI）理论值 $C_{18}H_{16}Br_2NO_3^+$：451.9491（M + H^+），实测值：451.9497。

(Z)-*N*-(2-(2,4-二溴-2-丁烯酰基)苯基)-2-丁烯酰胺(4.3k)

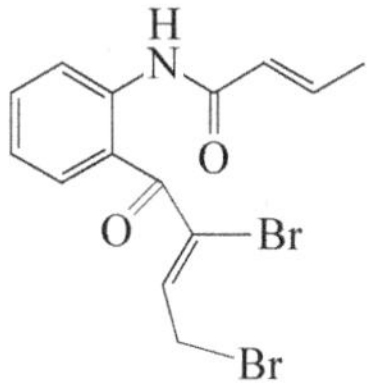

褐色液体，60.4mg，78%；^{1}H NMR（400MHz，$CDCl_3$）δ 10.54（s，1H），8.69（*d*，*J*=8.5Hz，1H），7.68（*d*，*J*=8.0Hz，1H），7.60（*t*，*J*= 7.9Hz，1H），7.13（*t*，*J*=7.6Hz，1H），6.94~7.03（m，1H），6.75~6.79（m，1H），5.99（*d*，*J*=15.2Hz，1H），4.20~4.22（m，2H），1.92（*d*，*J* = 6.8Hz，3H）；^{13}C NMR（101MHz，$CDCl_3$）δ 192.6，164.8，142.3，141.6，138.2，135.8，133.11，127.3，126.4，122.6，122.0，121.1，27.8，18.3；HRMS（ESI）理论值 $C_{14}H_{14}Br_2NO_2^+$：385.9386（M + H^+），实测值：385.9390。

(Z)-*N*-(2-(2,4-二溴-2-丁烯酰基)苯基)环己基甲酰胺(4.3l)

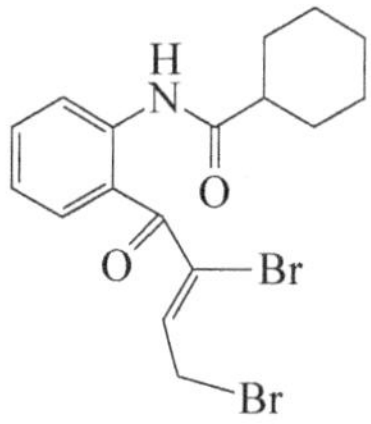

白色固体，85.8mg，86%；^{1}H NMR（400MHz，$CDCl_3$）δ 10.53（s，1H），8.66（*d*，*J*=8.5Hz，1H），7.67～7.89（m，1H），7.63～7.57（m，1H），7.15～7.09（m，1H），6.76（*t*，*J*=7.9Hz，1H），4.22（*d*，*J*=7.9Hz，2H），2.26～2.34（m，1H），2.01（*d*，*J*=11.6Hz，2H），1.87～1.80（m，2H），1.58～1.47（m，2H），1.39～1.22（m，4H）；^{13}C NMR（101MHz，$CDCl_3$）δ 192.4，175.4，141.4，137.8，135.6，132.9，127.01，122.2，121.7，120.8，47.0，29.5，27.6，25.7；HRMS（ESI）理论值 $C_{17}H_{20}Br_2NO_2^+$：427.9855（M + H^+），实测值：427.9839。

（*Z*）-*N*-（2-（2,4- 二溴 -2- 丁烯酰基）苯基）-3，3- 二甲基丁酰胺（4.3m）

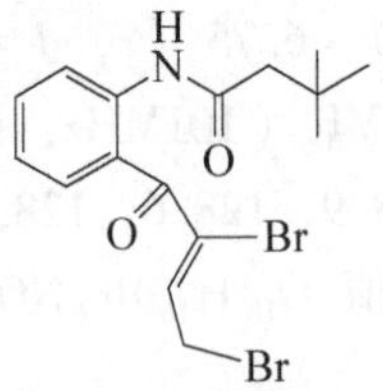

黄色液体，77.6mg，93%；^{1}H NMR（400MHz，$CDCl_3$）δ 10.36（s，1H），8.64（*d*，*J*=8.3Hz，1H），7.66～7.68（m，1H），7.58～7.62（m，1H），7.13（*t*，*J*=7.6Hz，1H），6.78（*t*，*J*=7.9Hz，1H），4.22（*d*，*J*=7.9Hz，2H），2.27（s，2H），1.09（s，9H）；^{13}C NMR（101MHz，$CDCl_3$）δ 192.5，171.3，141.2，138.3，135.8，133.0，127.4，122.6，121.9，121.2，52.7，31.6，30.1，27.8；HRMS（ESI）理论值 $C_{16}H_{20}Br_2NO_2^+$：415.9855（M + H^+），实测值：415.9823。

（*Z*）-*N*-（2-（2,4- 二溴 -2- 丁烯酰基）苯基）十二碳酰胺（4.3n）

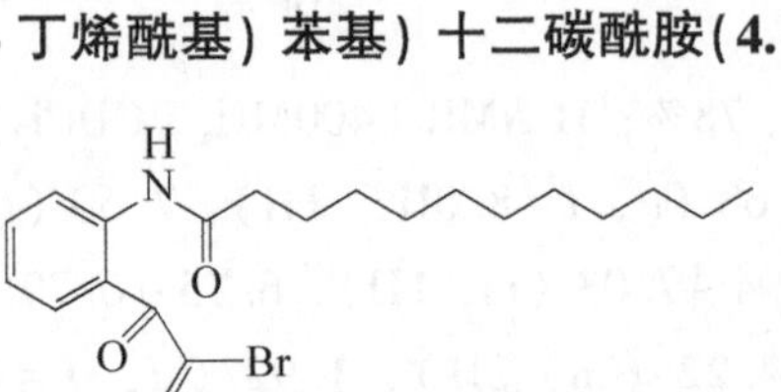

褐色液体，81.2mg，81%；^{1}H NMR（400MHz，$CDCl_3$）δ 10.42（s，1H），8.62（*d*，*J*=8.4Hz，1H），7.66（*d*，*J*=7.8Hz，1H），7.59（*t*，*J*=7.9Hz，1H），7.12（*t*，*J*=7.6Hz，1H），6.77（*t*，*J*=7.9Hz，1H），4.21（*d*，*J*=7.9Hz，2H），2.40（*t*，*J*=7.6Hz，2H），1.69～1.76（m，2H），1.29（*d*，*J*=31.7Hz，16H），0.87（*t*，*J*=6.8Hz，3H）；^{13}C NMR（101MHz，$CDCl_3$）δ 192.5，172.7，141.3，138.2，135.8，133.0，127.4，122.6，122.0，121.2，38.7，32.2，29.9，29.7，29.6，29.6，29.5，27.8，25.7，22.9，14.4；HRMS（ESI）理论值 $C_{22}H_{32}Br_2NO_2^+$：500.0794（M + H^+），实测值：500.0799。

(Z)-*N*-(2-(2,4-二溴-2-丁烯酰基)苯基)乙酰胺(4.3o)

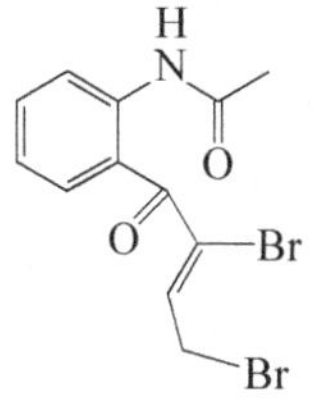

褐色液体，59.0mg，82%；^{1}H NMR (400MHz, $CDCl_3$) δ 10.36 (s, 1H), 8.58 (*d*, *J*=8.4Hz, 1H), 7.65~7.68 (m, 1H), 7.58~7.62 (m, 1H), 7.14 (*t*, *J*=7.6Hz, 1H), 6.78 (*t*, *J*=7.9Hz, 1H), 4.22 (*d*, *J*=7.9Hz, 2H), 2.21 (s, 3H); ^{13}C NMR (101MHz, $CDCl_3$) δ 192.5, 169.4, 141.1, 138.4, 135.7, 132.9, 127.4, 122.8, 122.1, 121.4, 27.8, 25.6; HRMS (ESI) 理论值 $C_{12}H_{12}Br_2NO_2^+$: 359.9229 (M + H^+)，实测值：359.9217。

(Z)-*N*-(2-(2,4-二溴-2-丁烯酰基)苯基)-4-氯丁酰胺(4.3p)

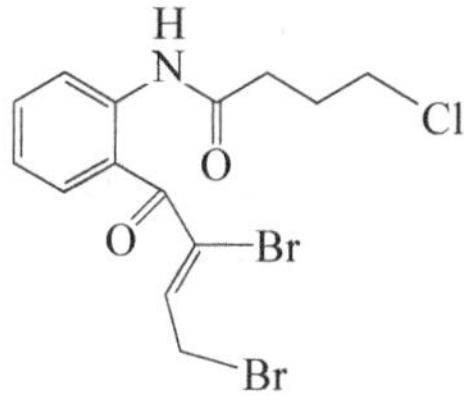

褐色液体，55.9mg，66%；^{1}H NMR (400MHz, $CDCl_3$) δ 10.44 (s, 1H), 8.59 (*d*, *J*=8.4Hz, 1H), 7.68 (*d*, *J*=7.8Hz, 1H), 7.60 (*t*, *J*=7.9Hz, 1H), 7.15 (*t*, *J*=7.6Hz, 1H), 6.78 (*t*, *J*=7.8Hz, 1H), 4.24~4.17 (m, 2H), 3.65 (*t*, *J*=5.6Hz, 2H), 2.62 (*t*, *J* = 6.7Hz, 2H), 2.17 ~ 2.23 (m, 2H); ^{13}C NMR (101MHz, $CDCl_3$) δ 192.5, 171.1, 141.0, 138.3, 135.8, 133.1, 127.0, 122.9, 122.0, 121.4, 44.5, 35.1, 28.1, 27.8; HRMS (ESI) 理论值 $C_{14}H_{15}Br_2ClNO_2^+$: 421.9153 (M+H^+)，实测值：421.9157。

(Z)-*N*-(5-甲基-2-(2,4-二溴-2-丁烯酰基)苯基)苯甲酰胺(4.3q)

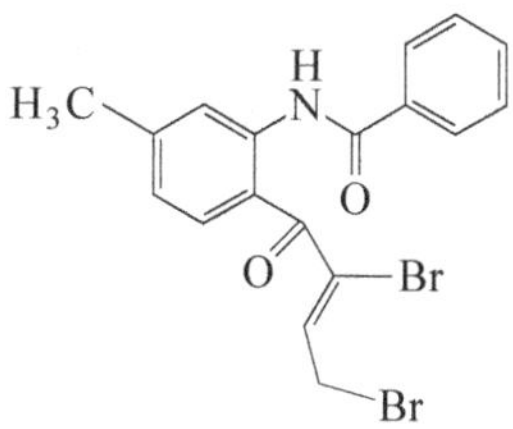

黄色固体，65.1mg，74%；^{1}H NMR（400MHz，$CDCl_3$）δ 11.70（s，1H），8.74（s，1H），8.03（*d*，*J*=7.2Hz，2H），7.66（*d*，*J*=8.1Hz，1H），7.49~7.58（m，3H），6.98（*d*，*J*=8.0Hz，1H），6.73（*t*，*J*=7.9Hz，1H），4.21（*d*，*J*=7.9Hz，2H），2.46（s，3H）；^{13}C NMR（101MHz，$CDCl_3$）δ 192.8，166.1，148.1，142.2，136.8，134.5，133.7，132.5，129.1，127.6，126.7，123.8，122.1，118.5，27.8，22.7；HRMS（ESI）理论值 $C_{18}H_{16}Br_2NO_2^+$:435.9542(M + H$^+$)，实测值：435.9536。

(*Z*)-*N*-(2-(2,4- 二溴 -2- 丁烯酰基)-4- 甲氧基苯基）苯甲酰胺(4.3r)

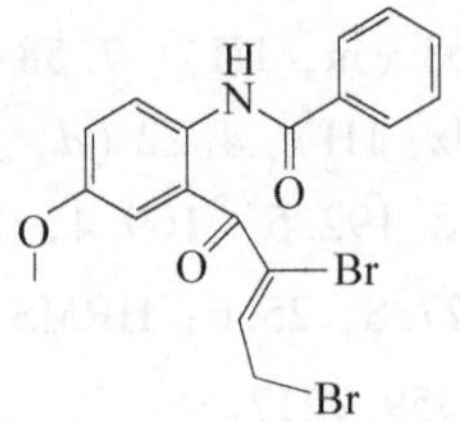

灰色固体，82.0mg，91%；^{1}H NMR（400MHz，$CDCl_3$）δ 11.10（s，1H），8.70（*d*，*J*=8.8Hz，1H），7.98（*d*，*J*=7.1Hz，2H），7.47~7.56（m，3H），7.25~7.17（m，2H），6.85（*t*，*J*=7.9Hz，1H），4.22（*d*，*J*=7.9Hz，2H），3.83（s，3H）；^{13}C NMR(101MHz，$CDCl_3$）δ 192.2，165.5，154.4，138.2，134.7，134.3，132.1，128.8，127.3，126.7，123.6，122.3，121.9，116.8，55.7，27.6；HRMS（ESI）理论值 $C_{18}H_{16}Br_2NO_3^+$：451.9491（M + H$^+$），实测值：451.9499。

(*Z*)-*N*-(2-(2,4- 二溴 -2- 丁烯酰基)-5- 氯苯基）苯甲酰胺(4.3s)

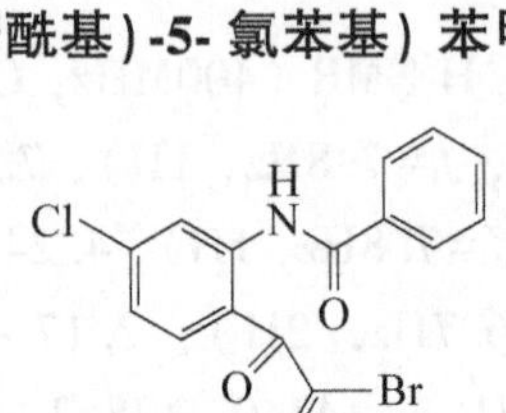

白色固体，84.6mg，92%；^{1}H NMR（400MHz，$CDCl_3$）δ 11.66（s，1H），8.99（*d*，*J*=2.0Hz，1H），8.03~7.99（m，2H），7.70（*d*，*J*=8.6Hz，1H），7.57~7.67（m，1H），7.52（*t*，*J*=7.3Hz，2H），7.14~7.16（m，1H），6.76（*t*，*J*=7.9Hz，1H），4.21（*d*，*J*=7.9Hz，2H）；^{13}C NMR（101MHz，$CDCl_3$）δ 192.4，166.0，143.0，142.9，137.5，134.5，134.0，132.8，129.2，127.7，126.3，123.1，121.7，118.9，27.6；HRMS（ESI）理论值 $C_{17}H_{13}Br_2ClNO_2^+$：455.8996（M + H$^+$），实测值：455.8978。

(*Z*)-*N*-(2-(2,4-二溴-2-丁烯酰基)-5-溴苯基)苯甲酰胺(4.3t)

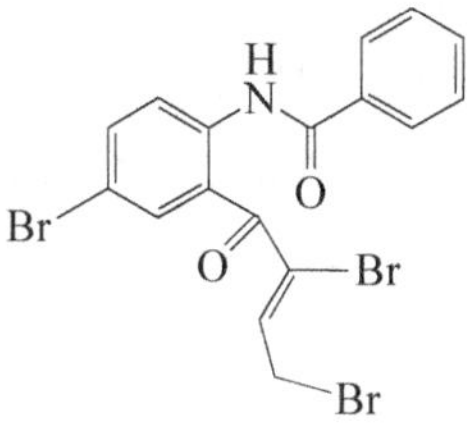

黄色固体，92.1mg，92%；^{1}H NMR (400MHz, $CDCl_3$) δ 11.34 (s, 1H), 8.78 (*d*, *J*=9.0Hz, 1H), 8.02~7.96 (m, 2H), 7.84 (*d*, *J*=2.3Hz, 1H), 7.74~7.77 (m, 1H), 7.61~7.49 (m, 3H), 6.84 (*t*, *J*=7.9Hz, 1H), 4.24 (*d*, *J*=7.9Hz, 2H)；^{13}C NMR (101MHz, $CDCl_3$) δ 191.9, 165.9, 140.7, 138.9, 138.7, 135.5, 134.1, 132.8, 129.2, 127.6, 126.3, 123.7, 122.8, 115.2, 27.6; HRMS (ESI) 理论值 $C_{17}H_{13}Br_3NO_2^+$：499.8491 (M + H$^+$)，实测值：499.8497。

(*Z*)-*N*-(2-(2,4-二溴-2-丁烯酰基)-5-氟苯基)苯甲酰胺(4.3u)

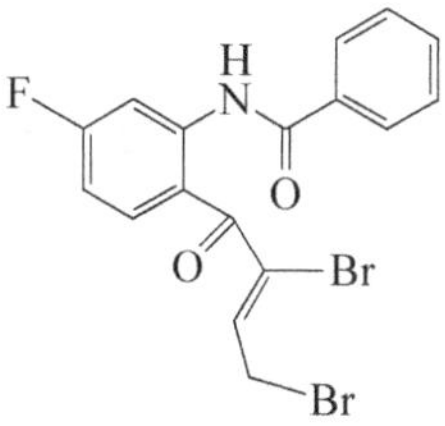

白色固体，65.4mg，74%；^{1}H NMR (400MHz, $CDCl_3$) δ 11.90 (s, 1H), 8.71~8.75 (m, 1H), 8.05~7.98 (m, 2H), 7.79~7.83 (m, 1H), 7.61~7.48 (m, 3H), 6.90−6.82 (m, 1H), 6.73 (*t*, *J*=7.9Hz, 1H), 4.20~4.22 (m, 2H)；^{13}C NMR (101MHz, $CDCl_3$) δ 192.3, δ 167.3 (*d*, *J*=257.5Hz), 166.1, 144.9 (*d*, *J* = 13.6Hz), 136.7, 136.3 (*d*, *J* = 11.3Hz), 134.0, 132.8, 129.2, 127.7, 126.1, 116.9, 110.26 (*d*, *J*=22.8Hz), 108.8 (*d*, *J*=28.4Hz), 27.7; HRMS (ESI) 理论值 $C_{17}H_{13}Br_2FNO_2^+$：439.9292 (M + H$^+$)，实测值：439.9290。

(*Z*)-*N*-(2-(2,4-二溴-2-丁烯酰基)-3-氯苯基)苯甲酰胺(4.3v)

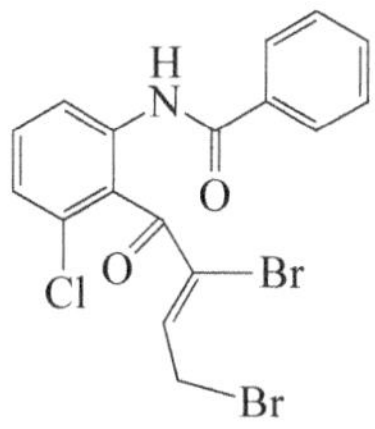

黄色液体，57.1mg，63%；^{1}H NMR（400MHz，$CDCl_3$）δ 8.60（s，1H），8.24（*d*，*J*=8.4Hz，1H），7.83~7.78（m，2H），7.47~7.59（m，5H），7.26（*d*，*J*=8.0Hz，1H），6.98（*t*，*J*=7.9Hz，1H），4.15（*d*，*J*=8.0Hz，2H）；^{13}C NMR（101MHz，$CDCl_3$）δ 190.3，165.7，142.2，137.8，133.8，132.8，132.8，132.3，130.1，129.3，127.6，127.5，126.4，122.4，27.7；HRMS（ESI）理论值 $C_{17}H_{13}Br_2ClNO_2^+$：455.8996（M + H^+），实测值：455.8998。

(*Z*)-*N*-(2-(2,4-二溴-2-丁烯酰基)-4-氰基苯基)苯甲酰胺(4.3w)

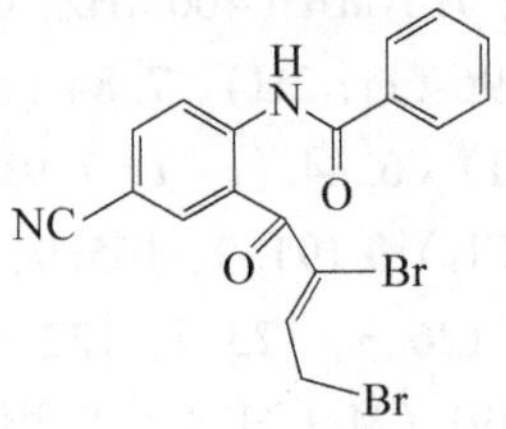

白色固体，71.7mg，80%；^{1}H NMR（400MHz，$CDCl_3$）δ 11.68（s，1H），9.08（*d*，*J*=8.9Hz，1H），8.06（*d*，*J*=2.0Hz，1H），8.04~7.99（m，2H），7.89~7.92（m，1H），7.62（*t*，*J*=7.3Hz，1H），7.55（*t*，*J*=7.5Hz，2H），6.83（*t*，*J*=7.9Hz，1H），4.25（*d*，*J*=7.9Hz，2H）；^{13}C NMR（101MHz，$CDCl_3$）δ 191.9，166.2，145.4，138.9，138.7，137.3，133.6，133.3，129.4，127.8，125.6，122.4，120.9，117.9，106.2，27.3；HRMS（ESI）理论值 $C_{18}H_{13}Br_2N_2O_2^+$：446.9338（M + H^+），实测值：446.9338。

(*Z*)-*N*-(2-(2,4-二溴-2-戊烯酰基)苯基)苯甲酰胺(4.3x)

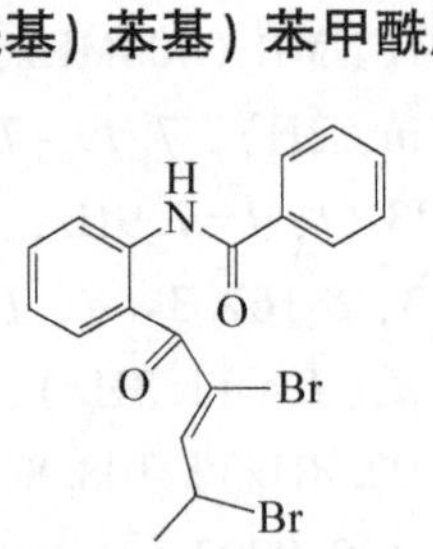

黄色固体，62.1mg，71%；^{1}H NMR（400MHz，$CDCl_3$）δ 11.48（s，1H），8.85（*d*，*J*=8.4Hz，1H），8.02（*d*，*J*=7.1Hz，2H），7.75（*d*，*J*=7.9Hz，1H），7.68（*t*，*J*=7.7Hz，1H），7.50~7.59（m，3H），7.20（*t*，*J*=7.7Hz，1H），6.71（*d*，*J*=9.8Hz，1H），5.08~5.16（m，1H），1.84（*d*，*J*=6.7Hz，3H）；^{13}C NMR（101MHz，$CDCl_3$）δ 193.2，166.1，144.1，141.7，136.0，134.5，133.4，132.5，129.2，127.7，123.3，122.9，122.0，121.4，44.5，25.0；HRMS（ESI）理论值 $C_{18}H_{16}Br_2NO_2^+$：435.9542（M + H^+），实测值：435.9548。

(*Z*)-*N*-(2-(2,4- 二碘 -2- 丁烯酰基) 苯基) 苯甲酰胺(4.4a)

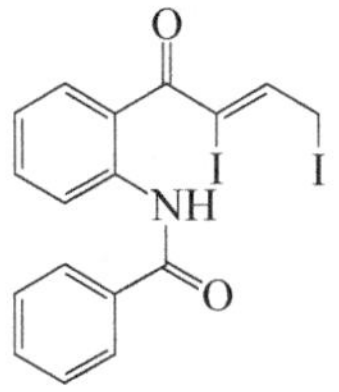

黄色固体，100 %；^{1}H NMR（400MHz，$CHCl_3$）δ 11.52（s，1H），8.84（*d*，*J*=8.5Hz，1H），8.05~7.97（m，2H），7.70（*d*，*J*=7.9Hz，1H），7.65（*t*，*J*=7.9Hz，1H），7.59~7.47（m，3H），7.16（*t*，*J*=7.6Hz，1H），6.62（*t*，*J*=8.4Hz，1H），4.13（*d*，*J*=8.4Hz，2H）；^{13}C NMR（101MHz，$CHCl_3$）δ 194.5，165.8，145.1，141.6，135.6，134.2，133.1，132.3，128.9，127.4，122.6，121.7，120.6，107.7，5.8；HRMS（ESI）理论值 $C_{17}H_{14}I_2NO_2^+$：517.9036（M + H^+），实测值：517.9036。

(*Z*)-*N*-(2-(2,4- 二碘 -2- 丁烯酰基) 苯基)-4- 甲基苯甲酰胺(4.4b)

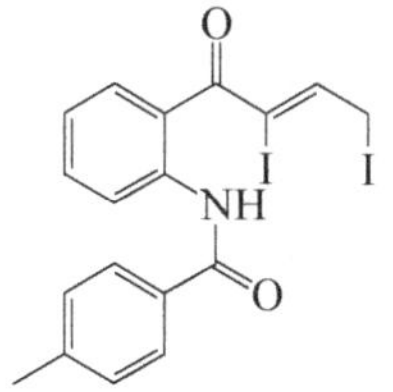

黄色固体，74%；^{1}H NMR（400MHz，$CHCl_3$）δ 11.48（s，1H），8.84（*d*，*J*=8.4Hz，1H），7.91（*d*，*J*=8.2Hz，2H），7.71~7.68（m，1H），7.64（*t*，*J*=7.9Hz，1H），7.30（*d*，*J*=7.9Hz，2H），7.17~7.13（m，1H），6.61（*t*，*J*=8.3Hz，1H），4.12（*d*，*J*=8.3Hz，2H），2.42（s，3H）；^{13}C NMR（101MHz，$CHCl_3$）δ 194.5，165.8，144.9，142.8，141.7，135.6，133.1，131.5，129.5，127.4，122.4，121.6，120.6，107.7，21.6，5.8；HRMS（ESI）理论值 $C_{18}H_{16}I_2NO_2^+$：531.9192（M + H^+），实测值：531.9192。

(*Z*)-*N*-(2-(2,4- 二碘 -2- 丁烯酰基) 苯基)-2- 甲基苯甲酰胺(4.4c)

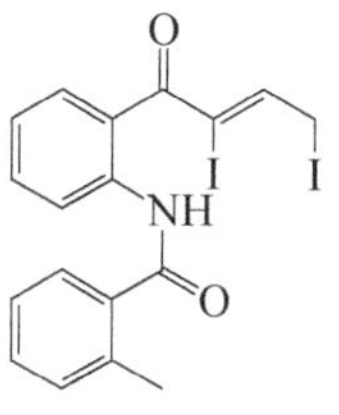

黄色液体，61%；^{1}H NMR（400MHz，$CHCl_3$）δ 10.81（s，1H），8.80（*d*，*J*=8.1Hz，1H），7.70~7.63（m，2H），7.61~7.57（m，1H），7.39~7.36（m，1H），7.31~7.26（m，2H），7.21~7.15（m，1H），6.65（*t*，*J*=8.4Hz，1H），4.13（*d*，*J*=8.4Hz，2H），2.55（s，3H）；^{13}C NMR（101MHz，$CHCl_3$）δ 193.9，168.5，145.5，141.2，137.1，135.7，135.3，132.8，131.5，130.7，127.1，126.2，122.6，121.7，121.0，108.2，20.3，5.7；HRMS（ESI）理论值 $C_{18}H_{16}I_2NO_2^+$：531.9192（M + H^+），实测值：531.9192。

(Z)-*N*-(2-(2,4- 二碘 -2- 丁烯酰基）苯基)-3- 甲基苯甲酰胺(4.4d)

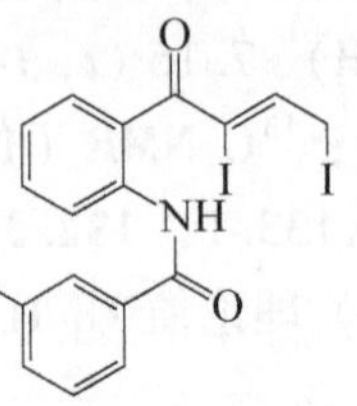

黄色固体，75%；^{1}H NMR（400MHz，$CHCl_3$）δ 11.45（s，1H），8.84~8.82（m，1H），7.83（s，1H），7.80~7.78（m，1H），7.71~7.69（m，1H），7.67~7.63（m，1H），7.42~7.35（m，2H），7.19~7.14（m，1H），6.62（*t*，*J*=8.4Hz，1H），4.13（*d*，*J*=8.3Hz，2H），2.45（s，3H）；^{13}C NMR（101MHz，$CHCl_3$）δ 194.4，166.1，144.8，141.6，138.7，135.5，134.3，133.0，133.0，128.7，128.2，124.3，122.5，121.8，120.7，107.6，21.5，5.7；HRMS（ESI）理论值 $C_{18}H_{16}I_2NO_2^+$：531.9192（M + H^+），实测值：531.9193。

(Z)-*N*-(2-(2,4- 二碘 -2- 丁烯酰基）苯基)-4- 氯苯甲酰胺(4.4e)

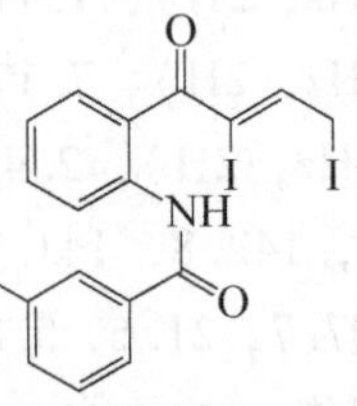

黄色固体，92%；^{1}H NMR（400MHz，$CHCl_3$）δ 11.54（s，1H），8.80（*d*，*J*=8.5Hz，1H），7.94（*d*，*J* =8.4Hz，2H），7.70（*d*，*J*=7.9Hz，1H），7.64（*t*，*J*=7.8Hz，1H），7.47（*d*，*J*=8.4Hz，2H），7.17（*t*，*J*=7.6Hz，1H），6.61（*t*，*J*=8.3Hz，1H），4.12（*d*，*J*=8.4Hz，2H）；^{13}C NMR（101MHz，$CHCl_3$）δ 194.7，164.6，145.1，141.4，138.5，135.7，133.2，132.6，129.1，128.9，122.7，121.6，120.5，107.4，5.7；HRMS（ESI）理论值 $C_{17}H_{13}ClI_2NO_2^+$：551.8646（M + H^+），实测值：551.8622。

(*Z*)-*N*-(2-(2,4-二碘-2-丁烯酰基)苯基)-4-氟苯甲酰胺(4.4f)

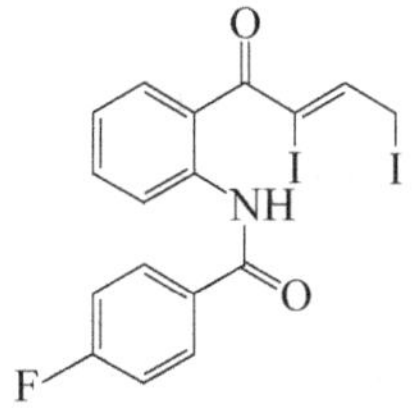

黄色固体，97%；^{1}H NMR（400MHz，$CHCl_3$）δ 11.52（s，1H），8.81（*d*，*J*=8.4Hz，1H），8.06～7.98（m，2H），7.71（*d*，*J*=7.9Hz，1H），7.65（*t*，*J*=7.9Hz，1H），7.22～7.13（m，3H），6.61（*t*，*J*=8.3Hz，1H），4.13（*d*，*J*=8.3Hz，2H）；^{13}C NMR（101MHz，$CHCl_3$）δ 194.7，165.2（*d*，*J*=253.2Hz），164.6，145.0，141.6，135.7，133.2，130.5（*d*，*J*=3.0Hz），129.9（*d*，*J*=9.1Hz），122.6，121.6，120.5，116.0（*d*，*J*=22.0Hz），107.4，5.7；HRMS（ESI）理论值 $C_{17}H_{13}FI_2NO_2^+$：535.8941(M + H^+)，实测值：535.8949。

(*Z*)-*N*-(2-(2,4-二碘-2-丁烯酰基)苯基)-1-萘甲酰胺(4.4g)

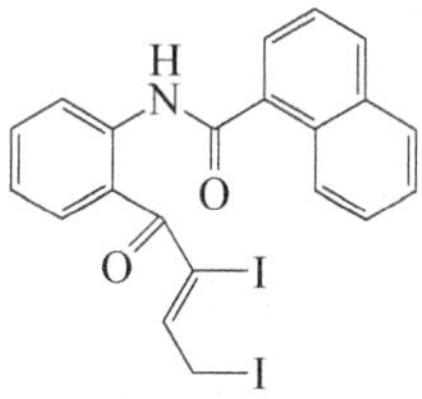

黄色固体，51%；^{1}H NMR（400MHz，$CHCl_3$）δ 11.04（s，1H），8.91（*d*，*J*=8.9Hz，1H），8.50（*d*，*J*=8.4Hz，1H），7.99（*d*，*J*=8.3Hz，1H），7.92～7.88（m，1H），7.85（*d*，*J*=7.1Hz，1H），7.74～7.67（m，2H），7.61～7.51（m，3H），7.24～7.19（m，1H），6.66（*t*，*J*=8.4Hz，1H），4.13（*d*，*J*=8.4Hz，2H）；^{13}C NMR（101MHz，$CHCl_3$）δ 193.9，168.0，145.5，141.2，135.3，133.9，133.7，132.8，131.6，130.3，128.4，127.4，126.5，125.7，125.4，124.9，122.8，121.9，121.2，108.2，5.7；HRMS（ESI）理论值 $C_{21}H_{16}I_2NO_2^+$：567.9192（M + H^+），实测值：567.9198。

(*Z*)-*N*-(2-(2,4-二碘-2-丁烯酰基)苯基)-2-噻吩甲酰胺(4.4h)

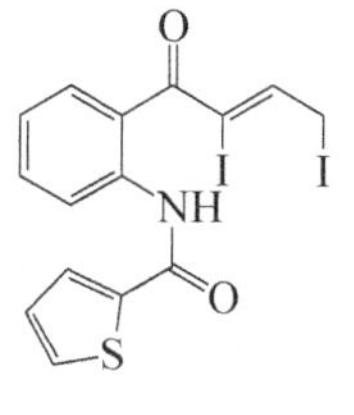

黄色固体，51%；^{1}H NMR（400MHz，$CHCl_3$）δ 11.55（s，1H），8.77（*d*，*J*=8.4Hz，1H），7.79~7.77（m，1H），7.72~7.70（m，1H），7.66~7.60（m，1H），7.58~7.57（m，1H），7.19~7.11（m，2H），6.61（*t*，*J*=8.4Hz，1H），4.14（*d*，*J*=8.4Hz，2H）；^{13}C NMR（101MHz，$CHCl_3$）δ 194.6，160.4，144.7，141.5，139.7，135.7，133.2，131.7，128.9，128.0，122.5，121.4，120.1，107.3，5.7；HRMS（ESI）理论值 $C_{15}H_{12}I_2NO_2S^+$：523.8600（M + H^+），实测值：523.8630。

(*Z*)-*N*-(2-(2,4-二碘-2-丁烯酰基）苯基）氨基甲酸卞酯(4.4i)

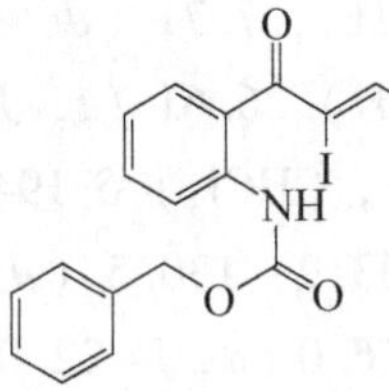

黄色固体，54%；^{1}H NMR（400MHz，$CHCl_3$）δ 9.97（s，1H），8.42（*d*，*J*=8.5Hz，1H），7.61~7.55（m，2H），7.49~7.28（m，5H），7.08（*t*，*J*=7.6Hz，1H），6.59（*t*，*J*=8.4Hz，1H），5.21（s，2H），4.11（*d*，*J*=8.4Hz，2H）；^{13}C NMR（101MHz，$CHCl_3$）δ 193.5，153.4，145.2，141.4，135.9，135.1，132.7，128.6，128.3，128.3，121.6，120.3，120.1，108.5，5.9；HRMS（ESI）理论值 $C_{18}H_{16}I_2NO_3^+$：546.9141（M + H^+），实测值：546.9140。

(*Z*)-*N*-(2-(2,4-二碘-2-丁烯酰基）苯基）环己基甲酰胺(4.4j)

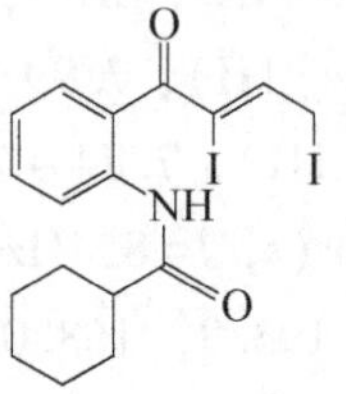

黄色液体，65%；^{1}H NMR（400MHz，$CHCl_3$）δ 10.49（s，1H），8.60（*d*，*J*=8.5Hz，1H），7.58（*d*，*J*=7.9Hz，1H），7.52（*t*，*J*=7.8Hz，1H），7.06（*t*，*J*=7.6Hz，1H），6.61~6.49（m，1H），4.08（*dd*，*J*=8.3，1.2Hz，2H），2.30~2.19（m，1H），1.95（*d*，*J*=12.6Hz，2H），1.78（*d*，*J*=10.6Hz，2H），1.65（*d*，*J*=9.9Hz，1H），1.47（*q*，*J*=24.1，12.0Hz，2H），1.34~1.16（m，3H）；^{13}C NMR（101MHz，$CHCl_3$）δ 194.0，175.3，145.2，141.4，135.3，132.8，122.2，121.6，120.5，108.3，46.9，29.5，25.7，6.0；HRMS（ESI）理论值 $C_{17}H_{20}I_2NO_2^+$：523.9505（M + H^+），实测值：523.9501。

(Z)-*N*-(2-(2,4- 二碘 -2- 丁烯酰基) 苯基)-3, 3- 二甲基丁酰胺(4.4k)

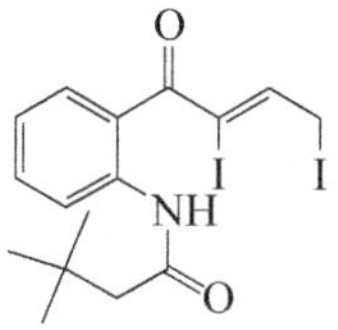

褐色液体, 81%; ^{1}H NMR (400MHz, $CHCl_3$) δ 10.34 (s, 1H), 8.61 (*d*, *J*= 8.3Hz, 1H), 7.60 (*d*, *J* = 7.9Hz, 1H), 7.58 ~ 7.53 (m, 1H), 7.10 (*t*, *J* = 7.3Hz, 1H), 6.61 (*t*, *J*=8.4Hz, 1H), 4.11 (*d*, *J*=8.4Hz, 2H), 2.25 (s, 2H), 1.07 (s, 9H); ^{13}C NMR (101MHz, $CHCl_3$) δ 193.9, 171.0, 145.6, 140.9, 135.2, 132.6, 122.3, 121.6, 120.7, 108.5, 52.3, 31.3, 29.8, 5.9; HRMS (ESI) 理论值 $C_{16}H_{20}I_2NO_2^+$: 511.9505 (M + H$^+$), 实测值: 511.9515 。

(Z)-*N*-(2-(2,4- 二碘 -2- 丁烯酰基) 苯基) 十二碳酰胺(4.4l)

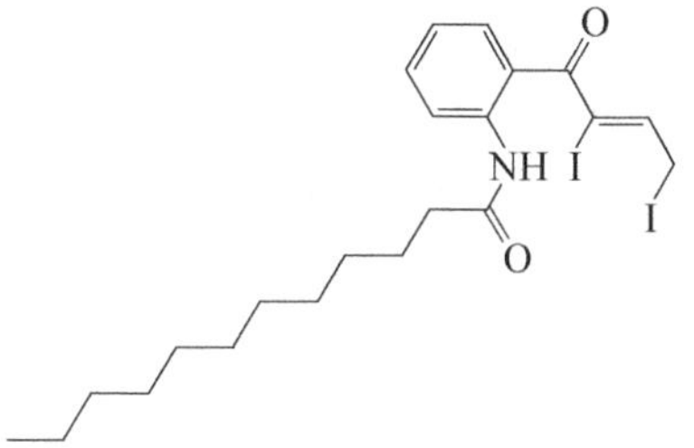

黄色固体, 95%; ^{1}H NMR (400MHz, $CHCl_3$) δ 10.44 (s, 1H), 8.62 (*d*, *J*= 8.2Hz, 1H), 7.68~7.51 (m, 2H), 7.11 (*t*, *J*=7.4Hz, 1H), 6.61 (*t*, *J*=8.3Hz, 1H), 4.13 (*d*, *J* = 8.3Hz, 2H), 2.47 ~ 2.33 (m, 2H), 1.78 ~ 1.66 (m, 2H), 1.40 ~ 1.17 (m, 16H), 0.87 (*t*, *J* = 6.7Hz, 3H); ^{13}C NMR (101MHz, $CHCl_3$) δ 193.9, 172.4, 145.5, 141.1, 135.2, 132.7, 122.3, 121.7, 120.6, 108.4, 38.5, 31.9, 29.6, 29.5, 29.3, 29.3, 29.2, 25.5, 22.7, 14.1, 5.7; HRMS (ESI) 理论值 $C_{22}H_{32}I_2NO_2^+$: 596.0444 (M + H$^+$), 实测值: 596.0446。

(Z)-*N*-(5- 甲基 -2-(2,4- 二碘 -2- 丁烯酰基) 苯基) 苯甲酰胺(4.4m)

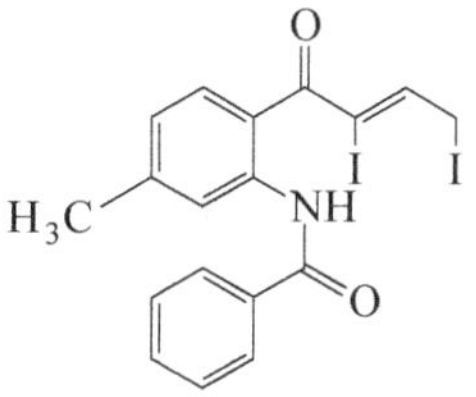

黄色固体，75%；^{1}H NMR（400MHz，$CHCl_3$）δ 11. 72（s，1H），8. 73（s，1H），8. 05～8. 00（m，2H），7. 62（*d*，J=8. 1Hz，1H），7. 59～7. 48（m，3H），6. 97（*d*，J=7. 3Hz，1H），6. 55（*t*，J=8. 3Hz，1H），4. 12（*d*，J =8. 3Hz，2H），2. 46（s，3H）；^{13}C NMR（101MHz，$CHCl_3$）δ 194. 3，165. 8，147. 5，143. 7，141. 9，134. 3，133. 4，132. 2，128. 9，127. 4，123. 5，121. 8，117. 9，107. 2，22. 4，5. 7；HRMS（ESI）理论值 $C_{18}H_{16}I_2NO_2^+$：531. 9192（M + H$^+$），实测值：531. 9198。

(*Z*)-*N*-(2-(2,4-二碘-2-丁烯酰基)-4-甲氧基苯基) 苯甲酰胺(4. 4n)

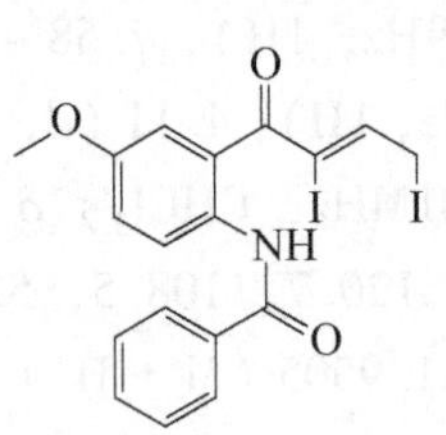

黄色固体，77%；^{1}H NMR（400MHz，$CHCl_3$）δ 11. 14（s，1H），8. 71（*d*，J=9. 2Hz，1H），7. 98（*d*，J=8. 0Hz，2H），7. 58～7. 46（m，3H），7. 23～7. 20（m，1H），7. 15（*d*，J=2. 6Hz，1H），6. 69（*t*，J=8. 4Hz，1H），4. 14（*d*，J=8. 4Hz，2H），3. 85（s，3H）；^{13}C NMR（101MHz，$CHCl_3$）δ 194. 0，165. 5，154. 3，145. 4，134. 8，134. 4，132. 0，128. 8，127. 3，123. 6，121. 9，121. 9，116. 5，107. 8，55. 9，5. 9；HRMS（ESI）理论值 $C_{18}H_{16}I_2NO_3^+$：547. 9141（M + H$^+$），实测值：547. 9121 。

(*Z*)-*N*-(2-(2,4-二碘-2-丁烯酰基)-5-氯苯基) 苯甲酰胺(4. 4o)

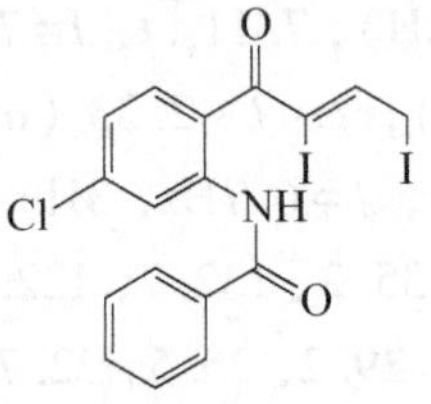

白色固体，81%；^{1}H NMR（400MHz，$CHCl_3$）δ 11. 67（s，1H），8. 95（s，1H），7. 98（*d*，J=6. 8Hz，2H），7. 63（*d*，J=8. 4Hz，1H），7. 55（*d*，J=6. 5Hz，1H），7. 50（*d*，J=7. 0Hz，2H），7. 11（*d*，J=8. 1Hz，1H），6. 58（*t*，J=8. 1Hz，1H），4. 11（*d*，J=8. 1Hz，2H）；^{13}C NMR（101MHz，$CHCl_3$）δ 193. 9，165. 7，144. 6，142. 7，142. 3，134. 2，133. 8，132. 5，129. 0，127. 4，122. 8，121. 4，118. 4，106. 6，5. 7；HRMS（ESI）理论值 $C_{17}H_{13}ClI_2NO_2^+$：551. 8646（M + H$^+$），实测值：551. 8626。

(*Z*)-*N*-(2-(2,4-二碘-2-丁烯酰基)-4-溴苯基)苯甲酰胺(4.4p)

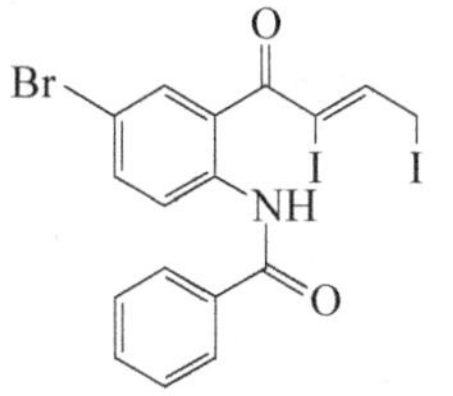

黄色固体，86%；^{1}H NMR (400MHz, $CHCl_3$) δ 11.37 (s, 1H), 8.78 (*d*, J=9.0Hz, 1H), 8.03~7.95 (m, 2H), 7.82 (*d*, J=2.3Hz, 1H), 7.74 (*dd*, J=9.0, 2.3Hz, 1H), 7.60~7.50 (m, 3H), 6.68 (*t*, J=8.4Hz, 1H), 4.16 (*d*, J=8.4Hz, 2H)；^{13}C NMR (101MHz, $CHCl_3$) δ 193.3, 165.7, 146.2, 140.5, 138.1, 135.2, 133.9, 132.4, 128.9, 127.4, 123.4, 122.2, 114.9, 106.7, 5.4；HRMS (ESI) 理论值 $C_{17}H_{13}BrI_2NO_2^+$：595.8141 (M + H^+)，实测值：595.8139。

(*Z*)-*N*-(2-(2,4-二碘-2-丁烯酰基)-5-氟苯基)苯甲酰胺(4.4q)

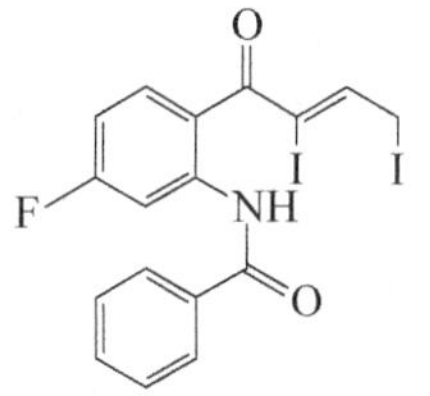

黄色固体，72%；^{1}H NMR (400MHz, $CHCl_3$) δ 11.93 (s, 1H), 8.78~8.66 (m, 1H), 8.01 (*d*, J=7.9Hz, 2H), 7.78~7.75 (m, 1H), 7.59~7.50 (m, 3H), 6.87~6.83 (m, 1H), 6.55 (*t*, J=8.3Hz, 1H), 4.12 (*d*, J=8.4Hz, 2H)；^{13}C NMR (101MHz, $CHCl_3$) δ 193.76, 166.85 (*d*, J=257.2Hz), 165.9, 144.6 (*d*, J=13.5Hz), 143.7, 135.9(*d*, J=11.2Hz), 133.8, 132.5, 129.0, 127.5, 116.4 (*d*, J=2.7Hz), 109.9 (*d*, J=22.7Hz), 108.6 (*d*, J=28.3Hz), 106.2, 5.6；HRMS (ESI) 理论值 $C_{17}H_{13}FI_2NO_2^+$：535.8941(M + H^+)，实测值：535.8947。

(*Z*)-*N*-(2-(2,4-二碘-2-丁烯酰基)-3-氯苯基)苯甲酰胺(4.4r)

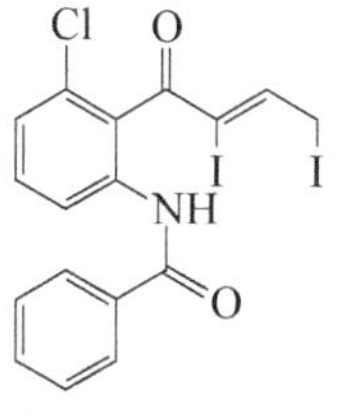

黄色固体，60%；^{1}H NMR (400MHz, $CHCl_3$) δ 8.50 (s, 1H), 8.20 (*d*, J=

8.3Hz，1H)，7.79 (*d*，*J*=7.4Hz，2H)，7.55 (*t*，*J*=7.4Hz，1H)，7.47 (*td*，*J*=8.0，3.7Hz，3H)，7.24 (*d*，*J*=8.0Hz，1H)，6.84 (*t*，*J*=8.5Hz，1H)，4.08 (*d*，*J*=8.5Hz，2H)；^{13}C NMR (101MHz，$CHCl_3$) δ 191.5，165.4，150.0，137.2，133.5，132.5，132.2，131.8，128.9，127.2，126.1，122.1，112.5，5.9；HRMS (ESI) 理论值 $C_{17}H_{13}ClI_2NO_2^+$：551.8646 (M + H$^+$)，实测值：551.8648。

(*Z*)-*N*-(2-(2,4-二碘-2-丁烯酰基)-4-氰基苯基) 苯甲酰胺(4.4s)

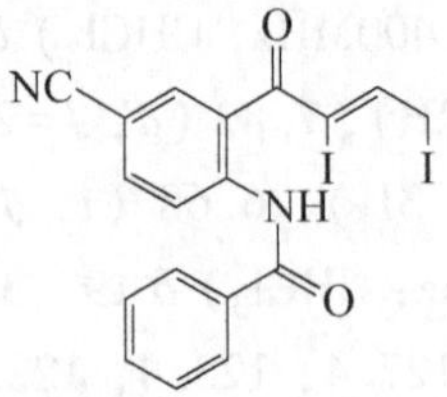

白色固体，78%；^{1}H NMR (400MHz，$CHCl_3$) δ 11.71 (s，1H)，9.06 (*d*，*J*=8.9Hz，1H)，8.06~7.98 (m，3H)，7.89~7.86 (m，1H)，7.61 (*t*，*J*=7.3Hz，1H)，7.54 (*t*，*J*=7.4Hz，2H)，6.65 (*t*，*J*=8.3Hz，1H)，4.16 (*d*，*J*=8.3Hz，2H)；^{13}C NMR (101MHz，$CHCl_3$) δ 193.3，165.9，146.1，145.2，138.2，137.0，133.4，132.9，129.1，127.5，122.0，120.3，117.6，105.9，105.5，5.0；HRMS (ESI) 理论值 $C_{18}H_{13}I_2N_2O_2^+$：542.8988 (M + H$^+$)，实测值：542.8982。

(*Z*)-*N*-(2-(3-甲基-2,4-二碘-2-丁烯酰基) 苯基) 苯甲酰胺或(*E*)-*N*-(2-(3-甲基-2, 4-二碘-2-丁烯酰基) 苯基) 苯甲酰胺(4.4t)

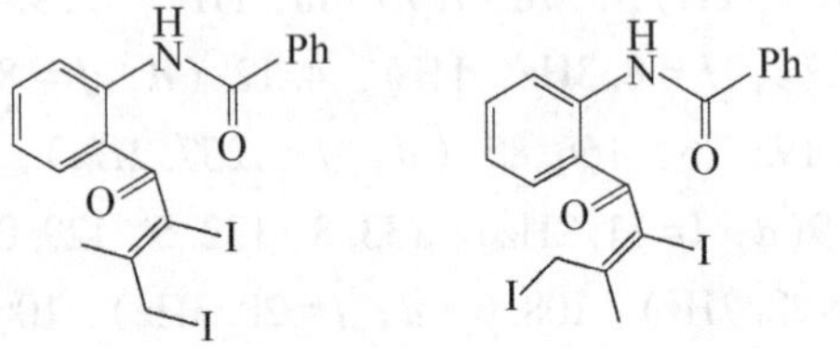

白色固体，67%；^{1}H NMR (400MHz，$CDCl_3$) δ 12.37 (s，1H)，12.34 (s，1H)，9.02 (*d*，*J*=8.4Hz，1H)，8.08 (*d*，*J*=7.1Hz，3H)，7.83 (*d*，*J*=7.9Hz，1H)，7.77 (*d*，*J*=7.9Hz，1H)，7.67 (*dd*，*J*=14.6，7.2Hz，2H)，7.54 (*dt*，*J*=14.1，6.7Hz，5H)，7.16 (*dd*，*J*=14.6，7.2Hz，2H)，4.20 (s，2H)，3.96 (s，1H)，2.32 (s，1H)，2.01 (s，3H)；^{13}C NMR (101MHz，$CDCl_3$) δ 196.8，166.1，143.1，143.0，142.4，141.9，136.9，136.6，134.4，133.9，133.0，132.2，128.9，127.5，122.9，122.8，121.0，121.0，118.5，117.9，95.0，93.0，26.6，18.7，14.0，3.7；HRMS (ESI) 理论值 $C_{18}H_{15}I_2NO_2^+$：530.9192 (M + H$^+$)，实测值：530.9195。

(Z)-N-(2-(1-羟基-2,4-二碘-2-丁烯基)苯基)苯甲酰胺(4.5a)

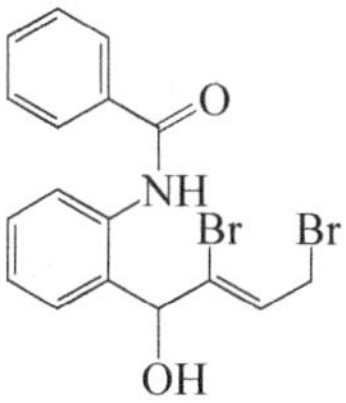

白色固体，58.7mg，69%；^{1}H NMR (400MHz, $CDCl_3$) δ 9.32 (s, 1H), 8.10 (*d*, *J*=8.1Hz, 1H), 7.87 (*d*, *J*=7.4Hz, 2H), 7.54 (*t*, *J*=7.3Hz, 1H), 7.46 (*t*, *J*=7.6Hz, 2H), 7.37 (*t*, *J*=7.7Hz, 1H), 7.23 (*d*, *J*=7.3Hz, 1H), 7.15 (*t*, *J*=7.5Hz, 1H), 6.34 (*t*, *J*=8.0Hz, 1H), 5.44 (s, 1H), 4.23 (*d*, *J*=3.9Hz, 1H), 3.90~4.00 (m, 2H); ^{13}C NMR (101MHz, $CDCl_3$) δ 166.2, 136.9, 134.5, 132.8, 132.3, 129.9, 129.6, 129.6, 129.1, 127.4, 126.5, 125.3, 124.1, 77.9, 28.9; HRMS (ESI) 理论值 $C_{17}H_{16}Br_2NO_2^+$：423.9542 (M + H^+)，实测值：423.9542。

(Z)-N-(2-(1-羟基-2,4-二碘-2-丁烯基)苯基)-4-氯苯甲酰胺(4.5b)

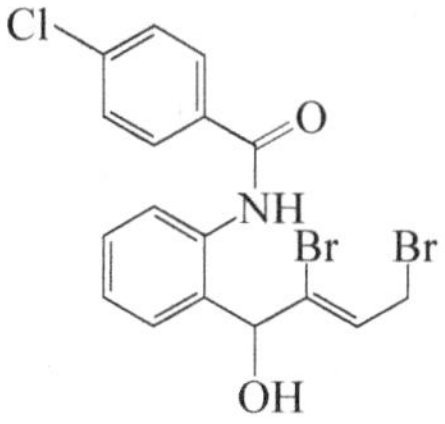

白色固体，60.7mg，66%；^{1}H NMR (400MHz, $CDCl_3$) δ 9.46 (s, 1H), 8.12 (*d*, *J*=8.1Hz, 1H), 7.78 (*d*, *J*=8.4Hz, 2H), 7.46~7.34 (m, 3H), 7.22~7.12 (m, 2H), 6.29 (*t*, *J*=8.0Hz, 1H), 5.43 (s, 1H), 4.38 (*d*, *J*=4.3Hz, 1H), 4.01~3.89 (m, 2H); ^{13}C NMR (101MHz, $CDCl_3$) δ 165.0, 138.6, 136.9, 133.0, 132.8, 129.9, 129.6, 129.3, 129.2, 128.9, 126.6, 125.2, 123.8, 78.2, 28.9; HRMS (ESI) 理论值 $C_{17}H_{15}Br_2ClNO_2^+$：457.9153 (M + H^+)，实测值：457.9157。

(Z)-N-(2-(1-羟基-2,4-二碘-2-丁烯基)苯基)-4-甲基苯甲酰胺(4.5c)

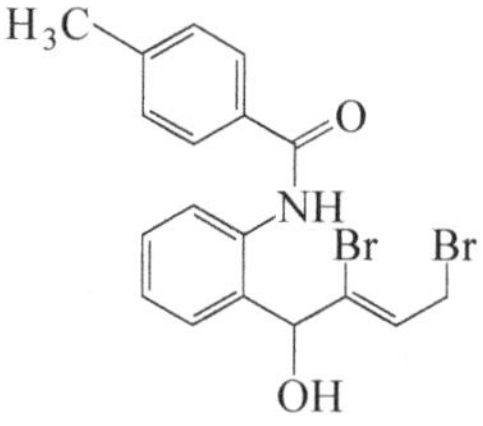

白色固体，52.7mg，60%；^{1}H NMR（400MHz，$CDCl_3$）δ 9.28（s，1H），8.07（*d*，*J*=8.1Hz，1H），7.75（*d*，*J*=8.1Hz，2H），7.36（*t*，*J*=7.2Hz，1H），7.28~7.19（m，3H），7.14（*t*，*J*=7.3Hz，1H），6.34（*t*，*J*=8.0Hz，1H），5.42（s，1H），4.41（*d*，*J*=3.1Hz，1H），3.89~3.99（m，2H），2.41（s，3H）；^{13}C NMR（101MHz，$CDCl_3$）δ 166.0，142.6，136.7，132.6，131.4，129.5，129.5，129.3，127.2，126.0，124.9，123.8，77.6，28.7，21.6；HRMS（ESI）理论值 $C_{18}H_{18}Br_2NO_2^+$：437.9699（M + H$^+$），实测值：437.9679。

(Z)-*N*-(2-(1-羟基-2,4-二碘-2-丁烯基）苯基)-2-噻吩甲酰胺(4.5d)

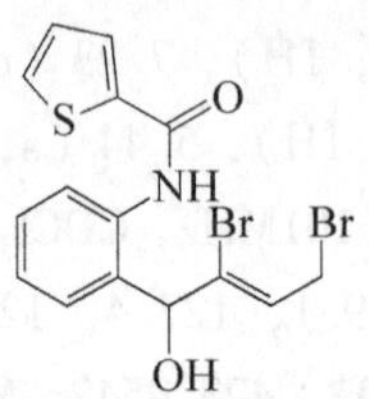

无色液体，60.4mg，70%；^{1}H NMR（400MHz，$CDCl_3$）δ 9.49（s，1H），8.06（*d*，*J*=8.1Hz，1H），7.58（*d*，*J*=3.0Hz，1H），7.51（*d*，*J*=4.7Hz，1H），7.32（*t*，*J*=7.7Hz，1H），7.18（*d*，*J*=7.4Hz，1H），7.14~7.03（m，2H），6.37（*t*，*J*=7.9Hz，1H），5.43（s，1H），4.79（*d*，*J*=3.9Hz，1H），4.01~3.87（m，2H）；^{13}C NMR（101MHz，$CDCl_3$）δ 160.7，139.4，136.6，132.9，131.4，129.7，129.2，129.1，128.2，126.2，125.0，123.6，78.1，29.0；HRMS（ESI）理论值 $C_{15}H_{14}Br_2NO_2S^+$：429.9107(M + H$^+$)，实测值：429.9117。

(Z)-*N*-(2-(1-羟基-2,4-二碘-2-丁烯基）苯基)环己基甲酰胺(4.5f)

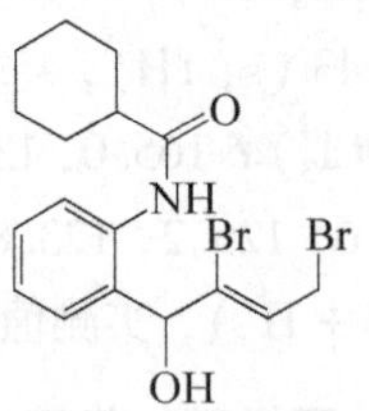

无色液体，49.2mg，57%；^{1}H NMR（400MHz，$CDCl_3$）δ 8.65（s，1H），7.88（*d*，*J*=7.8Hz，1H），7.25~7.31（m，1H），7.17（*d*，*J*=7.2Hz，1H），7.11（*d*，*J*=7.2Hz，1H），6.38（*t*，*J*=7.5Hz，1H），5.32（s，1H），5.12（s，1H），4.04（*d*，*J*=7.8Hz，2H），2.25~2.14（m，1H），1.91（*d*，*J*=11.3Hz，2H），1.77（s，2H），1.69（s，1H），1.38~1.47（m，2H），1.32~1.16（m，3H）；^{13}C NMR（101MHz，$CDCl_3$）δ 175.51，136.43，132.98，129.91，129.22，129.19，125.58，

124.79, 123.83, 77.28, 46.31, 29.58, 29.02, 25.66; HRMS (ESI) 理论值 $C_{17}H_{22}Br_2NO_2^+$: 430.0012 ($M + H^+$), 实测值: 430.0012。

***N*-(2-(5-(溴甲基)-4-羟基-4,5-二氢-1*H*-吡唑-3-基)苯基)苯甲酰胺(4.6)**

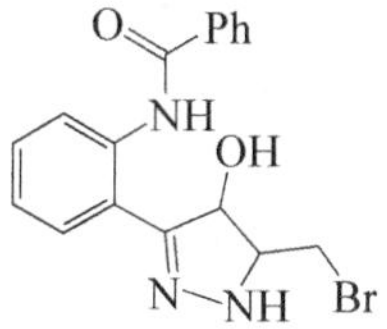

白色固体, 42.5mg, 70%; ^{1}H NMR (400MHz, DMSO) δ 12.36 (s, 1H), 8.76 (*d*, *J*=8.4Hz, 1H), 8.15 (s, 1H), 7.96 (*d*, *J*=7.4Hz, 2H), 7.65 (*d*, *J*=7.9Hz, 1H), 7.60 (*d*, *J*=6.7Hz, 1H), 7.55 (*t*, *J*=7.2Hz, 2H), 7.35 (*t*, *J*=7.8Hz, 1H), 7.15 (*t*, *J*=7.4Hz, 1H), 5.80 (s, 1H), 5.20 (s, 1H), 3.83~3.72 (m, 2H), 3.57 (s, 1H); ^{13}C NMR (101MHz, DMSO) δ 193.00, 165.96, 141.76, 137.82, 136.05, 134.41, 133.39, 132.47, 129.10, 127.59, 126.89, 122.80, 121.90, 121.14, 27.75; HRMS(ESI) 理论值 $C_{17}H_{16}BrN_3NaO_2^+$: 396.0318 ($M + Na^+$), 实测值: 396.0340。

参 考 文 献

[1] Alachouzos G, Frontier A J. Cationic cascade for building complex polycyclic molecules from Simple precursors: Diastereoselective installation of three contiguous stereogenic centers in a One-Pot Process [J]. Journal of the American Chemical Society, 2018, 141(1): 118~122.

[2] Zhu X, Deng W, Chiou M F, et al. Copper-catalyzed radical 1, 4-difunctionalization of 1, 3-Enynes with alkyl diacyl peroxides and N-fluorobenzenesulfonimide [J]. Journal of the American Chemical Society, 2018, 141(1): 548~559.

[3] Wang Y H, Ouyang B, Qiu G, et al. Oxidative oxy-cyclization of 2-alkynylbenzamide enabled by TBAB/Oxone: switchable synthesis of isocoumarin-1-imines and isobenzofuran-1-imine [J]. Organic & biomolecular chemistry, 2019, 17(17): 4335~4341.

[4] Wang Y H, Liu J B, Ouyang B, et al. TBAI-mediated regioselective 5-exo-dig iodinative oxocyclization of 2-alkynylbenzamides for the synthesis of isobenzofuran-1-imines and isobenzofurans [J]. Tetrahedron, 2018, 74(33): 4429~4434.

[5] Li Z, Fang C, Zheng Y, et al. Multicatalytic Beckmann rearrangement of 2-hydroxylarylketone oxime: Switchable synthesis of benzo [d] oxazoles and N-(2-hydroxylaryl) amides [J]. Tetrahedron Letters, 2018, 59(44): 3934~3937.

[6] Hang L, Ma L, Zhou H, et al. Synthesis of α-Methylene-β-lactams Enabled by Base-Promoted Intramolecular 1, 2-Addition of N-Propiolamide and C—C Bond Migrating Cleavage of Aziridine

[J]. Organic Letters, 2018, 20(8): 2407~2411.

[7] Qiu G, Liu T, Ding Q. Tandem oxidative radical brominative addition of activated alkynes and spirocyclization: switchable synthesis of 3-bromocoumarins and 3-bromo spiro-[4, 5] trienone [J]. Organic Chemistry Frontiers, 2016, 3(4): 510~515.

[8] Zheng Y, Liu M, Qiu G, et al. Synthesis of 3-(Bromomethylene) isobenzofuran-1 (3H)-ones through regioselective 5-exo-dig bromocyclization of 2-alkynylbenzoic acids [J]. Tetrahedron, 2019, 75(12): 1663~1668.

[9] Yuan S T, Zhou H, Gao L, et al. Regioselective Neighboring-Group-Participated 2,4-Dibromohydration of Conjugated Enynes: Synthesis of 2-(2,4-Dibromobut-2-enoyl) benzoate and Its Applications [J]. Organic Letters, 2018, 20(3): 562~565.

5 铜催化邻炔基苯甲酰胺合成异香豆素类化合物

5.1 研究背景

异香豆素(1H-2-苯并吡喃-1-酮或 3,4-苯并-2-吡喃酮）在自然界中是植物和低等微生物的次生代谢物(即生物对外界刺激产生的物质)，一些异香豆素也从昆虫信息素和毒液中提取，是多种生物学和药学上重要的天然产物的关键结构单元，是重要的杂环骨架，广泛存在天然产物和药物分子中。在过去的几十年中，异香豆素骨架广泛的生物和药理活性引起了有机工作者和药物化学家的极大兴趣，如抗过敏、抗真菌、抗肿瘤、抗炎、抗糖尿病、植物毒性和蛋白酶抑制活性等。例如，DCI(3,4-二氯异香豆素）具有抑制胃癌细胞的活性，进而可以诱导胃癌细胞凋，增加化疗效果，对胃癌细胞的治疗领域有着一定的前景[1]；3,6,8-三羟基-3,4,5,7-四甲基-3,4,-二氢异香豆素对常见致病菌有一定的抑制活性，为挖掘新型抗菌药物的研究提供了一定的理论基础[2]。因此，如何高效地合成异香豆素类化合物已成为有机化学领域的热点。

炔烃的分子内环化是构建许多重要杂环化合物的有效方法，而该过程是通过炔键的区域选择性来完成的，该类反应对各种有机化合物的合成具有重要的意义。邻炔基苯甲酰胺作为一种重要的双功能化底物之一，广受合成化学家的青睐。它通过三键的区域选择性合成各种杂环化合物。碱性条件下，一般得到五元或六元 N-亲核进攻产物，过渡金属催化条件下，一般得到五元或六元 O-杂环化合物，如图 5-1 所示[3]。

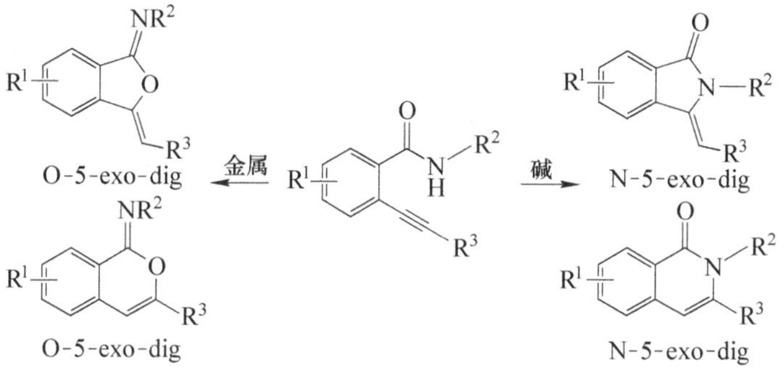

图 5-1 酰胺基团的反应

1995 年，Deady 等人[4]首次报道了异香豆素-1-亚胺类化合物作为中间体的出现，在此基础上可以进一步合成异喹啉类化合物。

2009 年，Liu 等人[5]开发了邻炔基苯甲酰胺的银催化下，炔键的区域选择性分子内环化形成异香豆素-1-亚胺类化合物的方法。其中六氟锑酸银（$AgSbF_6$）有着关键的作用，在其他金属盐或非金属催化的条件下得不到所需的产物，但不足的是使用价格昂贵的银催化剂加大了反应成本，且 R^3 基团为苯基时目标产物难以实现。

2009 年，Ma 等人[6]开发了邻炔基苯甲酰胺在三氟甲烷磺酸银（AgOTf）催化下，氮气保护，1,2-二氯乙烷作溶剂的条件下得到异香豆素亚胺系列化合物的方法，同时发现可以通过碘化物—锅法制备异香豆素亚胺类化合物，唯一不足的是使用贵金属催化剂增加了反应成本，如图 5-2 所示。

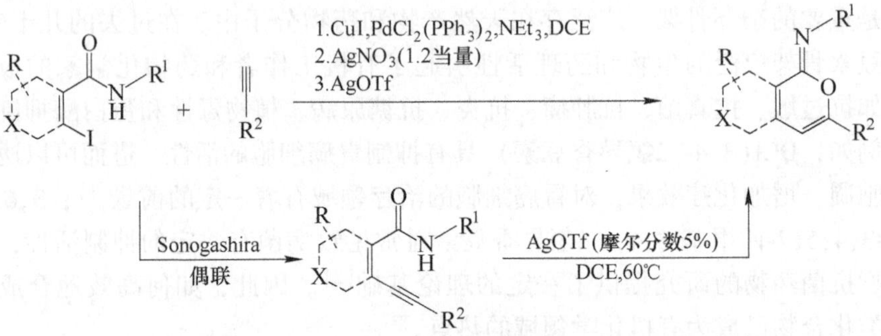

图 5-2　邻炔基苯甲酰胺环化反应

2017 年，Jiang 等人[7]报道了邻炔基-N-甲氧基苯甲酰胺在刚性、富电子的 Xphos 金（Ⅰ）作催化剂，二氯乙烷作溶剂的条件下，选择性地制备高收率的亚氨基异香豆素类化合物的方法。该作者预测了此反应两种可能的机理：（1）在金的催化下，酰胺的氧更容易表现出亲核特性，而富含电子的联苯膦可能会使炔烃的极性降低，同时又由于大量的空间位阻效应，导致了六元内环化得到我们需要的产物；（2）假设两种环化过程是可逆的，所以决定反应的关键在于亚反应过程，而用强电性的配体会使中间产物的正电荷减少，质子被缓慢释放，以影响原脱氧作用，且六元环的热稳定性更好。

2019 年，Wang 等人[8]以四丁基溴化铵和氧化剂（过氧单磺酸钾）促进邻炔基苯甲酰胺的六元环化区域选择性的合成异香豆素-1-亚胺类化合物的方法。但该反应使用有毒害性的非金属氧化剂，不利于反应的后处理，且污染环境。

5.2　课题构思

对于有机工作领域的研究而言，寻找一种无毒、无害、无其他有害添加剂且廉价的金属催化的方法来实现邻炔基苯甲酰胺的区域选择性环化是非常重要的。在过去的几年中，课题组一直在做着有关金属催化方面的工作，而且通过对大多数金属催化反应的实例分析发现，贵金属尤其是银盐在催化反应中使用较为普遍，这让作者对探索一种廉价金属催化产生了兴趣。考虑到铜盐的良好的催化特性，作者期望使用相对廉价的铜盐催化从而开发一种新的方法合成异香豆素亚胺类化合物，从而更加完善邻炔基苯甲酰胺类化合物的区域选择性六元环化体系，丰富该类化合物库。

5.3 实验条件优化

最近，课题组发现邻苯乙炔苯甲酰胺在 $CuCl_2$ 的催化下，THF 作为溶剂回流的条件下可以生成异香豆素亚胺类化合物。为了提高反应效率，对 R 取代基做出了改变，分别得到了所需要的异香豆素亚胺类的产物，如图 5-3 所示。根据对反应结果的分析，发现该类异香豆素化合物的收率随着取代基 R 的变化而差异较大，邻苯乙炔苯甲酰胺以 35%的收率得到了对应的异香豆素亚胺类化合物，而邻烯炔基苯甲酰胺以 77%的收率得到对应的产物，很明显当 R 基团为烯基时，产物的收率较高，所以猜想取代基 R 可能是通过配位效应稳定了生成的含铜化合物，以至于更有利于酰胺中氧原子亲核进攻三键形成该类六元环化产物，据此设计了 R 取代基为烯基的底物进行研究工作。

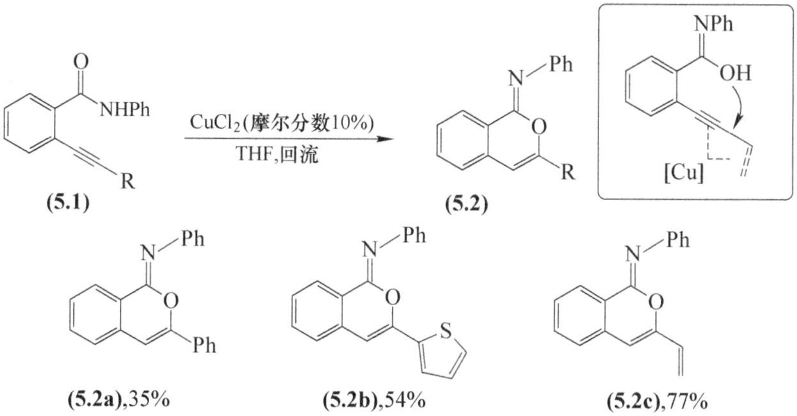

图 5-3 邻苯乙炔苯甲酰胺在 $CuCl_2$ 催化下反应

在前面的研究中确立了所需研究的底物，并得到了想要的异香豆素类化合物，在此基础上需要对反应的条件进一步优化，以期得到较好收率的反应条件。

条件优化的结果见表 5-1，2-烯炔基-N-苯基苯甲酰胺 **5.1c** 作为底物，在一定条件下得到 3-烯基-异香豆素-1-亚胺 **5.2c**。首先是对催化剂进行了筛选，保持溶剂为四氢呋喃，温度为 60℃，发现催化剂对反应产物的收率有着较大的影响。

从表中可知，使用醋酸铜催化时，**5.2c** 的收率较低，仅为35%(见表5-1，第2列)，当使用氯化铜，碘化亚铜，溴化亚铜催化时，**5.2c** 的收率分别为77%，62%，68%，收率不是很理想(表5-1，第1，4和5列)，使用三氟乙酸铜催化时，**5.2c** 收率为90%，收率较好(见表5-1，第2列)。接下来考察了溶剂对反应产物收率的影响，在保持三氟乙酸铜作为催化剂，60℃反应条件下，分别使用1,4-二氧六环，1,2-二氯乙烷，乙腈，甲苯，N,N-二甲基甲酰胺作为反应的溶剂，其中使用DMF作溶剂时，产物较为复杂，难以分离，其他溶剂条件下 **5.2c** 的收率分别为85%、73%、61%、67%(见表5-1，第6~10列)，发现1,4-二氧六环作溶剂对该反应也是一个较好的选择，为后续产物的衍生化提供了一个很好的指导。同时还考察了一下室温下对反应的影响，发现室温下该反应基本不能进行(见表5-1，第11列)，猜测可能是温度影响了催化剂的活性，导致反应不能正常发生。由于四氢呋喃在标准大气压下的沸点为66℃，故而未考察升高温度对反应的影响。同时期望降低催化剂的用量，但是结果却不理想，**5.2c** 的收率仅为39%(见表5-1，第12列)。结果表明，在室温下，四氢呋喃作为溶剂，使用催化量的三氟乙酸铜(0.1当量) 作为反应的最优条件。

表5-1 反应条件的优化①

NHPh O N Ph O

[Cu]

溶剂，温度

(5.1c) **(5.2c)**

列	[Cu] (0.1当量)	溶 剂	温度/℃	产率②/%
1	$CuCl_2$	THF	60	77
2	$Cu(OAc)_2$	THF	60	35
3	$Cu(TFA)_2$	THF	60	90
4	CuI	THF	60	62
5	CuBr	THF	60	68
6	$Cu(TFA)_2$	二氧六环	60	85
7	$Cu(TFA)_2$	DCE	60	73
8	$Cu(TFA)_2$	MeCN	60	61
9	$Cu(TFA)_2$	甲苯	60	67
10	$Cu(TFA)_2$	DMF	60	—
11	$Cu(TFA)_2$	THF	常温	—
12	$Cu(TFA)_2$③	THF	60	39

①反应条件：2-烯炔基-N-苯基苯甲酰胺 **5.1c**(0.2mmol)，铜催化剂(0.1当量)，溶剂(2mL)，12h。

②基于2-烯炔基-N-苯基苯甲酰胺 **5.1c** 的分离产率。

③加入三氟乙酸铜($Cu(TFA)_2$) (0.05当量)。THF=四氢呋喃；DCE=1，2-二氯乙烷；MeCN=乙腈；DMF=N，N-二甲基甲酰胺。

5.4 底物拓展

在上述最优反应条件下对反应的适用性进行了探索，结果见表 5-2。在该反应体系中以良好的收率合成了一系列的异香豆素亚胺类化合物。而一系列烯基类的底物的反应结果良好，例如，炔烃连接环己烯的底物以 75%的收率得到了 **5.2f**。对于取代基 R^1的筛选表明，该取代基可以是甲基、氯、氟或者溴，得到相应的产物分别为 **5.2g～5.2j**，收率较好。有趣的是，3-烯炔基萘-2-酰胺 **5.1k** 的反应也进行得很好，使异香豆素-1-亚胺类化合物 **5.2k** 的收率达到 78%。并通过 X 射线衍射分析确定了 **5.2j** 的结构。

表 5-2 底物拓展

(5.1) $\xrightarrow[\text{THF,60℃}]{\text{Cu(TFA)}_2\text{(摩尔分数10\%)}}$ (5.2)

(5.2c),90%	**(5.2d)**,83%	**(5.2e)**,82%	**(5.2f)**,75%
(5.2g),88%	**(5.2h)**,83%	**(5.2i)**,71%	**(5.2j)**,52%
(5.2k),78%	**(5.2l)**,83%	**(5.2m)**,84%	**(5.2n)**,80%

随后，还考察了 N-保护基团的取代效应，结果表明，N 保护基团可以是芳基、异芳基、烷基以及一些复合基团，见表 5-3。例如，3-烯炔基-N-吡啶基苯甲酰胺被认为是一个很好的反应底物，结果以 74%的收率得到了 N-吡啶基-3-乙烯

基异香豆素-1-亚胺 5. 2o。其他 N-烷基的底物也适用于该反应条件，产生相应的产物 **5. 2p～5. 2s**，收率为 72%～92%。特别的是，具有复杂结构的 N-保护基的底物也适用于该反应条件。例如，苯丙氨酸和丙氨酸作为保护基时反应效果也很好，分别以 82%和 85%的收率得到了所需的产物 **5. 2u** 和 **5. 2v**。N-松香胺底物反应效果也比较好，以 81%的收率得到所需产物 **5. 2w**。

表 5-3　底物拓展

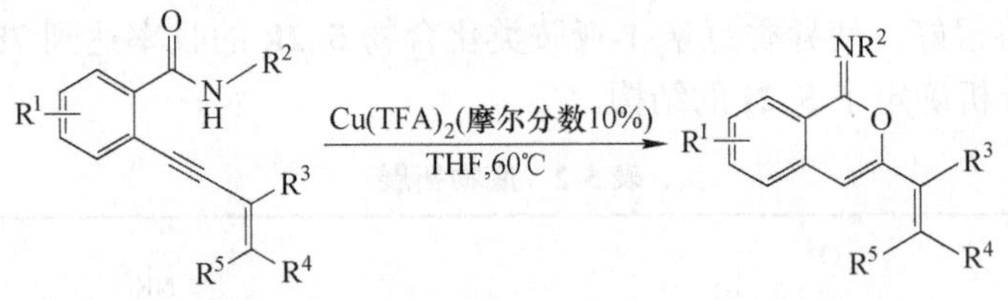

(5.1) → (5.2)，Cu(TFA)$_2$(摩尔分数10%)，THF,60℃

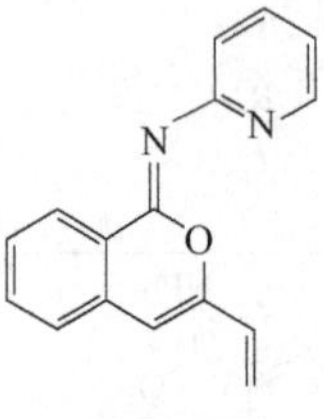

(5.2o),74%	**(5.2p)**,72%	**(5.2q)**,72%	**(5.2r)**,78%
(5.2s),75%	**(5.2t)**,92%	**(5.2u)**,82%	**(5.2v)**,85%
(5.2w),81%			

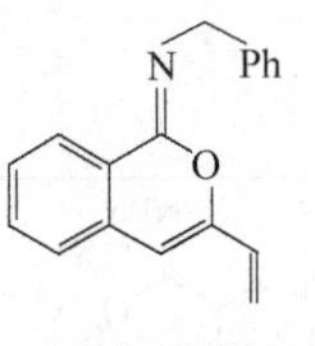

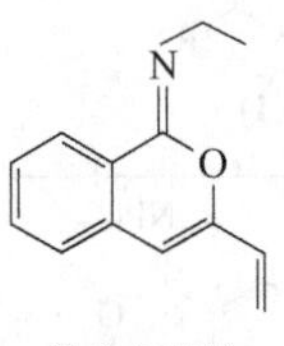

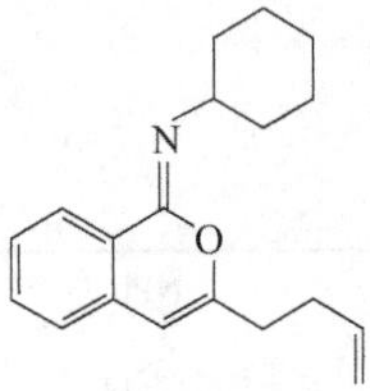

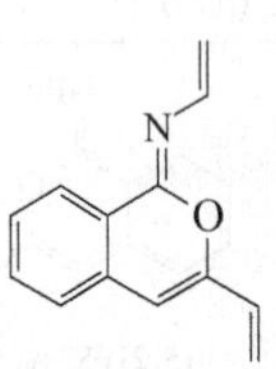

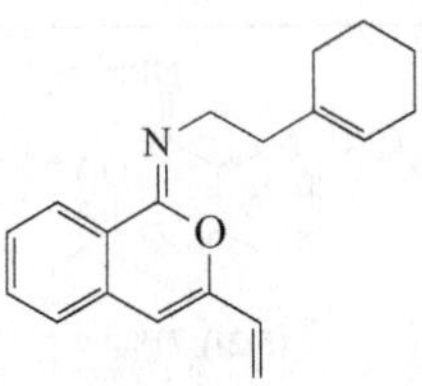

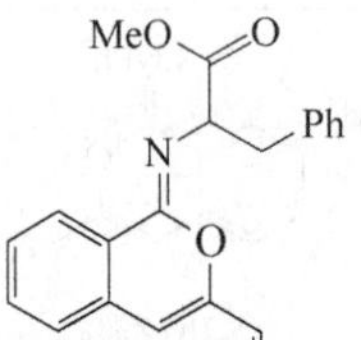

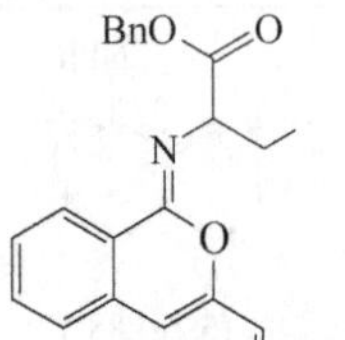

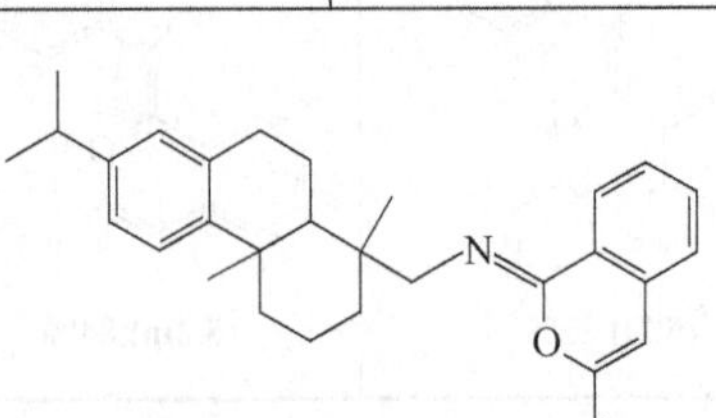

另外，在标准条件下进行的 2-烯炔基-N-亚胺苯甲酰胺 **5. 1x** 的反应。如预期

以比较满意的收率获得了所需的3-苯基-N-亚胺异香豆素-1-亚胺 **5.2x**（见图5-4）。

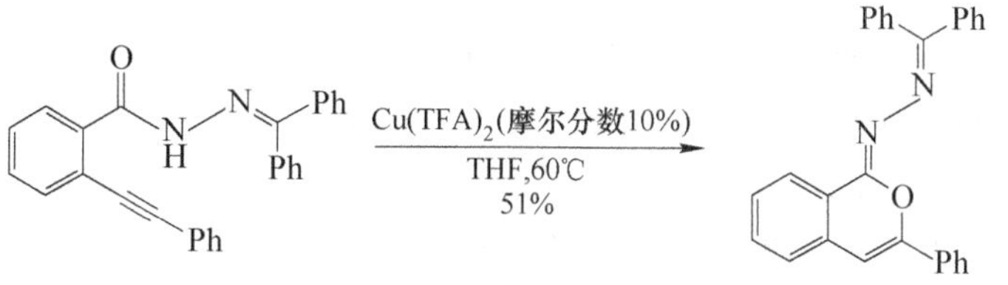

(5.1x) **(5.2x)**

图5-4 2-烯炔基-N-亚胺苯甲酰胺铜催化反应

5.5 反应产物的衍生化

3-乙烯-异香豆素也是异香豆素类衍生物中的一种，异香豆素作为一种杂环化合物，是多种生物和药理重要天然产物的关键结构，该类化合物具有广泛的生物活性，如抗过敏、抗菌、抗真菌、抗肿瘤、抗炎、抗糖尿病、植物毒性和蛋白酶抑制活性等。3-乙烯基异香豆素-1-亚胺在四氢呋喃溶剂中，加入10% HCl水溶液1mL可以高效地水解为3-乙烯基异香豆素，如图5-5所示。

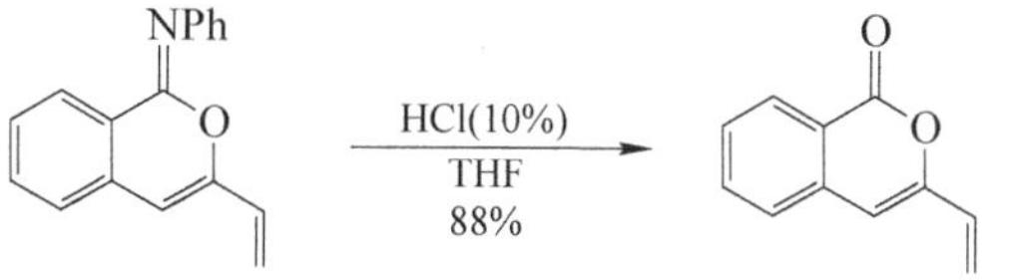

(5.2) **(5.3)**

图5-5 异香豆素类化合物水解反应

异喹啉类化合物是一类重要的杂环化合物，在合成有机化学中有着广泛的应用，是药物和材料的核心结构。传统的获取异喹啉类化合物的方法需要使用功能化的底物和强酸，作者通过一种较为温和简单的方法合成了该类化合物。以3-乙烯基-异香豆素亚胺类化合物为原始反应物，在四氢呋喃作溶剂，加入10% HCl水溶液，反应5min后，再加入醋酸铵（5当量），反应1h，得到我们需要的3-乙烯基-异喹啉化合物 **5.4a**，**5.4b**，且收率较为理想，如图5-6所示。

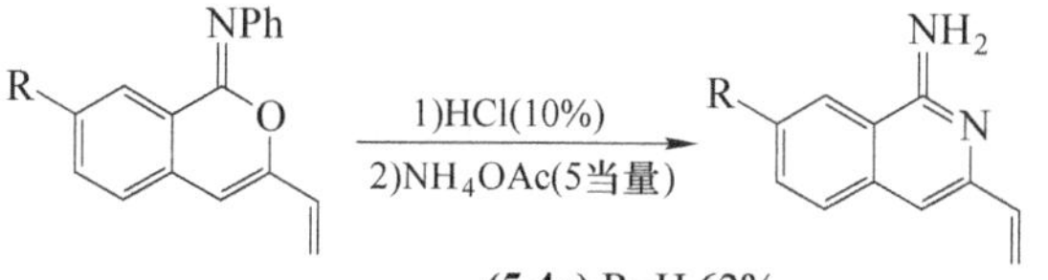

(5.4a),R=H,62%
(5.4b),R=F,66%

图5-6 异喹啉类化合物的合成

5.6　机理研究

为了深入了解该反应的机理，进行了一些控制实验。图5-7（a）所示，为确认铜催化剂的作用，通过使用2，2，6，6-四甲基哌啶(TEMPO）作为添加剂进行了对照反应。发现3-乙烯基-异香豆素-1-亚胺 **5.2c** 的收率从90%下降到88%，基本没有变化，结果证明使用TEMPO试剂对反应基本没有影响，表明铜催化剂是作为路易斯酸的在反应中发挥作用。随后，考察了乙烯基对反应的作用，在最优条件下，进行了2-苯基乙炔基-N-苯基苯甲酰胺在最优条件下的反应，反应结果显示(见图5-7（b）)，产物的收率为49%，正如预测的那样，2-苯基乙炔基-N-苯基苯甲酰胺比2-烯炔基-N-苯基苯甲酰胺收率低很多，从而侧面表明了乙烯基的配位作用。

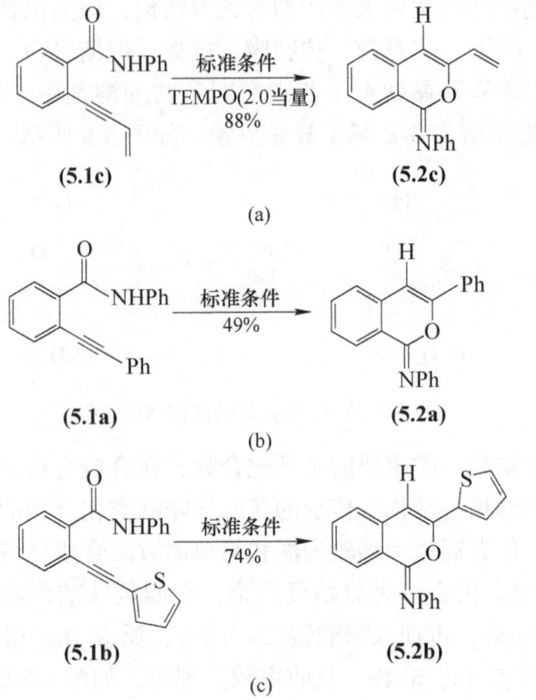

(5.1c) —标准条件, TEMPO(2.0当量), 88%→ (5.2c)

(a)

(5.1a) —标准条件, 49%→ (5.2a)

(b)

(5.1b) —标准条件, 74%→ (5.2b)

(c)

图5-7　机理验证试验

根据上面的实验结果，提出了一个合理的反应机理(见图5-8)。在反应过程中，三氟乙酸铜作为路易斯酸激活三键，然后通过酰胺中的O原子选择性亲核进攻三键外侧形成六元环化产物中间体 **5.5a**，随后中间体 **5.5a** 质子化最终形成异香豆素-1-亚胺 **5.2**。

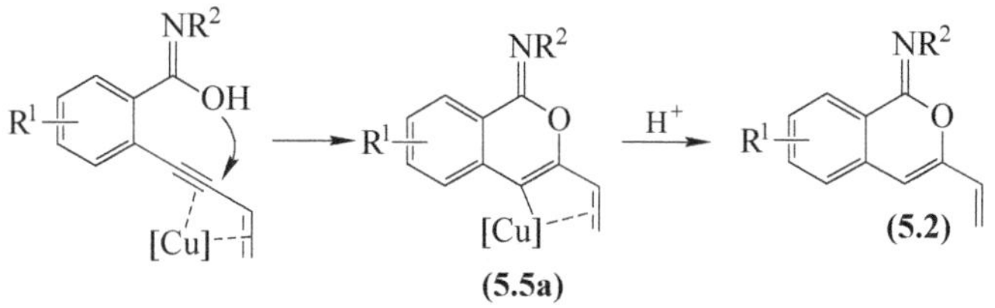

图 5-8 反应机理

5.7 实验部分

5.7.1 实验试剂

试剂：邻碘苯甲酸、氯化亚砜、草酰氯、3-丁炔-1 醇、甲氧基胺盐酸盐、4-甲基苯甲酸、4-氯苯甲酸、4-氟苯甲酸、4-溴苯甲酸、4-甲氧基苯甲酸、苯乙炔、环己胺、松香胺、苯丙氨酸盐酸盐等。

溶剂：四氢呋喃、甲苯、乙腈、甲醇、1，4-二氧六环等。

5.7.2 底物的制备

底物的制备过程主要分为 4 个步骤：

（1）如图 5-9 所示，向 250mL 的圆底烧瓶中加入邻碘苯甲酸固体，加入氯化亚砜作为溶剂，保证溶剂没过固体层即可，接下来在 100℃ 的油浴锅中加热回流，待固体层全部消失后处理反应，采用减压蒸馏的方法除去多余的二氯亚砜，剩余物质则为纯度较高的邻碘苯甲酰氯，用作下一步反应。

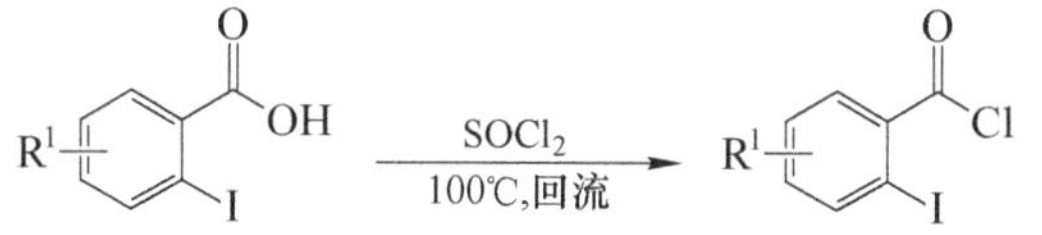

图 5-9 苯甲酰氯制备反应

（2）如图 5-10 所示，取上一步反应完成后得到的邻碘苯甲酰氯(1 当量) 立即用二氯甲烷溶解在 250mL 烧瓶中，迅速冷却至 0℃，然后加入所需胺类化合物(1.2 当量)，最后逐滴滴入三乙胺(3 当量)，在 0℃ 下反应 5min，然后将反应转移至室温下进行，每隔 1h 左右取出反应液与原料进行跟踪对比，在通过 TLC 检测观察到反应物消失后结束反应。后处理：加入水后，用二氯甲烷萃取多次，合并有机相旋干浓缩后通过柱层析分离的方法得到邻碘苯甲酰胺类化合物。

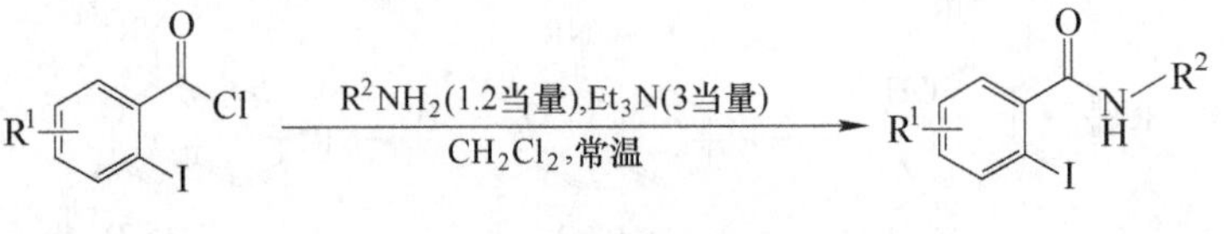

R^2NH_2(1.2当量),Et_3N(3当量)
CH_2Cl_2,常温

图 5-10　苯甲酰胺制备反应

（3）如图 5-11 所示，将上一步所获得的纯邻碘苯甲酰胺类化合物(1 当量)，碘化亚铜(摩尔分数 2%)，双三苯基磷二氯化钯(摩尔分数 3%）加入 250mL 的圆底烧瓶中，通入氮气保护后密封，用针管向烧瓶中注入 3-丁炔-1-醇(1.2 当量)，加入 THF 作为溶剂，三乙胺(3 当量)，在 55℃的条件下搅拌 6h 以上。反应完成后进行后处理：将反应液倒入到装有硅藻土的砂芯漏斗中进行过滤，滤渣用乙酸乙酯洗涤多次，通过漏斗下面滴出的液体点板观测是否有残余产物，合并有机层旋干浓缩后经柱层析分离提纯，得到 2-(4-羟基-丁炔）苯甲酰胺类化合物。

[Cu],[Pd]

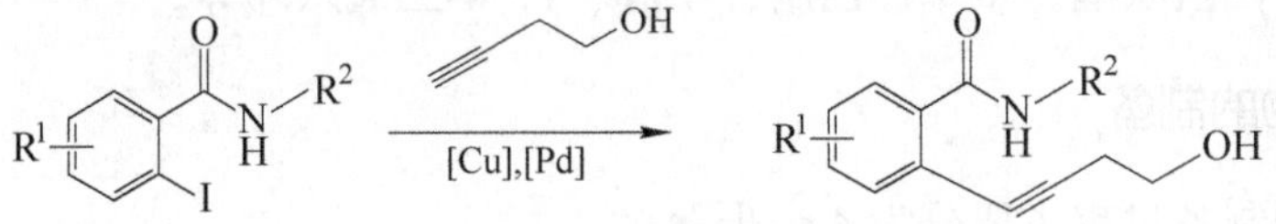

图 5-11　邻碘苯甲酰胺与炔的偶联反应

（4）如图 5-12 所示，将步骤三所得的 2-(4-羟基-丁炔）苯甲酰胺类化合物(1 当量）用 1,2-二氯乙烷溶解在 250mL 烧瓶中，然后加入甲磺酰氯(3 当量)，三乙胺(3 当量)，在油浴锅温度 60℃的条件下进行反应，反应完成后旋干浓缩经过柱层析分离提纯得到最终底物，邻烯炔基苯甲酰胺类化合物。

MsCl(3当量),Et_3N(3当量)
DCE,60℃

图 5-12　邻烯炔基苯甲酰胺类化合物的合成

5.7.3　产物的合成

向 30mL 试管中加入邻烯炔基苯甲酰胺(0.2mmol)，$Cu(TFA)_2$(0.1 当量)，然后加入溶剂 THF(2mL)，在 60℃下搅拌 12h。在通过 TLC 检测观察到反应物消失后结束反应。反应完成后将反应液通过装有硅藻土的砂芯漏斗中进行过滤，滤去金属离子，用旋转蒸发仪旋干溶剂浓缩，通过柱层析(石油醚：乙酸乙酯=20：1)分离纯化得到所需的产物异香豆素-1-亚胺类化合物 5.2(见图 5-13)。

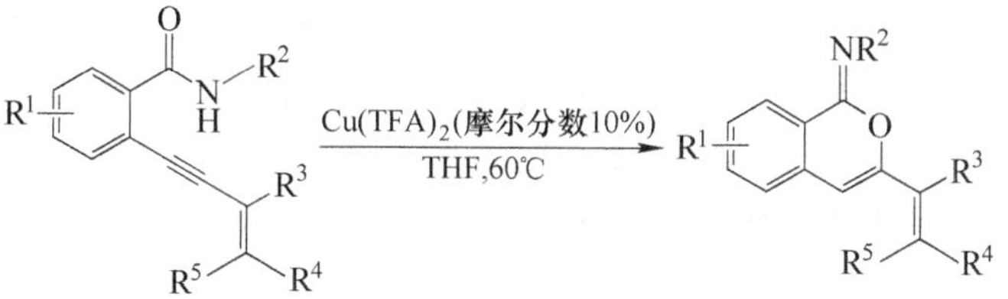

图 5-13 异香豆素类化合物的合成反应

将 3-乙烯基异香豆素-1-亚胺(0.2mmol) 用 THF(2mL) 溶解，加入 10% HCl (2mL)，常温下搅拌 1h，在通过 TLC 检测观察到反应物消失后结束反应，向反应体系中加入水 2mL，用乙酸乙酯萃取，合并有机层，并用无水硫酸钠干燥，用旋转蒸发仪旋干溶剂浓缩，通过柱层析(石油醚：乙酸乙酯=30：1) 分离纯化得到所需的产物(见图 5-14)。

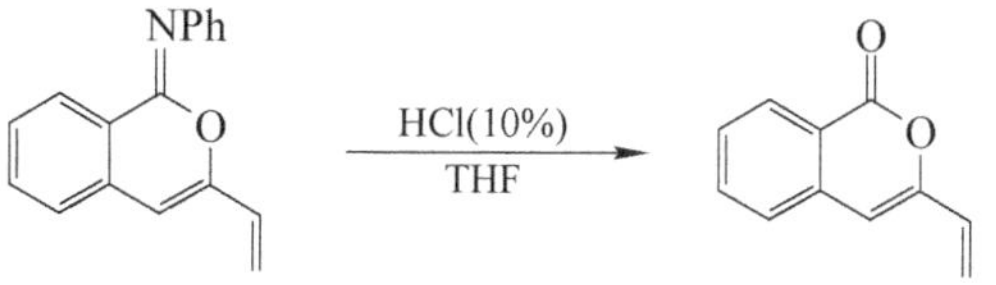

图 5-14 异香豆素亚胺类化合物的水解

将异香豆素-1-亚胺类化合物 **5.2**(0.2mmol) 用 THF(2mL) 溶解，加入 10% HCl(2mL)，醋酸铵(5 当量)，室温下搅拌反应 1h，在通过 TLC 检测观察到反应物消失后结束反应，向反应体系中加入水 2mL，用乙酸乙酯萃取，合并有机层，并用无水硫酸钠干燥，用旋转蒸发仪旋干溶剂浓缩，通过柱层析(石油醚：乙酸乙酯=1：1) 分离纯化得到所需的产物 **5.4**(见图 5-15)。

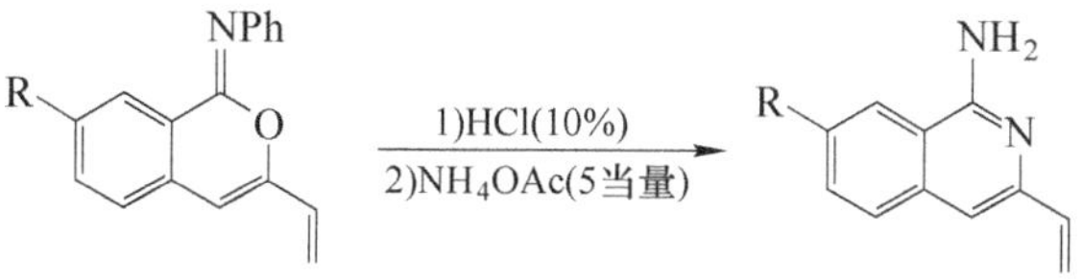

图 5-15 异香豆素亚胺类化合物转变为异喹啉类化合物

5.8　本章小结

（1）发展了一种制备异香豆素-1-亚胺类化合物的方法，用催化量的三氟乙酸铜在 THF 作溶剂，60℃的条件下，催化邻烯炔基苯甲酰胺区域选择性六元环化，得到所需产物。该方法具有较好的区域选择性和底物适用性，反应条件较为温和，合成的 3-烯基-异香豆素-1-亚胺类化合物作为合成中间体具有较大的潜力。

（2）该方法为异香豆素的合成方法做了一个重要的补充。此外，邻烯炔基苯甲酰胺的六元环化理论对邻炔基苯甲酰胺类化合物的环化反应有一定的借鉴作用。

（3）异香豆素-1-亚胺类化合物也是一种重要的合成中间体，可以用来合成另一种异香豆素类化合物以及异喹啉类化合物。合成的三类化合物作为重要的药物中间体，对生物活性研究和药物合成领域将产生一定的帮助。

（4）机理研究表明，该反应是由铜作为路易斯酸激活三键，活化后的三键更易受到酰胺中 O 的亲核进攻从而生成所需要的 3-烯基异香豆素类化合物，其中双键的配位效应对反应有着显著的影响。

5.9　化合物结构表征

(*Z*)-*N*，3-二苯基-1*H*-异苯并吡喃-1-亚胺(5.2a)

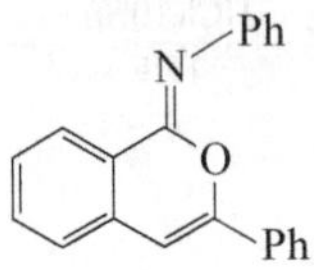

黑色固体，20.8mg，产率：35%；^{1}H NMR（400MHz，$CDCl_3$）δ 8.43（*d*，J= 7.8Hz，1H），7.63~7.51（m，3H），7.47~7.43（m，3H），7.42~7.27（m，6H），7.20（*t*，J=7.3Hz，1H），6.70（s，1H）；^{13}C NMR（101MHz，$CDCl_3$）δ 151.6，149.8，146.8，134.0，132.5，132.3，129.5，128.8，128.2，127.5，125.7，124.7，123.7，122.6，100.9；HRMS（ESI）理论值 $C_{21}H_{16}NO^+$：298.1226（M^++H），实测值：298.1222。

(*Z*)-*N*-苯基-3-(2-噻吩基)-1*H*-异苯并吡喃-1-亚胺(5.2b)

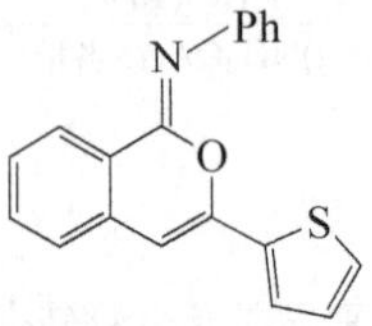

黄色固体，32.7mg，产率：54%；^{1}H NMR（400MHz，$CDCl_3$）8.35（*d*，*J*=7.9Hz，1H），7.47~7.51（m，1H），7.34~7.41（m，3H），7.24~7.28（m，4H），7.19~7.20（m，1H），7.13（*t*，*J* = 7.3 Hz，1H），6.95~6.97（m，1H），6.51（s，1H）；^{13}C NMR（101MHz，$CDCl_3$）δ 149.2，147.7，146.4，136.1，133.8，132.5，128.7，127.9，127.6，126.7，125.4，125.2，123.8，123.5，122.7，100.0；HRMS（ESI）理论值 $C_{19}H_{14}NOS^+$：304.0791（M^++H），实测值：304.0795。

(*Z*)-*N*-苯基-3-乙烯基-1*H*-异苯并吡喃-1-亚胺(5.2c)

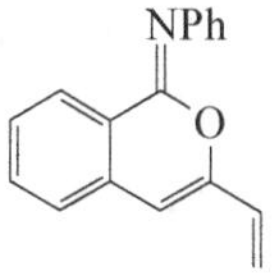

黄色固体，44.5mg，产率：90%；^{1}H NMR（400MHz，$CDCl_3$）δ 8.25（*d*，*J*=7.9Hz，1H），7.38（*t*，*J*=7.5Hz，1H），7.32~7.22（m，3H），7.12~7.15（m，3H），7.04~6.97（m，1H），6.05~6.09（m，1H），5.98（s，1H），5.48（*d*，*J*=17.1Hz，1H），5.10（*d*，*J*=11.0Hz，1H）；^{13}C NMR（101MHz，$CDCl_3$）δ 150.68，149.61，146.78，133.92，132.55，128.97，128.87，128.50，127.78，125.82，124.50，123.85，122.76，117.51，105.39；HRMS（ESI）理论值 $C_{17}H_{14}NO^+$：248.1070（M^++H），实测值：248.1070。

(*Z*)-*N*-苯基-3-(丙-1-烯-2-基)-1*H*-异苯并吡喃-1-亚胺(5.2d)

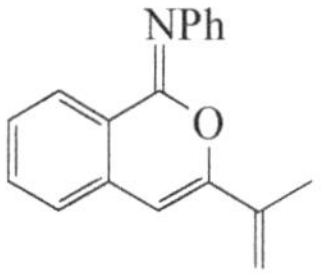

黄色固体，43.3mg，产率：83%；^{1}H NMR（400MHz，$CDCl_3$）δ 8.37（*d*，*J*=7.9Hz，1H），7.47~7.51（m，1H），7.44~7.33（m，3H），7.27（*d*，*J*=7.9Hz，1H），7.24~7.16（m，2H），7.11（*t*，*J*=7.3Hz，1H），6.25（s，1H），5.44（s，1H），5.05（s，1H），1.97（s，3H）；^{13}C NMR（101MHz，$CDCl_3$）δ 152.0，149.7，146.8，134.5，133.8，132.4，128.7，128.2，127.4，125.8，124.0，123.5，122.4，115.9，102.1，18.7；HRMS（ESI）理论值 $C_{18}H_{16}NO^+$：262.1226（M^++H），实测值：262.1200。

(*Z*)-*N*-苯基-3-丙烯基-1*H*-异苯并吡喃-1-亚胺（5.2e）

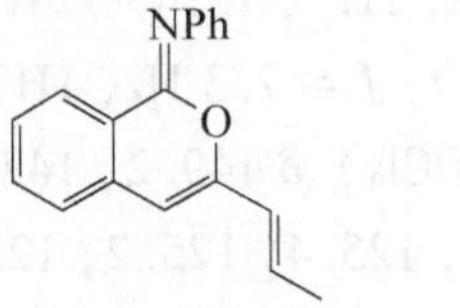

褐色液体，42.8mg(Z∶E=3∶1)，产率：82%；^{1}H NMR(400MHz，$CDCl_3$) δ 8.36(*d*，*J*=7.9Hz，1H)，7.53～7.44(m，1H)，7.41(*d*，*J*=8.2Hz，1H)，7.38(*d*，*J*=4.3Hz，1H)，7.34(*d*，*J*=7.7Hz，1H)，7.31～7.27(m，1H)，7.22～7.11(m，2H)，7.06～7.09(m，1H)，6.17～6.03(m，1H)，5.96(s，1H)，5.88～5.96(m，1H)，1.77～1.79(m，3H)；^{13}C NMR(101MHz，$CDCl_3$) δ 150.8，149.7，146.7，134.2，132.3，131.9，129.9，128.7，127.9，127.5，125.3，123.6，122.6，121.9，103.0，18.4；HRMS(ESI) 理论值 $C_{18}H_{16}NO^+$：262.1226(M^++H)，实测值：262.1264。

(*Z*)-*N*-苯基-3-环己烯基-1*H*-异苯并吡喃-1-亚胺（5.2f）

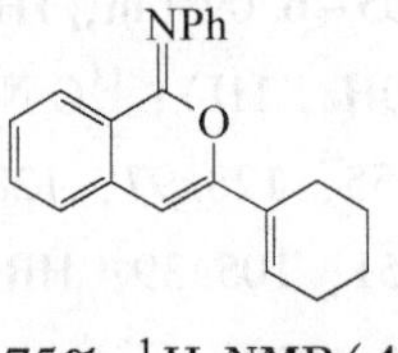

黄色固体，45.2mg，产率：75%；^{1}H NMR(400MHz，$CDCl_3$) δ 8.33(*d*，*J*=7.9Hz，1H)，7.48(*t*，*J*=7.5Hz，1H)，7.43～7.30(m，3H)，7.20～7.26(m，3H)，7.10(*t*，*J*=7.3Hz，1H)，6.26(s，1H)，6.12(s，1H)，2.26～2.02(m，4H)，1.64～1.71(m，4H)；^{13}C NMR(101MHz，$CDCl_3$) δ 152.5，150.0，146.9，134.3，132.2，128.6，128.6，128.5，127.6，127.4，125.5，123.7，123.4，122.4，99.4，25.7，24.0，22.3，21.8；HRMS(ESI) 理论值 $C_{21}H_{20}NO^+$：302.1539(M^++H)，实测值：302.1547。

(*Z*)-*N*-苯基-7-甲基-3-乙烯基-1*H*-异苯并吡喃-1-亚胺（5.2g）

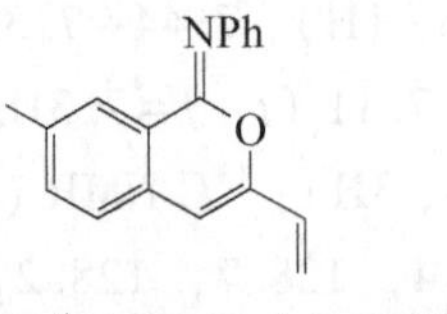

黄色固体，46mg，产率：88%；^{1}H NMR(400MHz，$CDCl_3$) δ 8.20(s，1H)，7.45～7.29(m，3H)，7.25(*d*，*J*=7.6Hz，2H)，7.09～7.15(m，2H)，6.14～6.21(m，1H)，6.10(s，1H)，5.56(*d*，*J*=17.1Hz，1H)，5.20(*d*，*J*=11.0Hz，

1H)，2.45(s，3H)；^{13}C NMR(101MHz，$CDCl_3$)δ 148.8，145.6，137.6，132.5，130.2，127.7，126.5，124.6，123.0，122.6，121.5，115.7，104.2，20.5；HRMS(ESI) 理论值 $C_{18}H_{16}NO^+$：262.1226(M^++H)，实测值：262.1248。

(*Z*)-*N*-苯基-3-乙烯基-7-氟-1*H*-异苯并吡喃-1-亚胺（5.2h）

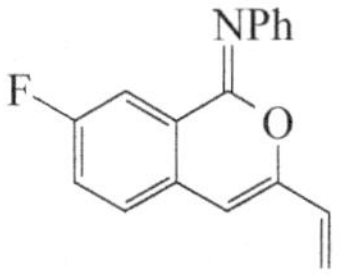

黄色固体，44mg，产率：83%；^{1}H NMR(400MHz，$CDCl_3$)δ 8.02(*d*，*J*=9.2Hz，1H)，7.43～7.32(m，2H)，7.28～7.21(m，2H)，7.18～7.25(m，2H)，7.09～7.13(m，1H)，6.13～6.20(m，1H)，6.05(s，1H)，5.58(*d*，*J*=17.1Hz，1H)，5.21(*d*，*J*=11.0Hz，1H)；^{13}C NMR(101MHz，$CDCl_3$)δ 162.2(*d*，*J*=248.4Hz)，149.9(*d*，*J*=2.9Hz)，148.5(s)，146.0(s)，130.1(*d*，*J*=2.7Hz)，128.7(s)，128.6(s)，127.6(*d*，*J*=7.9Hz)，126.2(*d*，*J*=8.6Hz)，124.0(s)，122.6(s)，120.3(*d*，*J*=23.1Hz)，117.3(s)，113.7(*d*，*J*=24.2Hz)，104.3(*d*，*J*=1.5Hz)；HRMS(ESI) 理论值 $C_{17}H_{13}FNO^+$：266.0976(M^++H)，实测值：266.0978。

(*Z*)-*N*-苯基-3-乙烯基-7-氯-1*H*-异苯并吡喃-1-亚胺（5.2i）

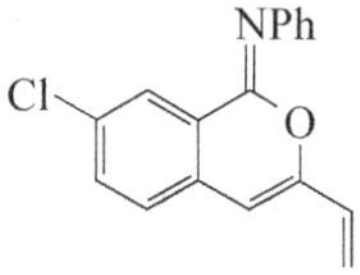

黄色固体，38.5mg，产率：71%；^{1}H NMR(400MHz，$CDCl_3$)δ 8.31(*d*，*J*=1.8Hz，1H)，7.47～7.29(m，3H)，7.23(*d*，*J*=7.4Hz，2H)，7.09～7.13(m，2H)，6.12～6.19(m，1H)，6.02(s，1H)，5.59(*d*，*J*=17.1Hz，1H)，5.22(*d*，*J*=11.0Hz，1H)；^{13}C NMR(101MHz，$CDCl_3$)δ 150.7，148.1，145.9，134.0，132.5，132.1，128.6，127.3，126.9，125.6，124.0，122.6，117.8，104.3；HRMS(ESI) 理论值 $C_{17}H_{13}ClNO^+$：282.0680(M^++H)，实测值：282.0662。

(*Z*)-*N*-苯基-3-乙烯基-7-溴-1*H*-异苯并吡喃-1-亚胺（5.2j）

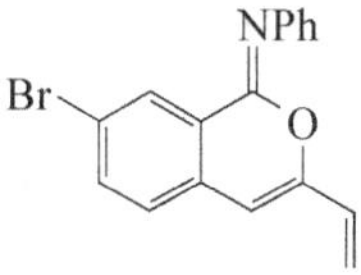

黄色固体，33.8mg，产率：52%；^{1}H NMR(400MHz，$CDCl_3$)δ 8.48(*d*，*J*=1.4Hz，1H)，7.56~7.58(m，1H)，7.36(*t*，*J*=7.8Hz，2H)，7.23(*d*，*J*=7.5Hz，2H)，7.17~7.00(m，2H)，6.13~6.20(m，1H)，6.03(s，1H)，5.60(*d*，*J*=17.1Hz，1H)，5.24(*d*，*J*=10.9Hz，1H)；^{13}C NMR(101MHz，$CDCl_3$)δ150.8，147.9，145.9，135.4，132.5，130.2，128.6，127.0，125.8，124.0，122.5，121.9，117.9，104.4；HRMS(ESI) 理论值 $C_{17}H_{13}BrNO^+$：326.0175(M^++H)，实测值：326.0191。

(*Z*)-*N*-苯基-3-乙烯基-7-氟-1*H*-苯并［g］异色烯-1-亚胺（5.2k）

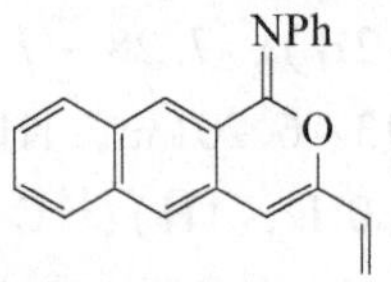

黄色固体，46.4mg，产率：78%；^{1}H NMR(400MHz，$CDCl_3$)δ 8.41(*d*，*J*=8.7Hz，1H)，8.28~8.10(m，1H)，7.92~7.85(m，1H)，7.82(*d*，*J*=8.7Hz，1H)，7.68~7.54(m，2H)，7.40(*t*，*J*=7.7Hz，2H)，7.31(*d*，*J*=7.4Hz，2H)，7.14(*t*，*J*=7.3Hz，1H)，6.84(s，1H)，6.31~6.38(m，1H)，5.70(*d*，*J*=17.0Hz，1H)，5.30(*d*，*J*=10.9Hz，1H)；^{13}C NMR(101MHz，$CDCl_3$)δ151.6，150.2，146.6，135.0，131.6，129.0，128.8，128.7，128.5，128.1，127.9，127.0，123.7，123.3，122.6 121.6，117.8，100.9；HRMS(ESI) 理论值 $C_{21}H_{16}NO^+$：298.1226(M^++H)，实测值：298.1228。

(*Z*)-*N*-(4-甲苯基)-3-乙烯基-1*H*-异苯并吡喃-1-亚胺（5.2l）

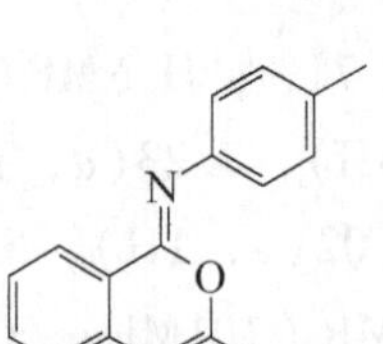

褐色液体，43.3mg，产率：83%；^{1}H NMR(400MHz，$CDCl_3$)δ 8.35(*t*，*J*=9.3Hz，1H)，7.47~7.51(m，1H)，7.38(*t*，*J*=7.4Hz，2H)，7.24~7.15(m，4H)，6.18~6.25(m，1H)，6.10(s，1H)，5.67(*d*，*J*=17.1Hz，1H)，5.25(*d*，*J*=11.0Hz，1H)，2.37(s，3H)；^{13}C NMR(101MHz，$CDCl_3$)δ 150.5，149.2，143.6，133.6，133.2 132.2，129.2，128.8，128.3，127.5，125.6，124.4，122.7，117.3，105.2，21.1；HRMS(ESI) 理论值 $C_{18}H_{16}NO^+$：

262.1226(M^{+}+H)，实测值：262.1268。

(*Z*)-*N*-(4-氟苯基)-3-乙烯基-1*H*-异苯并吡喃-1-亚胺 (5.2m)

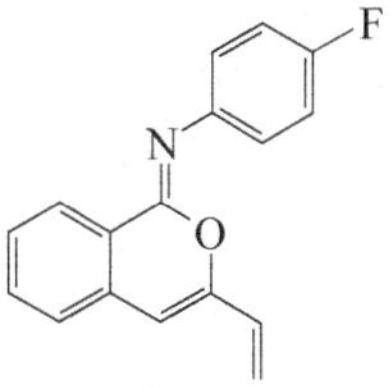

黄色固体，44.5mg，产率：84%；^{1}H NMR(400MHz，$CDCl_3$)δ 8.33(*d*，*J*=7.9Hz，1H)，7.47~7.51(m，1H)，7.36~7.40(m，1H)，7.32~7.14(m，3H)，7.13~6.98(m，2H)，6.17~6.24(m，1H)，6.09(s，1H)，5.60(*d*，*J*=17.1Hz，1H)，5.24(*d*，*J*=11.0Hz，1H)；^{13}C NMR(101MHz，$CDCl_3$)δ 159.4(*d*，*J*=241.8Hz)，150.4(s)，149.6(s)，142.5(*d*，*J*=2.9Hz)，133.6(s)，132.4(s)，128.8(s)，128.3(s)，127.5(s)，125.7(s)，124.1(*t*，*J*=8.6Hz)，117.2(s)，115.4(s)，115.2(s)，105.7(s)；HRMS(ESI) 理论值 $C_{17}H_{13}FNO^{+}$：266.0976(M^{+}+H)，实测值：266.0980。

(*Z*)-*N*-(4-氯苯基)-3-乙烯基-1*H*-异苯并吡喃-1-亚胺 (5.2n)

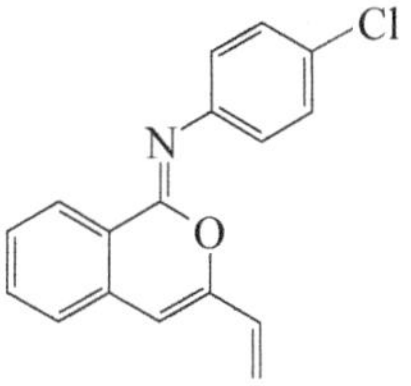

黄色固体，44.96mg，产率：80%；^{1}H NMR(400MHz，$CDCl_3$)δ 8.31(*d*，*J*=7.9Hz，1H)，7.48~7.52(m，1H)，7.42~7.34(m，1H)，7.35~7.26(m，2H)，7.26~7.12(m，3H)，6.16~6，23(m，1H)，6.10(s，1H)，5.58(*d*，*J*=17.1Hz，1H)，5.23(*d*，*J*=11.0Hz，1H)；^{13}C NMR(101MHz，$CDCl_3$)δ150.4，149.9，145.1，133.7，132.5，128.7，128.4，127.6，125.7，124.0，117.3，105.4；HRMS(ESI) 理论值 $C_{17}H_{13}ClNO^{+}$：282.0680(M^{+}+H)，实测值：282.0668。

(*Z*)-*N*-(2-吡啶基)-3-乙烯基-1*H*-异苯并吡喃-1-亚胺 (5.2o)

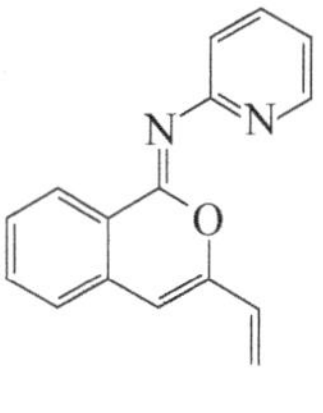

褐色液体，36.7mg，产率：74%；^{1}H NMR(400MHz，$CDCl_3$)δ 8.54(s，1H)，8.34(*d*，*J*=6.2Hz，2H)，7.52~7.57(m，2H)，7.41(*t*，*J*=7.6Hz，1H)，7.25~7.30(m，2H)，6.32~6.07(m，2H)，5.55(*d*，*J*=17.2Hz，1H)，5.24(*d*，*J*=11.0Hz，1H)；^{13}C NMR(101MHz，$CDCl_3$)δ 150.9，150.3，144.6，142.9，133.8，132.8，129.8，128.5，127.7，125.7，123.7，123.4，117.5，105.5；HRMS(ESI) 理论值 $C_{16}H_{13}N_2O^+$：249.1022(M^++H)，实测值：249.1042。

(*Z*)-*N*-苄基-3-乙烯基-1*H*-异苯并吡喃-1-亚胺 (5.2p)

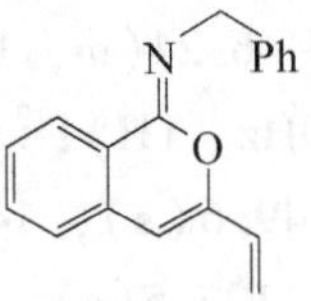

褐色液体，37.6mg，产率：72%；^{1}H NMR(400MHz，$CDCl_3$)δ 8.30(*d*，*J*=7.8Hz，1H)，7.51(*d*，*J*=7.8Hz，2H)，7.45(*t*，*J*=7.5Hz，1H)，7.33~7.38(m，3H)，7.26(*t*，*J*=7.1Hz，1H)，7.20(*d*，*J*=7.7Hz，1H)，6.28~6.34(m，1H)，6.09(s，1H)，5.92(*d*，*J*=17.1Hz，1H)，5.39(*d*，*J*=10.9Hz，1H)，4.81(s，2H)；^{13}C NMR(101MHz，$CDCl_3$)δ 150.38，150.33，140.93，132.85，131.72，129.44，128.32，128.09，127.68，126.99，126.45，125.46，124.55，116.58，105.20，49.80；HRMS(ESI) 理论值 $C_{18}H_{16}NO^+$：262.1226(M^++H)，实测值：262.1232。

(*Z*)-*N*-乙基-3-乙烯基-1*H*-异苯并吡喃-1-亚胺 (5.2q)

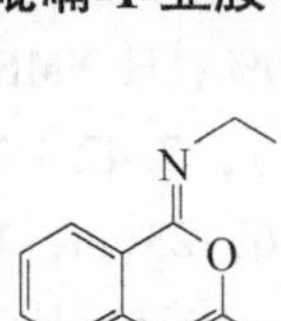

黄色液体，28.7mg，产率：72%；^{1}H NMR(400MHz，$CDCl_3$)δ 8.06(*d*，*J*=7.6Hz，1H)，7.30(*t*，*J*=7.3Hz，1H)，7.19(*t*，*J*=7.3Hz，1H)，7.05(*d*，*J*=7.3Hz，1H)，6.30~6.07(m，1H)，5.91(s，1H)，5.78(*d*，*J*=17.1Hz，1H)，5.25(*d*，*J*=10.8Hz，1H)，3.48~3.53(m，2H)，1.23(*t*，*J*=7.0Hz，3H)；^{13}C NMR(101MHz，$CDCl_3$)δ150.3，149.5，132.7，131.3，129.4，127.9，126.5，125.3，124.6，116.2，104.8，40.6，15.5；HRMS(ESI) 理论值 $C_{13}H_{14}NO^+$：200.1070(M^++H)，实测值：200.1098。

(Z)-N-环己基-3-乙烯基-1H-异苯并吡喃-1-亚胺 (5.2r)

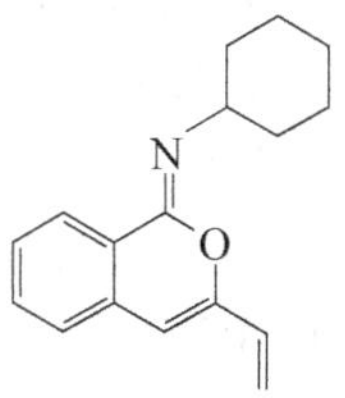

褐色液体，25.3mg，产率：78%；^{1}H NMR(400MHz，$CDCl_3$)δ 8.09(*d*，*J*=7.8Hz，1H)，7.30~7.34(m，1H)，7.24~7.18(m，1H)，7.07(*d*，*J*=7.6Hz，1H)，6.17~6.24(m，1H)，5.94(s，1H)，5.82~5.70(m，1H)，5.27(*d*，*J*=11.2Hz，1H)，3.86~3.71(m，1H)，1.86~1.70(m，4H)，1.44~1.19(m，6H)；^{13}C NMR(101MHz，$CDCl_3$)δ 150.4，132.9，131.3，129.6，127.9，126.8，125.3，124.9，116.1，104.8，54.6，33.5，26.0，25.2；HRMS(ESI) 理论值 $C_{17}H_{20}NO^+$：254.1539(M^++H)，实测值：254.1537。

(Z)-N，3-二乙烯基-1H-异苯并吡喃-1-亚胺 (5.2s)

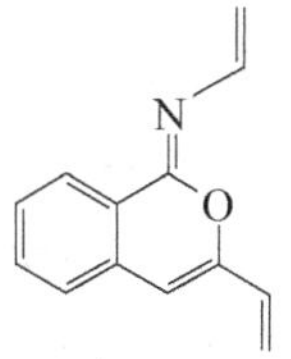

黄色液体，33.8mg，产率：80%；^{1}H NMR(400MHz，$CDCl_3$)δ 8.22(*d*，*J*=7.9Hz，1H)，7.43(*t*，*J*=7.5Hz，1H)，7.31(*t*，*J*=7.6Hz，1H)，7.17(*d*，*J*=7.7Hz，1H)，6.35~6.21(m，1H)，6.20~6.07(m，1H)，6.05(s，1H)，5.95~5.80(m，1H)，5.34~5.39(m，2H)，5.13~5.17 (m，1H)，4.21(*d*，*J*=5.6Hz，2H)；^{13}C NMR (101MHz，$CDCl_3$) δ 150.3，136.4，132.8，131.7，129.4，128.0，126.8，125.4，124.5，116.5，115.0，105.1，48.9；HRMS (ESI) 理论值 $C_{14}H_{14}NO^+$：212.1070(M^++H)，实测值：212.1076。

(Z)-N-(2-环己烯基) 乙基-3-乙烯基-1H-异苯并吡喃-1-亚胺 (5.2t)

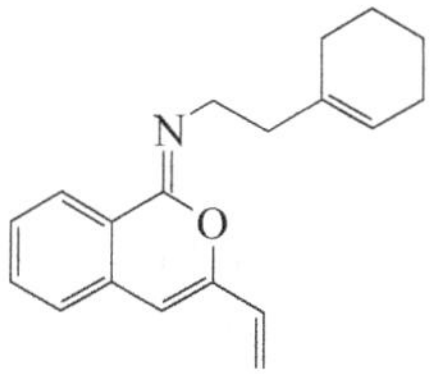

褐色液体，51.37mg，产率：92%；^{1}H NMR(400MHz，$CDCl_3$)δ 8.16(*d*，*J*=7.9Hz，1H)，7.40~7.44(m，1H)，7.34~7.27(m，1H)，7.17(*d*，*J*=7.6Hz，

1H)，6.25~6.32(m，1H)，6.04(s，1H)，5.90(*d*，*J*=17.1Hz，1H)，5.52(s，1H)，5.37(*d*，*J*=11.0Hz，1H)，3.62~3.66(m，2H)，2.34(*t*，*J*=7.7Hz，2H)，1.99~2.05(m，4H)，1.70~1.48(m，4H)；^{13}C NMR(101MHz，$CDCl_3$)δ 150.4，149.7，136.5，132.8，131.5，129.5，128.0，126.7，125.4，124.7，121.9，116.4，105.0，45.6，38.9，28.7，25.3，23.1，22.5；HRMS(ESI) 理论值$C_{19}H_{22}NO^+$:280.1696(M^++H)，实测值：280.1686。

(*Z*)-3-苯基-2-(N-(3-乙烯基-1*H*-异苯并吡喃-1-亚甲基) 氨基) 丙酸甲酯 (5.2u)

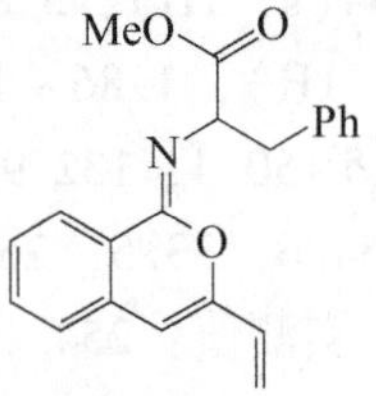

褐色液体，54.6mg，产率：82%；^{1}H NMR(400MHz，$CDCl_3$)δ 8.30(*d*，*J*=7.7Hz，1H)，7.43~7.47(m，1H)，7.32~7.35(m，3H)，7.30~7.23(m，2H)，7.23~7.13(m，2H)，6.17~6.24(m，1H)，6.03(s，1H)，5.81(*d*，*J*=17.1Hz，1H)，5.33(*d*，*J*=11.0Hz，1H)，4.77~4.80(m，1H)，3.67(s，3H)，3.19~3.31(m，2H)；^{13}C NMR(101MHz，$CDCl_3$)δ 173.4，151.7，150.2，138.4，132.9，132.1，129.5，129.0，128.2，127.4，126.4，125.4，124.0，116.8，105.3，60.8，51.9，40.4；HRMS(ESI) 理论值 $C_{21}H_{20}NO_3^+$：334.1438(M^++H)，实测值：334.1448。

(*Z*)-2-(*N*-(3-乙烯基-1*H*-异苯并吡喃-1-亚甲基) 氨基) 丙酸甲酯 (5.2v)

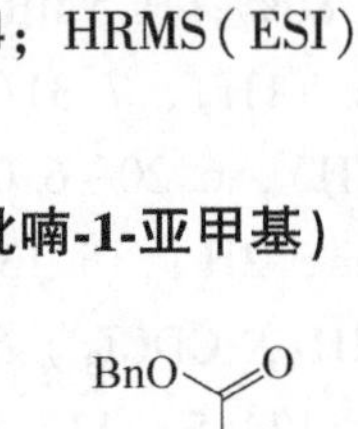

褐色液体，56.6g，产率：85%；^{1}H NMR(400MHz，$CDCl_3$)δ 8.29(*d*，*J*=7.9Hz，1H)，7.51~7.42(m，1H)，7.41~7.29(m，5H)，7.29~7.12(m，2H)，6.19~6.26(m，1H)，6.07(s，1H)，5.78(*d*，*J*=17.2Hz，1H)，5.21~5.30(m，2H)，5.15(*d*，*J*=12.4Hz，1H)，4.73(*q*，*J*=7.0Hz，1H)，1.60(*d*，*J*=7.0Hz，3H)；^{13}C NMR(101MHz，$CDCl_3$)δ 173.9，151.4，150.3，136.0，132.9，132.1，129.0，128.5，128.1，127.3，125.5，124.0，116.8，105.4，

66.4, 54.4, 19.1; HRMS(ESI) 理论值 $C_{21}H_{20}NO_3^+$: 334.1438(M^++H), 实测值: 334.1430。

(*E*)-*N*-((7-异丙基-1,4*a*-二甲基-1,2,3,4,4*a*,9,10,10*a*-八氢菲蒽-1-基) 甲基)-3-乙烯基-1*H*-异苯并吡喃-1*H*-亚胺 (5.2w)

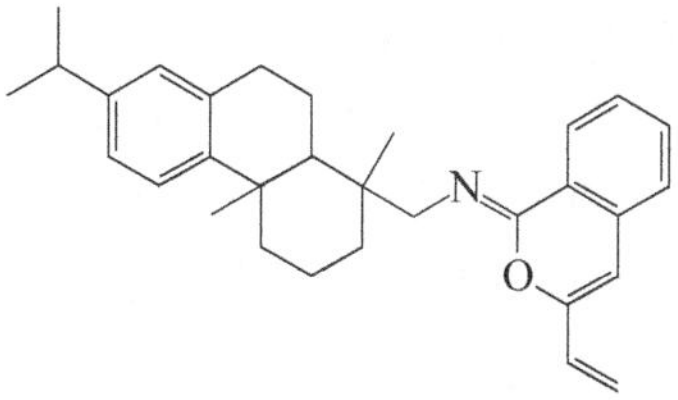

褐色液体, 71.2mg, 产率: 81%; ^{1}H NMR(400MHz, $CDCl_3$)δ 8.19(*d*, *J*=7.6Hz, 1H), 7.42(*t*, *J*=7.0Hz, 1H), 7.35~7.21(m, 2H), 7.17(*d*, *J*=7.5Hz, 1H), 7.06(*d*, *J*=7.5Hz, 1H), 6.93(s, 1H), 6.43~6.24(m, 1H), 6.04(s, 1H), 5.94(*d*, *J*=17.1Hz, 1H), 5.41(*d*, *J*=10.8Hz, 1H), 3.61(*d*, *J*=14.6Hz, 1H), 3.24(*d*, *J*=14.6Hz, 1H), 2.87(*d*, *J*=7.0Hz, 3H), 2.34(*d*, *J*=12.1Hz, 1H), 2.06~1.85(m, 2H), 1.85~1.65(m, 3H), 1.52(*d*, *J*=9.1Hz, 2H), 1.41~1.14(m, 9H), 1.09~1.04(m, 4H); ^{13}C NMR(101MHz, $CDCl_3$)δ 150.5, 148.5, 147.9, 145.2, 135.3, 132.7, 131.3, 129.8, 128.0, 127.0, 125.2, 124.5, 123.8, 116.3, 104.9, 57.0, 45.2, 38.6, 37.7, 36.5, 33.5, 30.8, 25.7, 24.1, 24.1, 19.8, 19.1; HRMS(ESI) 理论值 $C_{31}H_{38}NO^+$: 440.2948(M^++H), 实测值: 440.2942。

(*E*)-1-(二苯基亚甲基)-2-(3-苯基-1*H*-异苯并吡喃-1-亚甲基) 肼 (5.2x)

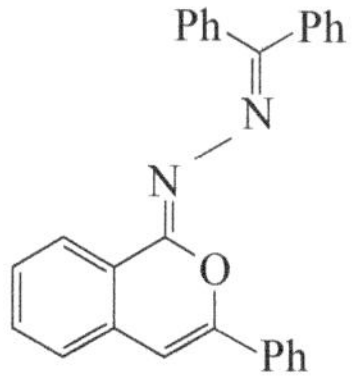

褐色固体, 40.8mg, 产率: 51%; ^{1}H NMR(400MHz, $CDCl_3$)δ 7.96(*d*, *J*=7.8Hz, 1H), 7.92(*d*, *J*=7.9Hz, 2H), 7.87~7.89 (m, 2H), 7.53~7.37(m, 12H), 7.27(*d*, *J*=9.5Hz, 2H), 6.70(s, 1H); ^{13}C NMR(101MHz, $CDCl_3$) δ 162.1, 151.7, 150.1, 138.8, 135.8, 132.9, 132.5, 131.7, 129.7, 129.6, 129.5, 128.8, 128.7, 128.6, 128.2, 128.0, 127.8, 126.2, 125.5, 124.9, 122.8, 101.0; HRMS(ESI) 理论值 $C_{28}H_{21}N_2O^+$: 401.1648(M^++H), 实测值: 401.1648。

3-乙烯基-1*H*-异并吡喃-1-酮（5.3）

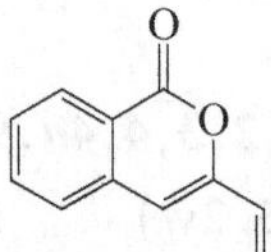

黄色固体，30.3mg，产率：88%；^{1}H NMR(400MHz，$CDCl_3$)δ 8.24～8.27(m，1H)，7.65～7.69(m，1H)，7.54～7.42(m，1H)，7.39(*d*，*J*＝7.8Hz，1H)，6.42～6.24(m，2H)，6.09(*d*，*J*＝17.2Hz，1H)，5.46(*d*，*J*＝11.0Hz，1H)；^{13}C NMR(101MHz，$CDCl_3$)δ162.0，152.1，137.2，134.8，129.7，128.5 128.3，125.9，121.1，118.7，105.6；HRMS(ESI) 理论值 $C_{11}H_9O_2^+$：173.0597(M$^+$+H)，实测值：173.0577。

1-氨基-3-乙烯基异喹啉（5.4a）

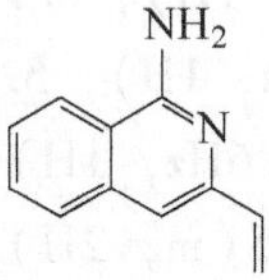

褐色固体，21.1mg，产率：62%；^{1}H NMR(400MHz，$CDCl_3$)δ 7.79(*d*，*J*＝8.3Hz，1H)，7.67(*d*，*J*＝8.2Hz，1H)，7.59(*t*，*J*＝7.5Hz，1H)，7.44(*t*，*J*＝7.6Hz，1H)，6.97(s，1H)，6.71～6.78(m，1H)，6.28(*d*，*J*＝17.1Hz，1H)，5.40(*d*，*J*＝10.7Hz，3H)；^{13}C NMR(101MHz，$CDCl_3$)δ 155.81，145.57～145.37(m)，137.8，135.5，130.9，127.4，126.3，123.1，117.7，117.1，110.9；HRMS(ESI) 理论值 $C_{11}H_{11}N_2^+$：171.0917(M$^+$+H)，实测值：171.0929。

1-氨基-3-乙烯基-7-氟异喹啉（5.4b）

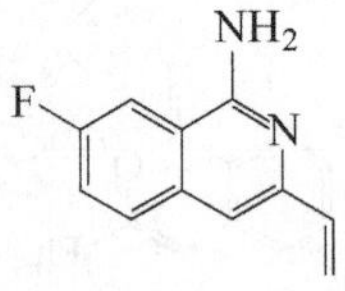

褐色固体，24.8mg，产率：66%；^{1}H NMR(400MHz，$CDCl_3$)δ 7.74～7.62(m，1H)，7.34～7.41(m，2H)，6.97(s，1H)，6.70～6.77(m，1H)，6.27(*d*，*J*＝17.2Hz，1H)，5.39(*d*，*J*＝10.5Hz，1H)，5.20(s，2H)；^{13}C NMR(101MHz，$CDCl_3$)δ 160.4(*d*，*J*＝247.8Hz)，155.2(s)，135.9(s)，134.8(s)，129.8(*d*，*J*＝8.3Hz)，120.5(*d*，*J*＝24.4Hz)，118.1(*d*，*J*＝7.7Hz)，118.2～114.9(m)，110.9(s)，107.4(*d*，*J*＝21.7Hz)，105.0(s)；HRMS(ESI) 理论值 $C_{11}H_{10}FN_2^+$：189.0823(M$^+$+H)，实测值：189.0825。

参 考 文 献

[1] 刘飞，姜藻，顾晓怡，等．3，4-二氯异香豆素对胃癌细胞 Smad1 和 PTEN 基因的影响 [J]．东南大学学报（医学版），2008，027（3）：184~187.

[2] 凌惠平，陈晓晴，谢胜男，等．来源湛江红树内生真菌的二氢异香豆素及其抑菌活性 [J]．应用化学，2018，35（6）：708~713.

[3] Li Dengyuan，Shi Keji，Mao Xiaofeng，et al. ChemInform abstract：Selective cyclization of alkynols and alkynylamines catalyzed by potassium tert-butoxide [J]. Tetrahedron，2015，46（8）：7022~7031.

[4] Deady L W，Quazi N H. Acetylation of α-cyano-o-tolunitrile：A reinvestigation and convenient synthesis of isoquinolines [J]. Synthetic Communications，1995，25（3）：309~320.

[5] Liu Guannan，Zhou Yu，Ye Deju，et al. Silver-catalyzed intramolecular cyclization of *o*-（1Alkynyl）benzamides：Efficient Synthesis of（1H）-isochromen-1-imines [J]. Advanced Synthesis & Catalysis，2009，351（16）：2605~2610.

[6] Bian Ming，Yao Weijun，Ding Hanfeng，et al. Highly efficient access to iminoisocoumarins and α-iminopyrones via AgOTf-catalyzed intramolecular enyne-amide cyclization [J]. The Journal of Organic chemistry，2009，75（1）：269~272.

[7] Ding D，Mou T，Xue J，et al. Access to divergent benzo-heterocycles via a catalyst-dependent strategy in the controllable cyclization of o-alkynyl-N-methoxyl-benzamides [J]. Chemical Communications，2017，53（38）：5279~5282.

[8] Wang Y H，Ouyang B，Qiu G，et al. Oxidative oxy-cyclization of 2-alkynylbenzamide enabled by TBAB/Oxone：switchable synthesis of isocoumarin-1-imines and isobenzofuran-1-imine [J]. Org Biomol Chem，2019，17（17）：4335~4341.

6　铈催化邻炔基苯甲酰胺合成 3-羟基异喹啉-1,4-二酮类化合物

6.1　研究背景

以 N 为中心的自由基化学反应是一个历史悠久但仍充满挑战的领域。通过以 N 为中心的自由基化学反应，可以得到许多天然产物和有用的目标产物。众所周知，以 N 原子为中心的游离自由基化合物相对难以反应，因此无法直接用于合成反应。目前，在普遍存在的含氮化合物中已经发现了几种隐性的以 N 为中心的自由基化合物，主要包括酰胺 N-中心自由基，亚胺 N-中心自由基和叠氮化物自由基等。近几年，课题组一直对以 N 为中心的自由基反应特别有兴趣，以期合成特别的结构单元。

异喹啉酮类化合物是一类存在于自然界中的重要杂环化合物，是一类非常重要的生物碱类化合物，比较普遍地存在于天然产物和药物分子中，其衍生物具有广泛的生物活性和独特的药理活性等特点，如舒张血管、降血糖、消炎、抗菌、抗病毒、抗肿瘤、抗真菌等。

这些化合物及其重要的生物和药理活性吸引了大量的有机工作者的兴趣，科研工作者也发展了许多的合成该类化合物的方法。根据前人的研究以及课题组之前的工作，开始了对异喹啉酮类化合物合成方法学的研究工作。

2015 年，Zhao 等人[1]首次报道了通过高价碘试剂介导（见图 6-1），以邻炔基-N-甲氧基苯甲酰胺为原料，在乙腈：水 = 1 : 1 的溶剂中室温下反应 2h 合成 3-羟基异喹啉-1,4-二酮类化合物的方法，同时还观察到五元氮环化产物的出现，并猜测出现这种现象可能是由于 R^3 基团的推电子效应产生的结果。

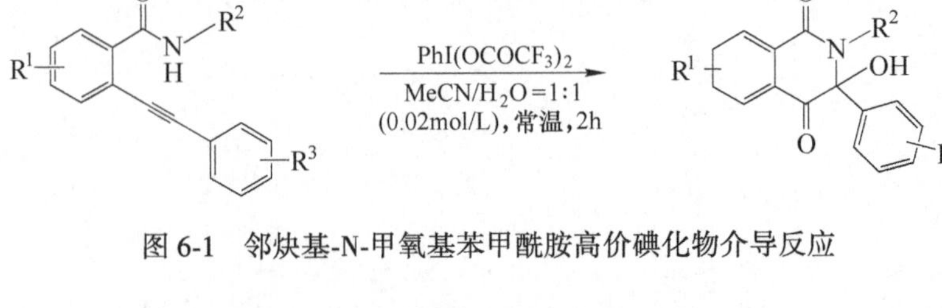

$PhI(OCOCF_3)_2$
$MeCN/H_2O = 1:1$
(0.02mol/L)，常温，2h

图 6-1　邻炔基-N-甲氧基苯甲酰胺高价碘化物介导反应

由此，作者做了一系列机理验证探索实验，并提出了如图 6-2 所示的两种可

能存在的机理过程：（1）路径 *a* 中，N-甲氧基酰胺部分作为亲核试剂与 PIFA（高价碘化物）发生反应，生成中间产物 **6. 2a′**，同时失去一个三氟乙酸分子，然后中间体 **6. 2a′**发生分子内环化，产生阳离子中间体 **6. 2b′**，同时也释放一个碘苯分子和一个三氟乙酸根阴离子。（2）路径 *b* 中三键被 PIFA 激活形成亲电中间体 **6. 2c′**，N-甲氧基酰胺作为亲核试剂与中间体 **6. 2c′**反应生成中间体 **6. 2d′**，接着中间体 **6. 2d′**消除一个碘苯分子和三氟乙酸根阴离子后形成阳离子中间体 **6. 2b′**，接下来中间体 **6. 2b′**捕获一个水分子生成了中间体 **6. 2e′**，中间体 **6. 2e′**进一步被 PIFA 氧化成中间体 **6. 2f′**，紧接着中间体 **6. 2f′**释放一个碘苯分子和三氟乙酸根阴离子后，转化为亚胺盐中间体 **6. 2g′**，接下来水亲核进攻中间体 **6. 2g′**后去质子化得到目标产物，唯一不足的是，炔烃连接烷基类的底物在该反应条件下不能进行。

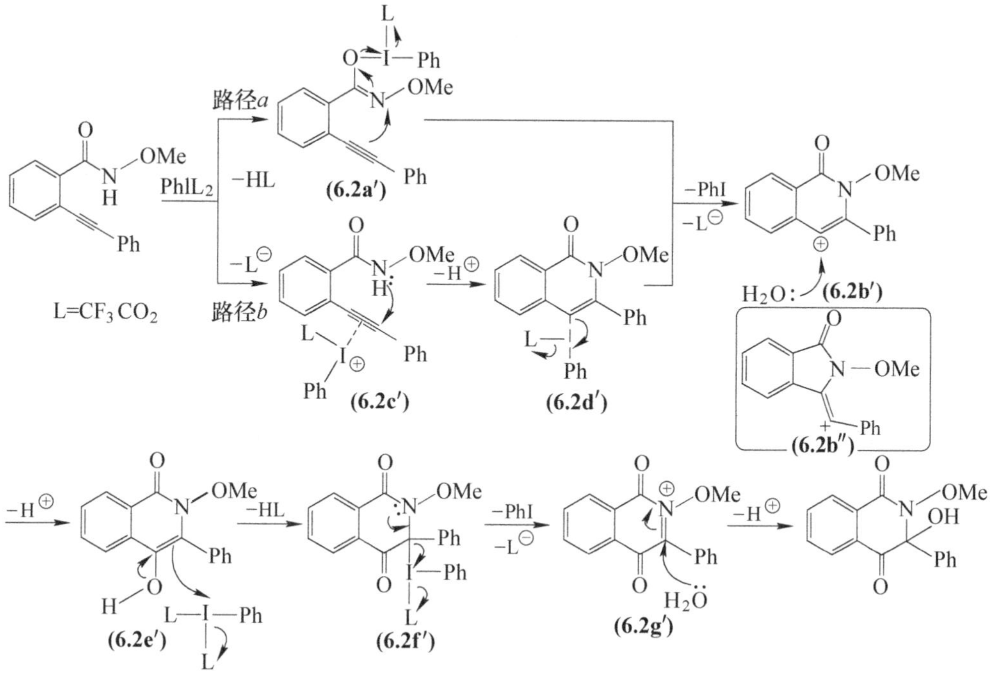

图 6-2 高价碘化物介导的反应机理预测

最近，作者所在课题组[2]报道了以邻炔基-N-甲氧基苯甲酰胺为原料，在氯化铜催化下，氧气气氛中，1，2-二氯乙烷作溶剂，80℃条件下生成了 3-羟基异喹啉-1，4-二酮类化合物的反应（见图 6-3）。

如图 6-4 所示，作者提出了一个预测的机理，首先邻炔基-N-甲氧基苯甲酰胺与氯化铜反应生成含 N-自由基的邻炔基-N-甲氧基苯甲酰胺的中间体 **6. 4a′**，所得

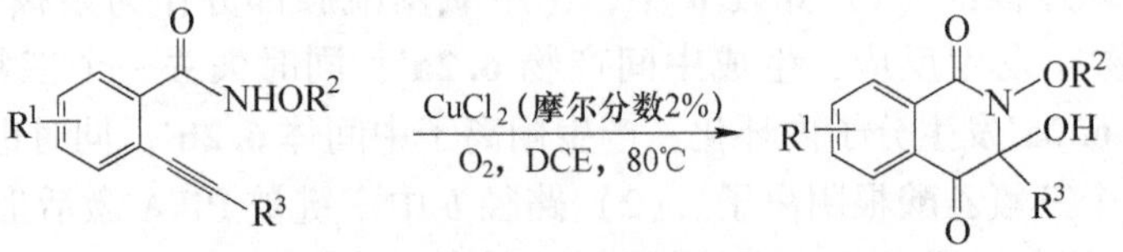

图 6-3　邻炔基-N-甲氧基苯甲酰胺氯化铜催化反应

中间体 **6.4a′**发生六元 N 环化生成自由基异喹啉-1-酮 **6.4b′**在氧气气氛下，中间体 **6.4b′**被氧气捕捉，形成中间体 **6.4c′**。然后中间体 **6.4c′**分子内自由基环化得到中间体 **6.4d′**。接着中间体 **6.4d′**发生电子重排得到中间体 **6.4e′**，中间体 **6.4e′**质子化后产生了最终产物。

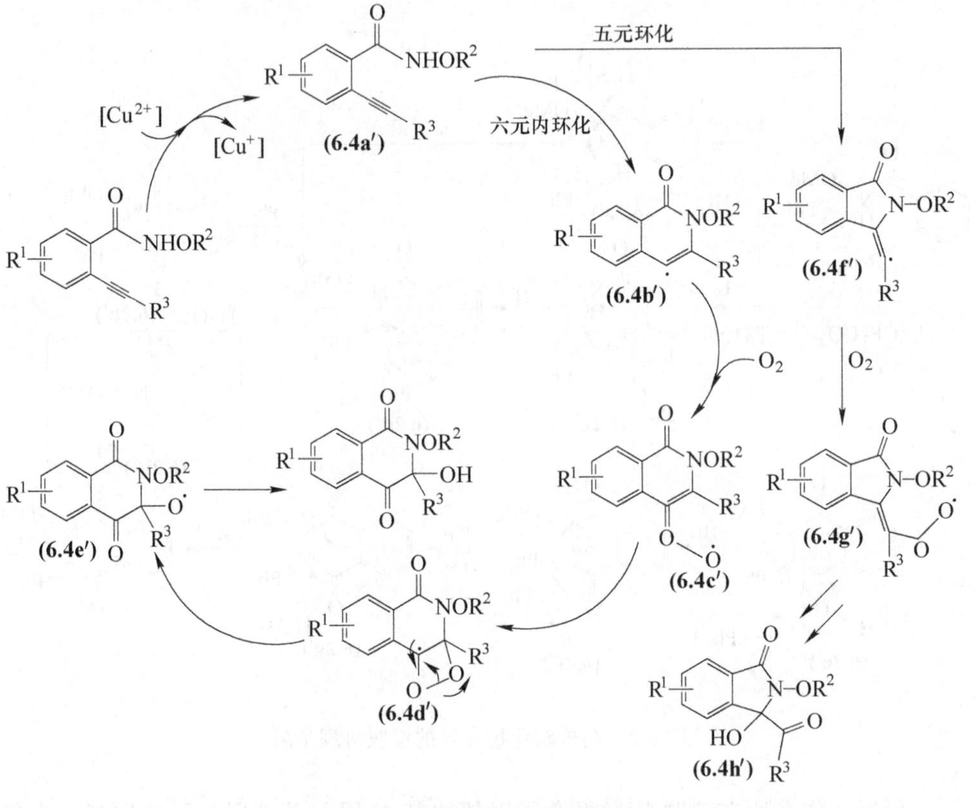

图 6-4　氯化铜催化机理预测

同时，在某些情况下，中间体 **6.4a′**可能会经过五元氮杂环化，形成了另一个自由基 **6.4f′**，该自由基 **6.4f′**被氧气分子捕捉形成了五元环化产物，并且我们认为中间体 **6.4b′**和中间体 **6.4f′**的选择性受其自由基中间体 **6.4b′**和 **6.4f′**稳定性的影响。而 **R**[3]基团的电子效应对中间体的稳定性有重大影响。但是这项研究中3-羟基异喹啉-1，4-二酮类化合物的收率较低，且仍然没有解决炔烃连接烷基类取代基的底物反应效果不理想的问题。综合上述研究内容，以及课题组在金属催化反应的研究这方面的青睐，希望寻找一种金属催化剂来解决其存在的不足，进一步完善该体系的研究工作。

6.2　课题构思

根据课题组之前的研究工作，进行了一个试探性试验，如图6-5所示，初步结果表明，在80℃下，摩尔分数10%的三氯化铈（$CeCl_3$）在氧气气氛中反应，得到了唯一了的六元氮杂环化产物 **6.3a**。X射线衍射结果证实了 **6.3a** 的正确结构。并假设了模型反应中的区域选择性归因于 **6.2a** 到 **6.3a** 的转换。

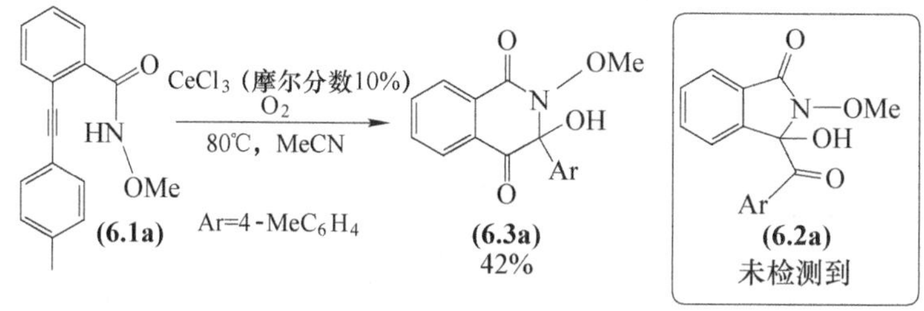

图6-5　试探性实验

然后，将由四丁基溴化铵/氧酮介导的反应产生的五元氮杂环化产物 **6.2a** 再次用摩尔分数10%的$CeCl_3$和氧气气氛处理。正如所期望的那样（见图6-6），产物 **6.2a** 被转化为了 **6.3a**。尽管在高价碘化物和铜催化下的对照实验未能提供所需的产物 **6.3a**，但这种差异可能暗示了3-羟基赖氨多酚-1-酮 α-酮醇自由基化合物可能是关键的中间体。因此，优化了该反应的条件。

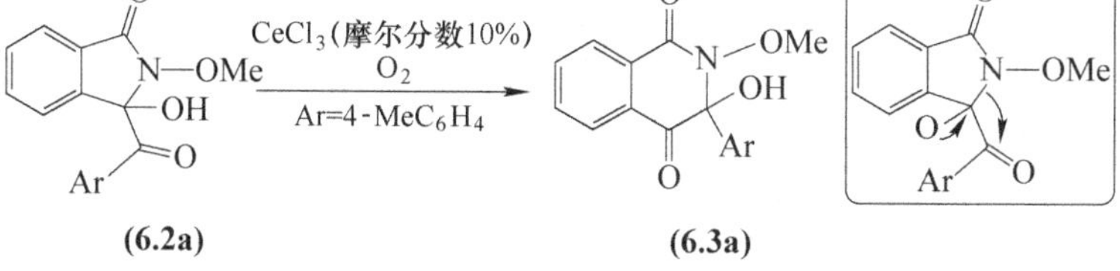

图6-6　五元转换六元反应

6.3　实验条件优化

通过前期的实验，发现2-(4-甲基）苯乙炔基-N-甲氧基苯甲酰胺 **6.1a** 在乙腈作溶剂，三氯化铈（0.1当量）作催化剂，氧气气氛的条件下，观察到了3-羟基异喹啉-1,4-二酮类化合物的生成。在此基础上，进行了条件的优化，期望发现更优的条件得到该类化合物。优化结果见表6-1。

表6-1　条件优化①

NHOMe　Ar　金属　溶剂，温度O_2　O　N—OMe　OH　Ar　+　N—OMe　OH　O　Ar

Ar=4-MeC_6H_4

(6.1a)　**(6.3a)**　**(6.2a)**

列	催化剂(当量)	T/℃	溶剂	产率②(**6.3a**[b]) /%	产率② (**6.2a**) /%
1	$CeCl_3$(0.1)	80	MeCN	42	—
2	$Ce(NO_3)_3$(0.1)	80	MeCN	45	—
3	CAN(0.1)	80	MeCN	57	—
4	CAN(0.1)	80	MeCN	38	—
5	CAN(0.1)	80	二氧六环	72	—
6	CAN(0.1)	80	甲苯	12	—
7	CAN(0.1)	80	THF	18	—
8	CAN(0.1)	80	MeOH	—	—
9	CAN(0.1)	80	DMF	—	—
10	CAN(0.1)	80	DCE	—	—
11	CAN(0.05)	80	二氧六环	61	—
12③		80	二氧六环	—	—
13	CAN(0.1)	100	二氧六环	58	—
14	CAN(0.1)	50	二氧六环	63	—
15④	CAN(0.1)	80	二氧六环	57	—
16	$CuCl_2$(0.1)	80	二氧六环	—	—
17	$FeCl_3$(0.1)	80	二氧六环	—	—

① 反应条件：邻炔基-N-甲氧基苯甲酰胺**6.1a**(0.2mmol)，催化剂，氧气气氛，溶剂2mL，温度80℃。

② 基于**6.1a**反应后产物的分离产率。

③ 无催化剂加入。

④ 在空气中进行反应。

由表 6-1 可知，在氧气气氛中，硝酸铈铵用量为 0.1 当量，1,4-二氧六环作溶剂，80℃时，以 72%的收率得到 3-羟基异喹啉-1,4-二酮类化合物 **6.3a**。对于条件筛选过程，首先对铈源进行了筛选，在控制乙腈为溶剂，温度为 80℃的条件下，氧气气氛中，分别考察了三氯化铈、硝酸铈、硝酸铈铵、氧化铈作铈源时对反应的影响，结果见表 6-1(第 1~4 列)，发现硝酸铈铵催化时产物 **6.3a** 收率最高，即 57%，三氯化铈、硝酸铈、氧化铈作铈源时产物 **6.3a** 的收率分别为 42%、45%、38%。

接下来确定了以硝酸铈铵为铈源，对反应溶剂进行了筛选，控制硝酸铈铵量为 0.1 当量，温度为 80℃，氧气气氛中，分别考察了 1,4-二氧六环、甲苯、四氢呋喃、甲醇、N-N-二甲基甲酰胺和 1,2-二氯乙烷作溶剂时对反应产物 **6.3a** 收率的影响。结果见表 6-1(第 5~10 列)，发现 1,4-二氧六环作溶剂时产物 **6.3a** 的收率最高，即 72%；1,2-二氯乙烷作溶剂时该反应不能发生；甲醇、N-N-二甲基甲酰胺作溶剂时，反应结果不理想，产物较为复杂，难以分离；四氢呋喃、甲苯作溶剂时得到少量的产物 **6.3a**，收率分别为 18%、12%。产生这样的结果可能是因为使用 1,4-二氧六环作溶剂有利用自由基基团的形成。

接下来以 1,4-二氧六环为溶剂，温度为 80℃，氧气气氛中，对硝酸铈铵的用量进行了考察，分别考察了硝酸铈铵用量为 0.05 当量、0 当量时，生成产物 **6.3a** 的收率情况，由表 6-1(第 11 和 12 列) 可知，硝酸铈铵用量在 0.1 当量时，产物 **6.3a** 的收率情况最佳，减少其用量，其收率会降低，无催化剂时反应不能发生。同时还对反应的温度进行了考察，控制其他条件不变，见表 6-1(第 13 和 14 列)，发现升高温度或者降低温度对反应的收率都会造成负面影响，50℃时收率仅为 63%，100℃时收率为 58%。产生这样的结果可能是因为 80℃时催化剂的活性最高，升高或者降低温度都影响催化剂的活性。

同时也对除铈盐以外其他催化剂进行了考察，见表 6-1(第 16 和 17 列)，氯化铜和氯化铁作催化剂时效果不理想。最后在最优条件下，空气中进行了该反应，结果见表 6-1(第 15 列)，发现产物 **6.3a** 的收率仅为 57%，说明氧气对该反应有着极其重要的作用。条件优化结果表明，实验的最优条件为：在氧气气氛下，硝酸铈铵（0.1 当量），1,4-二氧六环作溶剂，80℃下反应。

6.4 底物拓展

在上述最优反应条件下对反应的适用性进行了探索，结果见表 6-2。在该反应体系中以良好的收率合成了一系列的 3-羟基异喹啉-1，4-二酮类化合物 **6.3**。对于取代基 R^2 对反应的影响，不管是给电子基（见表 6-2，**6.3a~c**），还是吸电子基（见表 6-2，**6.3d~6.3f**），杂芳基（见表 6-2，**6.3g**），烷基（见表 6-2，**6.3q** 和图 6-7，**6.3s 和 6.3t**）均可以得到较好收率的 3-羟基异喹啉-1,4-二酮类化合物**6.3**，收率分布在45%～72%范围内。值得注意的是，以2-(2-甲氧基苯基）乙炔基苯甲酰胺**6.1b**为底物的反应，以65%的收率得到了相应的产物**6.3b**，而已经报道过的在低价碘化物作用下，该底物反应得到的是五元和六元混合的难分离的产物。更有趣的是，以炔雌酮为原料合成的底物**6.1p**在该条件下以50%的收率得到对应的产物（见表6-3，**6.3p**），该类化合物的结构在一些药物合成中具有相当大的潜力。

表6-2 底物拓展

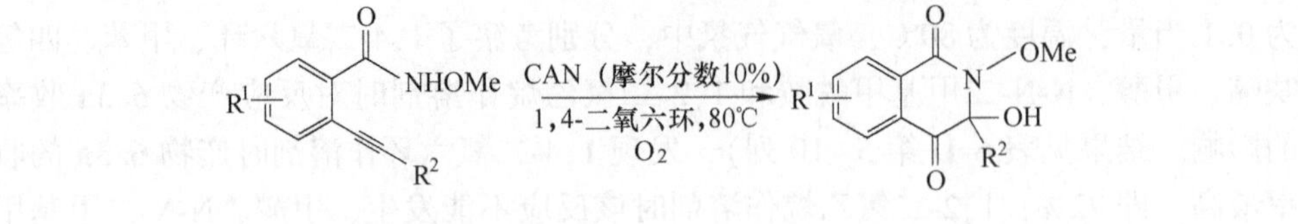

(6.1) → (6.3)	CAN（摩尔分数10%），1,4-二氧六环，80℃，O_2		
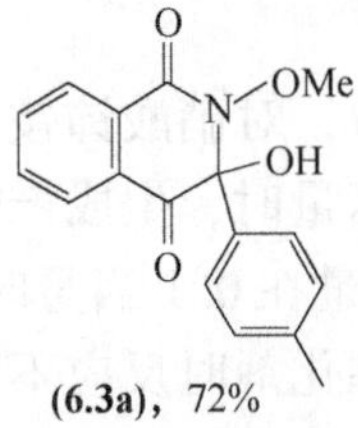 **(6.3a)**，72%	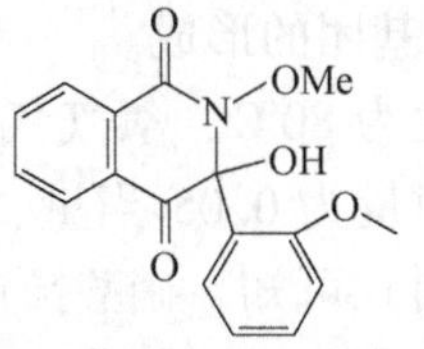 **(6.3b)**，65%	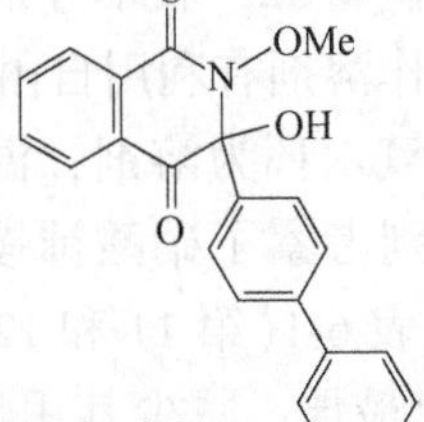 **(6.3c)**，45%	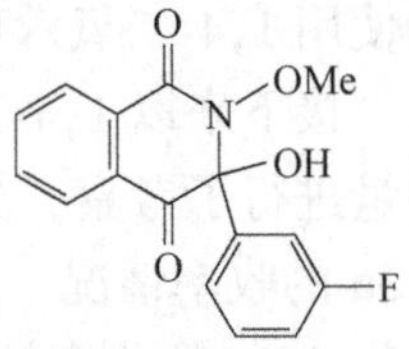 **(6.3d)**，73%
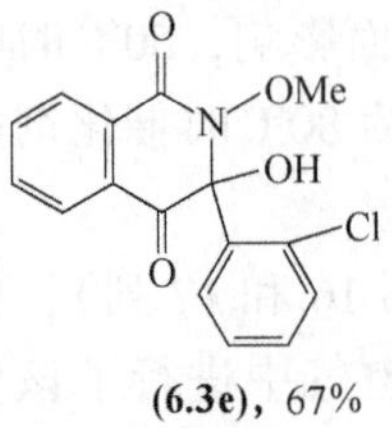 **(6.3e)**，67%	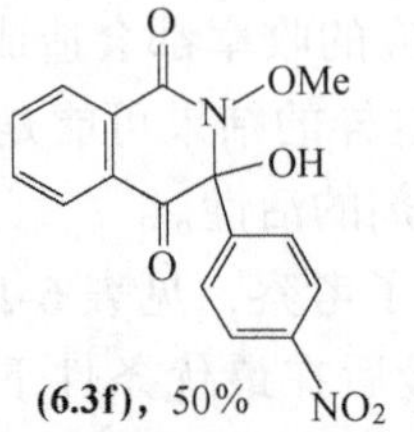 **(6.3f)**，50%	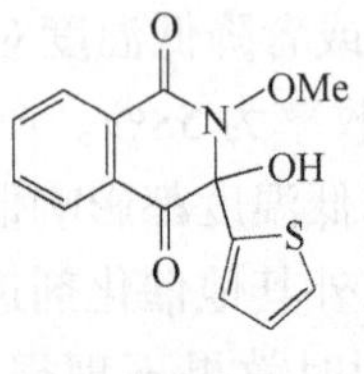 **(6.3g)**，61%	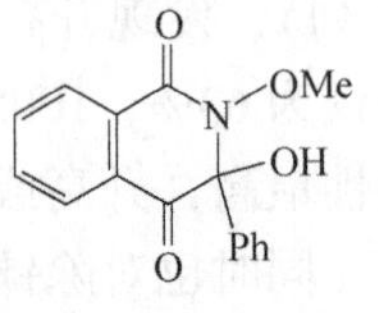 **(6.3h)**，78%
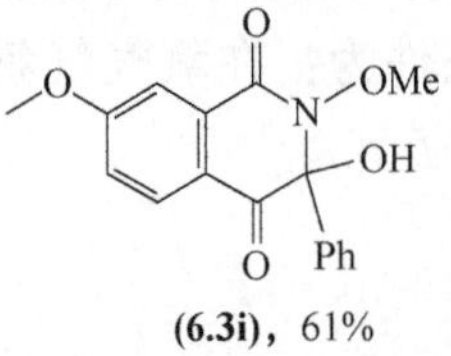 **(6.3i)**，61%	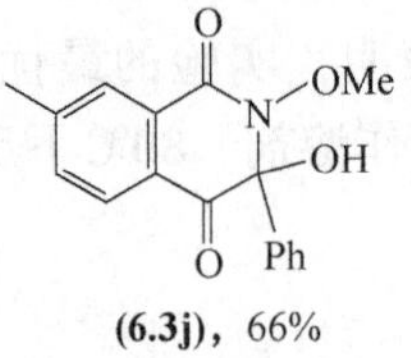 **(6.3j)**，66%	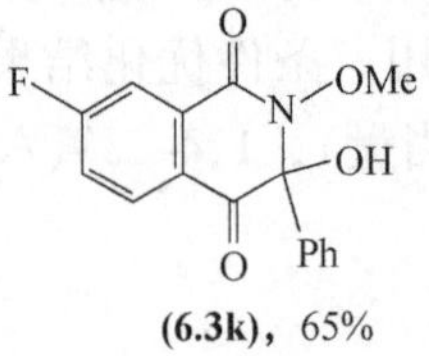 **(6.3k)**，65%	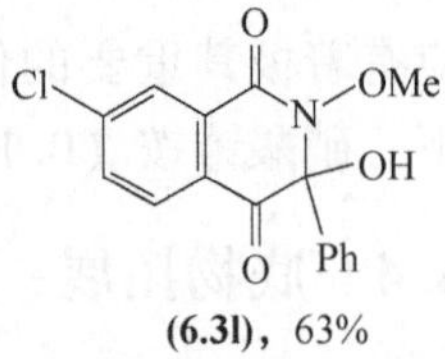 **(6.3l)**，63%

另外，还考察了苯甲酰胺的芳基环中取代基R^1对反应的影响。发现富电子基团（—CH_3、—OCH_3），缺电子基团（—F，—Cl），杂芳基（吡啶环和吲哚环）反应效果良好，得到所需产物（见表6-2，**6.3h～6.3l**、**6.3n**、**6.3o**），收率分布在56%～78%范围内。特别是底物5-苯基戊-4-炔酰胺**6.1r**以65%的收率得

到所需产物（见表6-2，**6.3r**），该结构可进一步官能团化。而 R^1 基团为给电子基—CH_3，R^2 基团为吸电子基—Cl 时，反应也能进行的很好（见表6-3，**6.3m**）。同时，也实现了 R^2 是烷基的反应，以41%的收率得到所需产物（见表6-3，**6.3q**），弥补了之前在该类底物反应中的研究不足。

表6-3 底物拓展

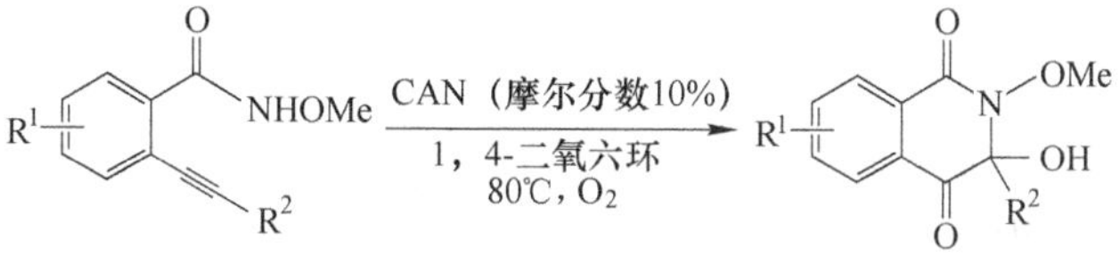

(6.1) → (6.3)：CAN（摩尔分数10%），1，4-二氧六环，80℃，O_2			
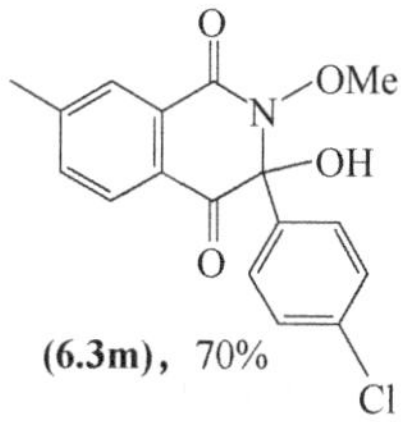 (6.3m)，70%	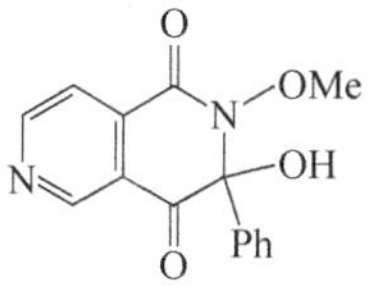 (6.3n)，56%	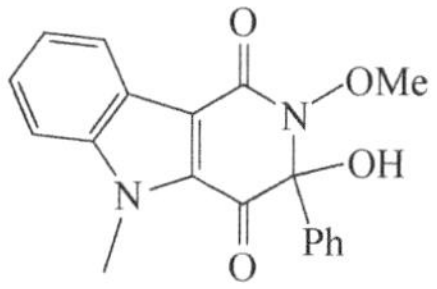 (6.3o)，64%	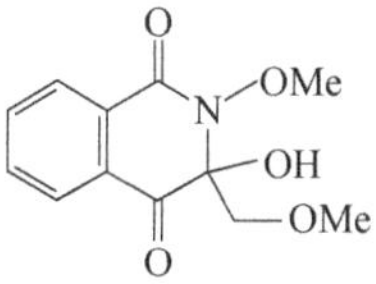 (6.3q)，41%
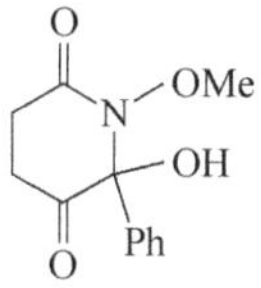 (6.3r)，49%	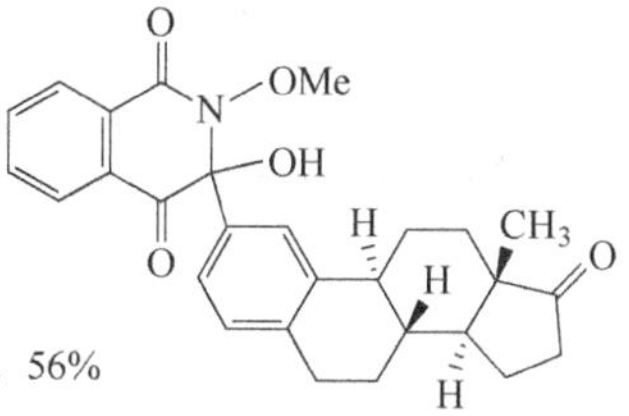 (6.3p)，56%		

最后，还分别进行了炔烃连接丙胺类基团的底物 **6.1s** 和 **6.1t** 的反应，也同样得到了目标产物（图6-7，**6.3t**，**6.3s**）。有趣的是，在 **6.1s** 和 **6.1t** 的反应中还监测到了另一种特别的副产物 **6.4**。例如，在同样的条件下，还以21%的收率分离了官能团迁移的副产物（见图6-7，**6.4b**），并通过X射线衍射确定了其结构。这种现象支持了我们的假设，即在铈盐催化下，邻炔基苯甲酰胺合成异喹啉酮类化合物可能会通过不同的途径得到所需产物。3-羟基-异喹啉-1,4-二酮类化合物 **6.3** 和副产物4-羟基-异喹啉-1,3-二酮类化合物 **6.4** 可能来自同一中间体。同时，还研究了N-保护基团的作用，结果发现为N-甲氧基时才会出现需要的反应结果，N-芳基和N-烷基得不到需要的产物。

6.5 反应产物的衍生化

由表6-4可知，3-羟基异喹啉-1，4-二酮类化合物 **6.3** 在硼氢化钠还原剂的作

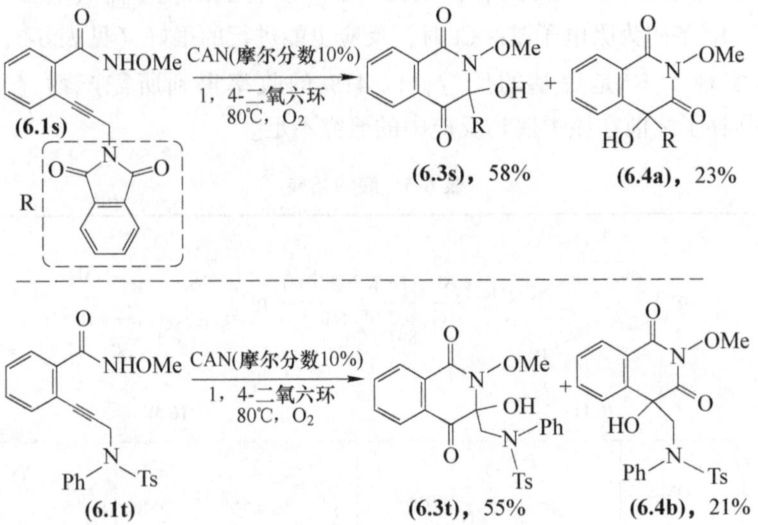

CAN(摩尔分数10%)
1，4-二氧六环
80℃，O_2

(6.1s) (6.3s)，58% (6.4a)，23%

CAN(摩尔分数10%)
1，4-二氧六环
80℃，O_2

(6.1t) (6.3t)，55% (6.4b)，21%

图 6-7 底物拓展反应

用下，4 号位的羰基被还原成羟基生成3，4-二羟基异喹啉-1-酮类化合物**6. 5**。该类衍生物在一些生物活性和药理活性上存在着巨大的潜力。

表 6-4 产物的衍生化

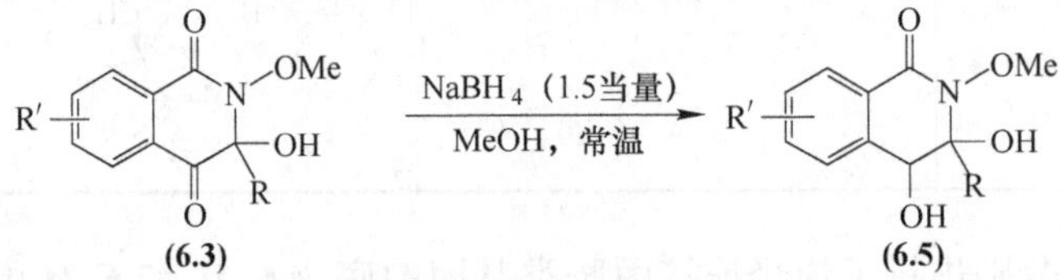

(6.3) —— $NaBH_4$（1.5当量），MeOH，常温 → (6.5)			
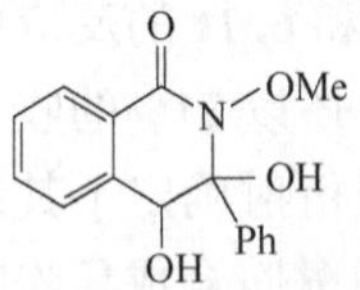 (6.5a)，75%	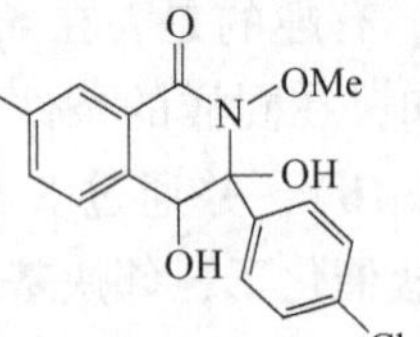 (6.5b)，65%	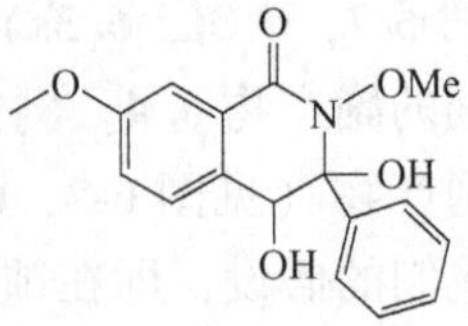 (6.5c)，72%	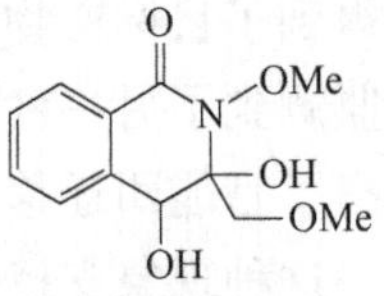 (6.5d)，80%

6. 6 机理研究

为了深入了解该反应的机理，进行了一些控制实验。如图6-8（a）所示，首先以底物**6. 3h**进行了最优条件下的反应，但是并没有检测到产物**6. 4c**；接下来如图6-8（b）所示，以五元氮杂环产物**6. 2h**为原料进行了反应，结果以3%的收率得到相应的官能团迁移产物 **6.4c**。这两个反应的结果表明，五元氮杂环产物 **6.2h** 可能是一个关键的中间体。此外，如图 6-8（c）所示，以 1mmol **6.1h** 为反应物，在标准的条件下反应以相似的收率得到产物 **6.4c**，同时发现了另一个二聚体副产物 **6.6**。

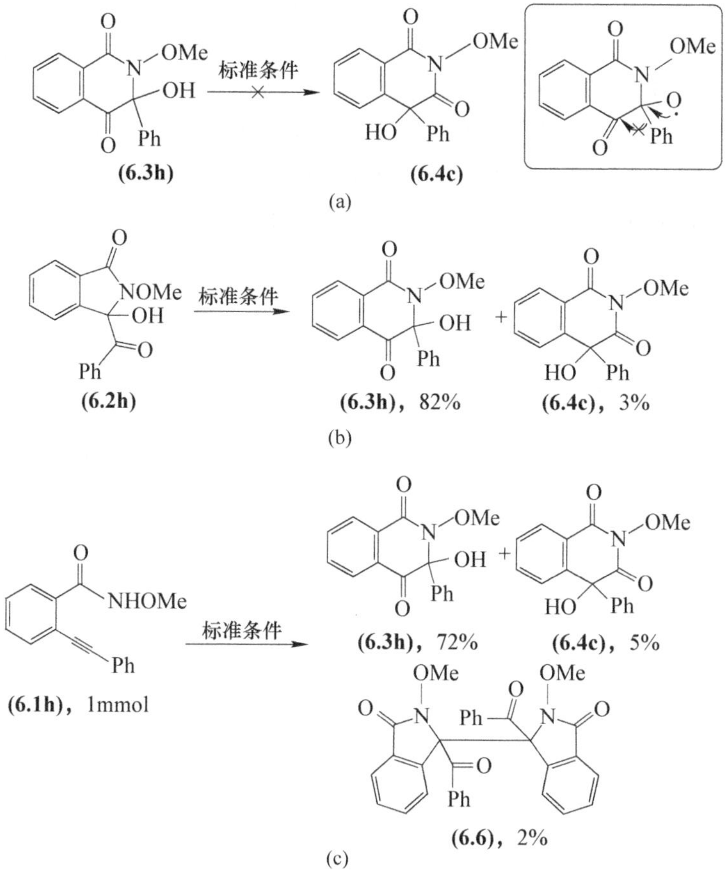

(a)

(b)

(c)

图 6-8 机理验证实验

根据上面的实验结果，提出了一个合理的反应机制，如图 6-9 所示。根据 N-甲氧基底物反应的实验事实，与 N-甲氧基配位的含铈化合物是通过去质子化而产生的。并认为与 N-甲氧基配位的含铈化合物比 N-芳基或 N-烷基更稳定，这可能是由于使用 N-甲氧基底物增强了酰胺氮的电子密度，从而使该化合物趋于稳定状态。接下来，与 N-甲氧基配位的含铈化合物发生 N-自由基加成生成中间体 **6.9a**，中间体 **6.9a** 中的铈捕捉到 O_2 同时发生分子内环化反应生成含异吲哚的中间体 **6.9b**。通过模型反应的 ESI-TOF 质谱分析检测到了质子化副产物异吲哚 **6.9g**。接下来，中间体 **6.9b** 中的 Ce-O 键断裂，O 的迁移插入形成中间体 **6.9c**。

根据文献报道，此时中间体 **6.9c** 可能存在两种键的断裂方式，即 Ce—O 键断裂，发生分子内单电子转移形成过氧自由基中间体 **6.9d**，中间体 **6.9d** 中 O—O 键的不稳定断裂发生烯酮重排形成自由基中间体 **6.9e**。中间体 **6.9e** 发生了自由基 α-酮醇重排反应，以两种重排方式分别通过 C—N 和 C—C 迁移产生了自由基中间体 **6.9f** 和 **6.9j**，质子化后得到最终产物 **6.3** 和 **6.4**。在此过程中，C—N 键迁移的控制可能更多的归因于酰胺的亲核性质。中间体 **6.9c** 另一种键断裂方式，即 O—O 键断裂，形成自由基中间体 **6.9h**，中间体 **6.9h** 中自由基发生转移后形成自由基中间体 **6.9i**，中间体 **6.9i** 二聚化后产生二聚体副产物 **6.6**。考虑到氧气气氛，异吲哚碳自由基化合物 **6.9i** 很容易被捕获，O_2 也会释放出关键的含异吲哚的 α-酮基自由基中间体 **6.9e**，从而发生上述同样的反应。

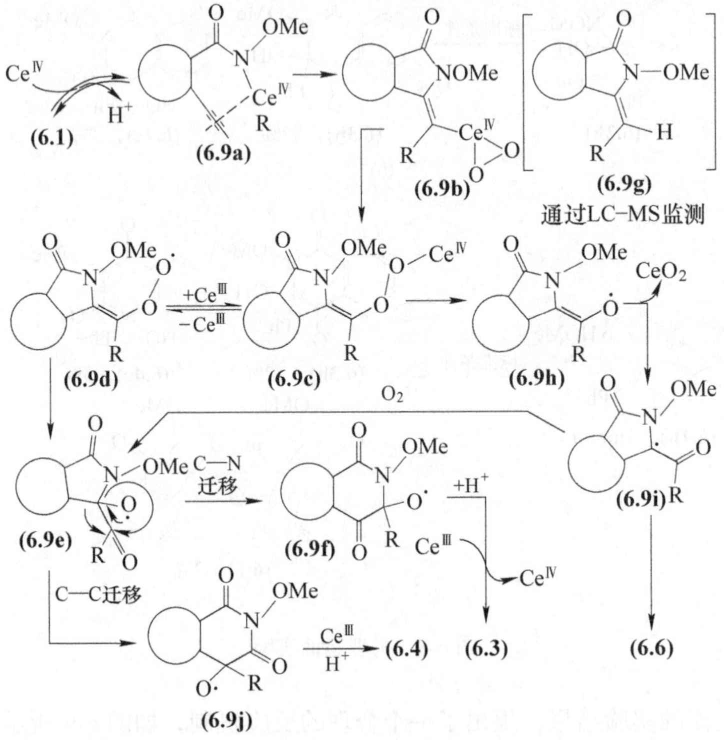

Ce^{IV} H^+ (6.1) (6.9a) (6.9b) (6.9g) 通过LC-MS监测

(6.9d) $+Ce^{III}$ $-Ce^{III}$ (6.9c) (6.9h) CeO_2 O_2 (6.9i)

(6.9e) C—N 迁移 (6.9f) $+H^+$ Ce^{III} Ce^{IV} C—C迁移 (6.9j) Ce^{III} H^+ (6.4) (6.3) (6.6)

图 6-9　机理预测

6.7　实验部分

6.7.1　实验试剂

试剂：邻碘苯甲酸、甲氧基胺盐酸盐、4-甲基苯乙炔、4-甲氧基苯乙炔、4-

氟苯乙炔、4-氯苯乙炔、4-溴苯乙炔等。

溶剂：四氢呋喃、甲苯、乙腈、甲醇、1，4-二氧六环等。

6.7.2 底物的制备

底物的制备过程主要分为5个步骤：

（1）如图6-10所示，向250mL的圆底烧瓶中加入邻碘苯甲酸固体，加入氯化亚砜作为溶剂，保证溶剂没过固体即可，接下来在100℃的油浴锅中加热回流，待固体层全部消失后处理反应，采用减压蒸馏的方法除去多余的二氯亚砜，剩余物质则为纯度较高的邻碘苯甲酰氯，用作下一步反应。

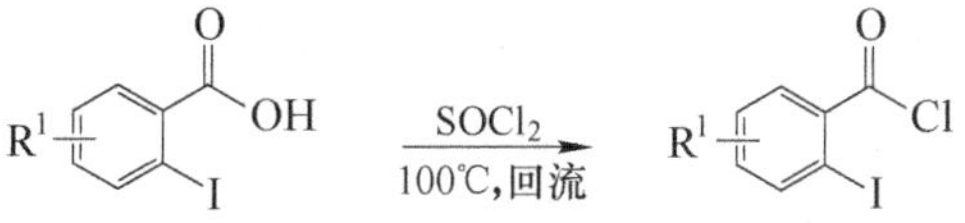

$SOCl_2$，100℃，回流

图6-10 苯甲酰氯的合成

（2）如图6-11所示，在250mL圆底烧瓶中装入乙酸乙酯和水的混合溶液（乙酸乙酯：水=2：1）作为溶剂，加入碳酸钾（K_2CO_3）（2当量），将反应液冷却至0℃下搅拌，加入甲氧基胺盐酸盐（1.2当量），然后取上一步反应得到的邻碘苯甲酰氯（1当量）慢慢滴入烧瓶中，用乙酸乙酯冲洗两次。在0℃下反应5min后，将反应转移至室温下进行，每隔1h左右取出反应液与原料进行跟踪对比，在通过TLC显示反应物消失后结束反应。后处理：加入水后，用乙酸乙酯萃取多次，合并有机相旋干浓缩后通过柱层析分离的方法得到邻碘苯甲酰胺类化合物。

R^2NH_2（1.2当量），Et_3N（3当量）；CH_2Cl_2，常温

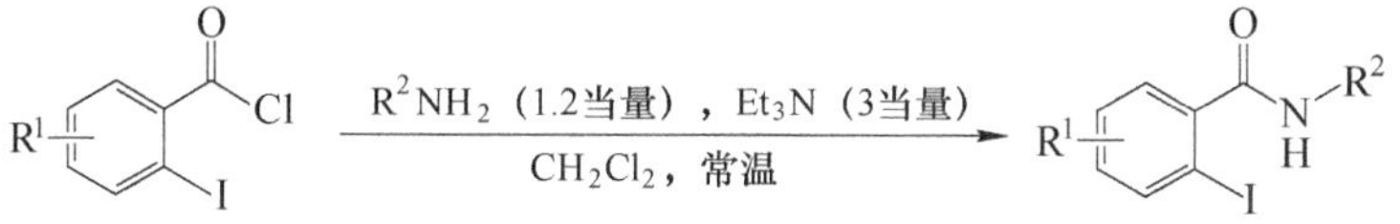

图6-11 苯甲酰胺的合成

（3）如图6-12所示，取上一步反应得到的邻碘苯甲酰胺类化合物（1当量），用无水THF溶解在250mL的圆底烧瓶中，冷却至0℃，加入氢化钠（1.2当量），在0℃下反应10min后，加入二碳酸二叔丁酯（3当量），反应5min后，在室温下继续反应1h，在通过TLC显示反应物消失后结束反应。后处理：加入质量分数为10%的碳酸氢钠和10%的氯化铵溶液中和反应液，然后用乙酸乙酯萃取，合并有机相蒸发浓缩后经柱层析分离提纯得到N-BOC酰胺类化合物。

（4）如图6-13所示，取上一步反应得到的N-BOC酰胺类化合物（1当量），

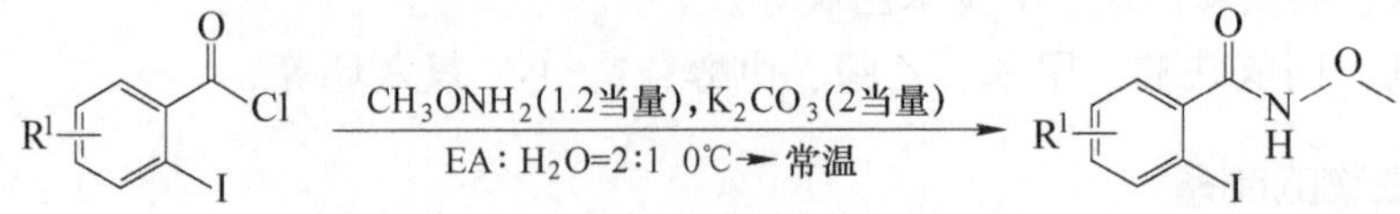

图 6-12 BOC 保护基接入反应

碘化亚铜（摩尔分数 2%），双三苯基磷二氯化钯（摩尔分数 3%）加入 250mL 的圆底烧瓶中，通过氮气保护后密封，用针管向烧瓶中注入炔类化合物（炔类为固体，密封前加入圆底烧瓶）（1.2 当量），加入 THF 作为溶剂，三乙胺（3 当量），在 55℃的条件下搅拌 6h 以上。反应完成后进行后处理：将反应液倒入到装有硅藻土的砂芯漏斗中进行过滤，滤渣用乙酸乙酯洗涤多次，通过漏斗下面滴出的液体点板观测是否有残余产物，合并有机层旋干浓缩后经柱层析分离提纯，得到邻炔基-N-BOC 苯甲酰胺类化合物。

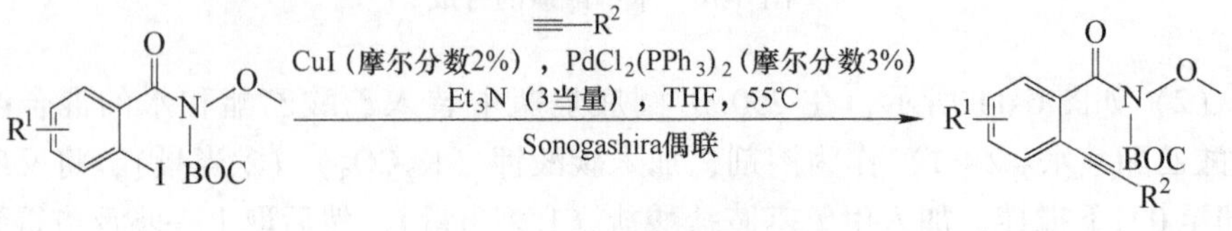

图 6-13 炔的偶联反应

（5）如图 6-14 所示，取上一步反应得到的邻炔基-N-BOC 苯甲酰胺类化合物（1 当量），用二氯甲烷溶解并冷却至 0℃，加入三氟乙酸（1.5 当量），在 0℃下反应 5~6h，在通过 TLC 显示反应物消失后结束反应。后处理：用碳酸氢钠饱和溶液中和，加入二氯甲烷萃取，合并有机相蒸发浓缩后经柱层析分离提纯得到最终产物。

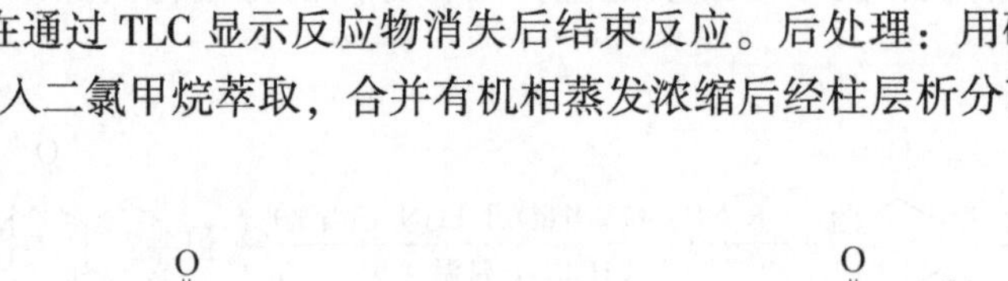

图 6-14 BOC 保护基团的脱除反应

6.7.3 产物的合成

向 30mL 试管中加入邻炔基 N-甲氧基苯甲酰胺化合物（0.2mmol），硝酸铈铵（0.1 当量），然后加入溶剂 1，4-二氧六环（2mL），在 80℃下搅拌 12h。在通过TLC显示底物是否反应完全。反应完成后将反应液通过装有硅藻土的砂芯漏斗中进行过滤，滤去金属离子，用旋转蒸发仪旋干溶剂浓缩，通过柱层析（石油醚：乙酸乙酯=3：1）分离纯化得到所需的产物3-羟基异喹啉-1，4-二酮类化合物**6.3**（见图6-15）。

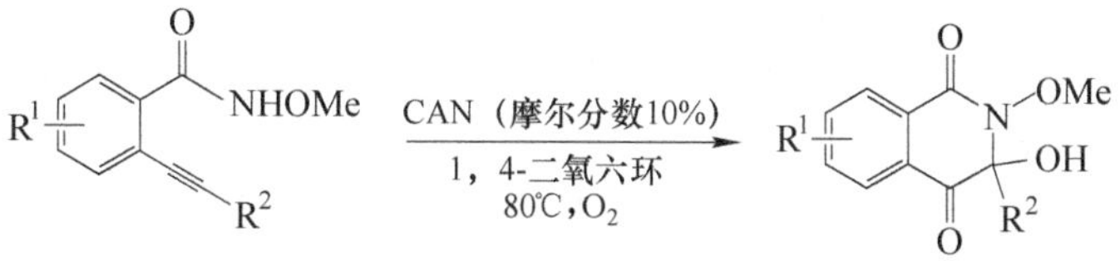

图6-15 异喹啉酮类化合物的合成（一）

将3-羟基异喹啉-1,4-二酮（0.2mmol），硼氢化钠（1.5当量），1,4-二氧六环作溶剂（2mL），在室温下反应1h，通过TLC显示反应物消失后结束反应，合并有机相蒸发浓缩后经柱层析得到3,4-二羟基异喹啉-1-酮类化合物**6.5**（见图6-16）。

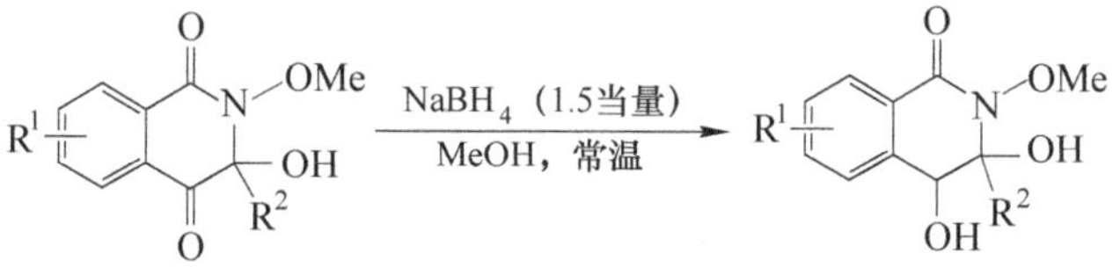

图6-16 异喹啉酮类化合物的合成（二）

将3-羟基异喹啉-1,4-二酮（1mmol），硝酸铈铵（0.1当量），然后加入溶剂1,4-二氧六环（2mL），在80℃下搅拌。在通过TLC显示是否有新的产物点出现。反应完成后将反应液通过装有硅藻土的砂芯漏斗中进行过滤，合并有机相蒸发浓缩经柱层析分离得到4-羟基异喹啉-1,3-二酮类化合物**6.4**（见图6-17）。

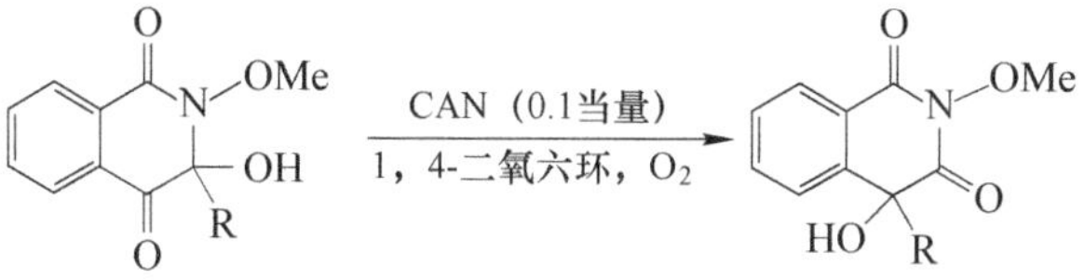

图6-17 异喹啉酮类化合物的合成（三）

6.8 本章小结

（1）发展了一种制备 3-羟基异喹啉-1，4-二酮类化合物的方法，利用当量的硝酸铈铵（CAN）催化邻炔基-N-甲氧基苯甲酰胺类化合物六元环化生成该类化合物，该方法具有较高的区域选择性、底物适用性，且立体选择性高，反应条件温和。3-羟基异喹啉-1，4-二酮类衍生物具有一定的生物和药理活性，对一些药物分子的开发具有重要意义。

（2）该方法对邻炔基-N-甲氧基苯甲酰胺类化合物的六元环化是一个重要的补充，对邻炔基苯甲酰胺类化合物的合成方法学研究有一定的借鉴作用。

（3）合成的 3，4-二羟基异喹啉-1-酮类化合物以及 4-羟基异喹啉-1，3-二酮类化合物也是一类重要的化合物，具有较高的生物研究价值和药物研究价值。

（4）反应机理研究表明，该反应是由 N-自由基介导的分子内环化加成生成的中间产物通过重排裂解从而产生所需异喹啉酮类化合物。

6.9 化合物结构表征

3-羟基-2-甲氧基-3-苯基-2,3-二氢异喹啉-1,4-二酮（6.3h）

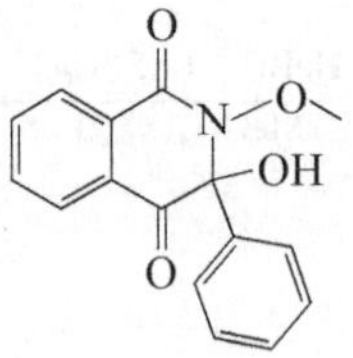

黄色固体，44.1mg，78%；^1H NMR（400MHz，$CDCl_3$）δ8.38（*d*，*J*=7.8Hz，1H），7.94（*d*，*J*=7.7Hz，1H），7.82（*t*，*J*=7.6Hz，1H），7.67（*t*，*J*=7.6Hz，1H），7.45～7.37（m，2H），7.36～7.27（m，3H），4.80（s，1H），4.06（s，3H）；^{13}C NMR（101MHz，$CDCl_3$）δ190.8，161.5，136.5，135.8，133.4，130.8，129.5，129.1，129.0，128.8，127.5，126.4，93.9，65.4。

3-羟基-2,7-二甲氧基-3-苯基-2,3-二氢异喹啉-1,4-二酮（6.3i）

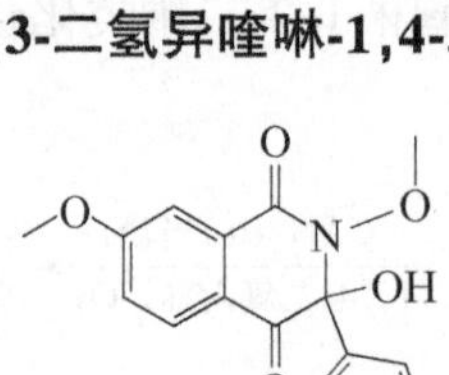

黑色固体，38.2mg，61%；^1H NMR（400MHz，$CDCl_3$）δ7.86（*d*，*J*=8.6Hz，1H），7.79（*d*，*J*=2.4Hz，1H），7.44～7.35（m，2H），7.27～7.28（m，3H），7.09～7.12（m，1H），5.04（s，1H），4.02（s，3H），3.94（s，3H）；^{13}C NMR

(101MHz, $CDCl_3$) δ189.6, 165.8, 161.2, 137.1, 133.5, 130.0, 129.3, 128.8, 126.3, 122.1, 120.6, 111.8, 93.6, 65.3, 56.2。

7-甲基-3-羟基-2-甲氧基-3-苯基-2,3-二氢异喹啉-1,4-二酮 (6.3j)

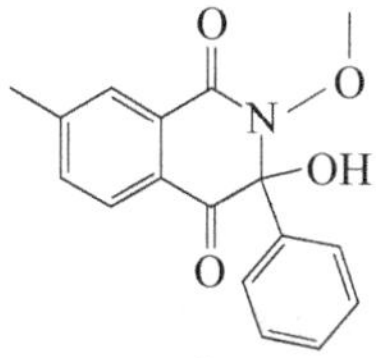

黑色固体, 39.2mg, 66%; ^1H NMR(400MHz, $CDCl_3$) δ8.17(s, 1H), 7.83(d, J=7.9Hz, 1H), 7.45(d, J=7.4Hz, 1H), 7.39~7.41(m, 2H), 7.27~7.31(m, 3H), 4.88(s, 1H), 4.03(s, 3H), 2.50(s, 3H); ^{13}C NMR(101MHz, $CDCl_3$) δ190.6, 161.6, 147.5, 136.8, 134.2, 130.8, 129.3, 129.1, 128.9, 127.7, 126.8, 126.4, 93.8, 65.3, 22.0。

3-羟基-2-甲氧基-3-苯基-7-氟-2,3-二氢异喹啉-1,4-二酮 (6.3k)

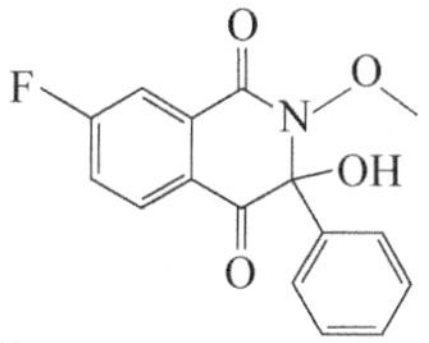

黑色固体, 39.1mg, 65%; ^1H NMR(400MHz, $CDCl_3$) δ7.95(t, J=7.7Hz, 2H), 7.36(d, J=4.1Hz, 2H), 7.29(t, J=9.8Hz, 4H), 4.97(s, 1H), 4.00(s, 3H); ^{13}C NMR(101MHz, $CDCl_3$) δ189.2(s), 168.5(s), 163.0(d, J=569.0Hz), 136.3(s), 134.0(d, J=9.1Hz), 130.8(d, J=9.5Hz), 129.6(s), 129.0(s), 126.3(s), 125.6(d, J=3.2Hz), 121.0(d, J=22.6Hz), 115.7(d, J=24.5Hz), 93.9(s), 65.3(s)。

3-羟基-2-甲氧基-3-苯基-7-氯-2,3-二氢异喹啉-1,4-二酮 (6.3l)

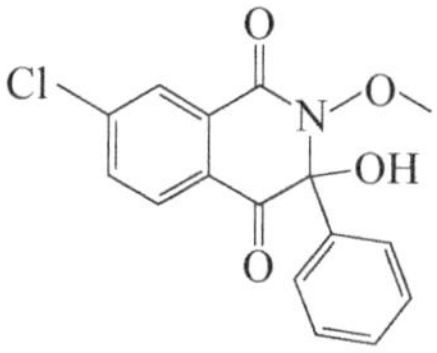

黑色固体, 40.0mg, 63%; ^1H NMR(400MHz, $CDCl_3$) δ8.31(d, J=2.0Hz, 1H), 7.88(d, J=8.3Hz, 1H), 7.60~7.63(m, 1H), 7.38~7.40(m, 2H), 7.34~7.27(m, 3H), 4.88(s, 1H), 4.03(s, 3H); ^{13}C NMR(101MHz, $CDCl_3$) δ189.6, 160.3, 142.9, 136.3, 133.7, 132.3, 129.6, 129.1, 128.8, 127.4, 126.3, 93.9, 65.4。

7-甲基-3-羟基-2-甲氧基-3-(4-氯苯基)-2，3-二氢异喹啉-1,4-二酮 (6.3m)

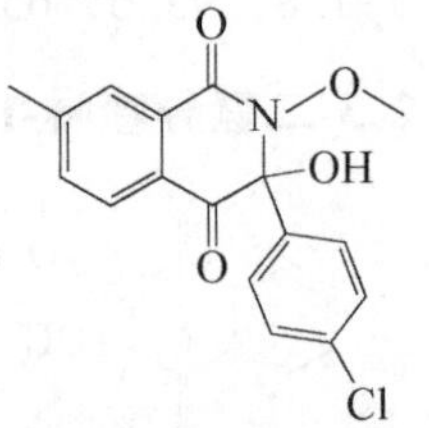

黑色固体，46.5mg，70%；^{1}H NMR(400MHz，$CDCl_3$)δ8.15(s，1H)，7.84(*d*，*J*=7.9Hz，1H)，7.47(*d*，*J*=7.8Hz，1H)，7.34(*d*，*J*=8.6Hz，2H)，7.29~7.20(m，2H)，4.99(s，1H)，4.03(s，3H)，2.51(s，3H)；^{13}C NMR(101MHz，$CDCl_3$)δ190.3，161.6，147.8，135.6，135.4，134.4，130.6，129.2，129.1，127.9，127.7，126.6，93.3，65.4，22.1。

3-羟基-2-甲氧基-3-苯基-2,3-二氢-2，6-萘啶-1,4-二酮 (6.3n)

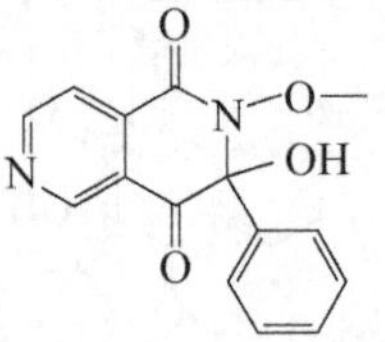

黄色固体，31.8mg，56%；^{1}H NMR(400MHz，$CDCl_3$)δ9.09(s，1H)，8.98(*d*，*J*=3.1Hz，1H)，8.19~8.11(m，1H)，7.38~7.40(m，2H)，7.34~7.26(m，3H)，4.02(*d*，*J*=2.0Hz，3H)；^{13}C NMR(101MHz，$CDCl_3$)δ189.5，159.6，156.2，149.2，137.3，136.0，129.9，129.2，126.4，123.2，121.2，94.6，65.4。

3-羟基-2-甲氧基-5-甲基-3-苯基-2,3-二氢-1*H*-吡啶[4,3-*b*]吲哚-1,4(5*H*)-二酮 (6.3o)

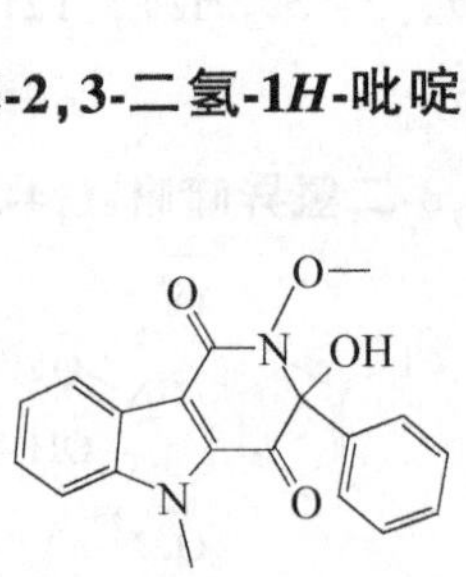

黄色固体，43.1mg，64%；^{1}H NMR(400MHz，$CDCl_3$)δ8.05(*d*，*J*=7.9Hz，1H)，7.53~7.47(m，2H)，7.44(*d*，*J*=6.9Hz，1H)，7.40(*d*，*J*=8.2Hz，1H)，7.36(*d*，*J*=7.9Hz，1H)，7.34~7.27(m，3H)，5.08(s，1H)，4.22(s，3H)，4.09(s，3H)；^{13}C NMR(101MHz，$CDCl_3$)δ186.4，157.5，140.0，137.6，134.3，129.0，128.7，126.6，126.2，124.7，122.8，122.6，113.0，110.8，

94.7，65.5，32.1。

3-(3-氟苯基)-3-羟基-2-甲氧基-2,3-二氢异喹啉-1,4-二酮（6.3d）

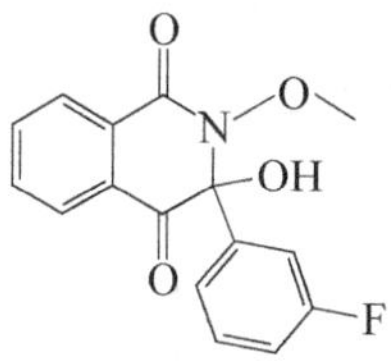

黑色固体，41.0mg，68%；^{1}H NMR(400MHz，$CDCl_3$)δ8.36(*d*，*J*=7.3Hz，1H)，8.00～7.92(m，1H)，7.82～7.86(m，*J*=7.7，1.1Hz，1H)，7.67～7.71(m，J=7.6，1.0Hz，1H)，7.30～7.22(m，1H)，7.22～7.17(m，1H)，7.14(*d*，*J*=7.9Hz，1H)，6.97～7.01(m，1H)，5.04(s，1H)，4.04(s，3H)；^{13}C NMR(101MHz，$CDCl_3$)δ190.5(s)，162.9(*d*，*J*=247.9Hz)，161.3(s)，139.2(*d*，*J*=6.9Hz)，136.0(s)，133.6(s)，130.7(s)，130.5(*d*，*J*=8.0Hz)，129.0(s)，128.9(s)，127.6(s)，121.9(*d*，*J*=3.0Hz)，116.6(*d*，*J*=21.2Hz)，114.1(*d*，*J*=23.5Hz)，93.2(s)，65.4(s)。

3-(2-氯苯基)-3-羟基-2-甲氧基-2,3-二氢异喹啉-1,4-二酮（6.3e）

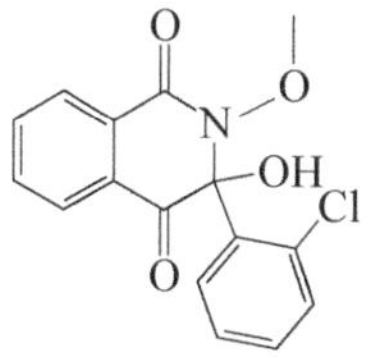

黄色固体，42.6mg，67%；^{1}H NMR(400MHz，$CDCl_3$)δ8.11(*d*，*J*=16.7，8.7Hz，3H)，7.82～7.65(m，2H)，7.43(*t*，*J*=7.4Hz，1H)，7.40～7.28(m，2H)，5.59(s，1H)，3.41(s，3H)；^{13}C NMR(101MHz，$CDCl_3$)δ188.6，161.3，135.1，135.0，133.4，131.8，130.6，130.1，130.0，129.8，128.6，127.3，127.0，105.0，90.4，63.6。

3-(4-硝基苯基)-3-羟基-2-甲氧基-2，3-二氢异喹啉-1,4-二酮（6.3f）

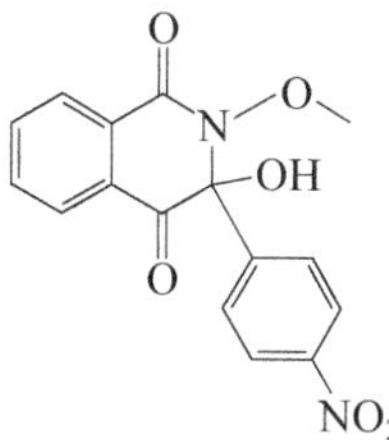

黄色固体，27.6mg，42%；^{1}H NMR(400MHz，$CDCl_3$)δ8.34(*d*，*J*=7.8Hz，1H)，8.12(*d*，*J*=8.6Hz，2H)，7.93(*d*，*J*=7.5Hz，1H)，7.85(*t*，*J*=7.6Hz，

1H)，7.69(*t*，*J*=7.5Hz，1H)，7.58(*d*，*J*=8.6Hz，2H)，5.16(s，1H)，4.00(s，3H)；^{13}C NMR(101MHz，$CDCl_3$)δ190.1，161.3，148.4，143.5，136.3，133.8，130.6，129.0，128.8，127.8，127.7，124.0，93.2，65.5。

3-(2-甲氧基苯基)-3-羟基-2-甲氧基-2,3-二氢异喹啉-1,4-二酮（6.3b）

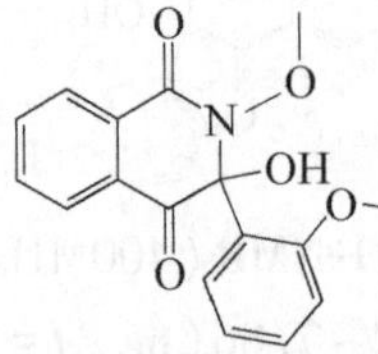

黑色固体，31.3mg，50%；^{1}H NMR(400MHz，$CDCl_3$)δ8.29(*d*，*J*=7.2Hz，1H)，8.07(*d*，*J*=7.6Hz，1H)，7.78(*d*，*J*=7.0Hz，2H)，7.70(*t*，*J*=7.0Hz，1H)，7.35(*t*，*J*=7.7Hz，1H)，7.12～7.01(m，1H)，6.85～6.75(m，1H)，4.56(s，1H)，3.69(s，3H)，3.40(*d*，*J*=2.8Hz，3H)；^{13}C NMR(101MHz，$CDCl_3$)δ191.1，159.5，155.8，134.8，132.8，131.0，130.7，130.0，128.4，128.3，126.5，126.4，121.0，111.2，90.5，64.6，55.1。

3-(4-甲苯基)-3-羟基-2-甲氧基-2,3-二氢异喹啉-1,4-二酮（6.3a）

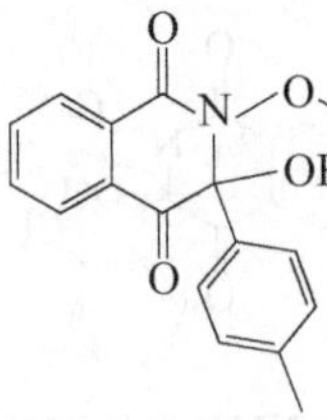

黑色固体，42.8mg，72%；^{1}H NMR(400MHz，$CDCl_3$)δ8.32(*d*，*J*=7.7Hz，1H)，7.90(*d*，*J*=7.7Hz，1H)，7.77(*t*，*J*=7.3Hz，1H)，7.62(*t*，*J*=7.2Hz，1H)，7.28(*d*，*J*=8.1Hz，2H)，7.08(*d*，*J*=7.9Hz，2H)，5.08(s，1H)，4.03(s，3H)，2.24(s，3H)；^{13}C NMR(101MHz，$CDCl_3$)δ190.8，161.5，139.6，135.6，133.3，130.8，130.2，129.7，129.2，128.7，127.5，126.4，94.0，65.3，21.0。

3-([1，1′-联苯]-4-基)-3-羟基-2-甲氧基-2,3-二氢异喹啉-1,4-二酮（6.3c）

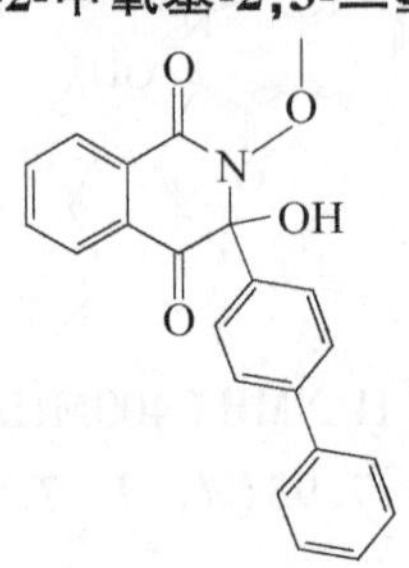

黄色固体，28.8mg，40%；^{1}H NMR（400MHz，$CDCl_3$）δ8.39（*d*，*J*＝7.8Hz，1H），7.97（*d*，*J*＝7.7Hz，1H），7.82（*t*，*J*＝7.6Hz，1H），7.67（*t*，*J*＝7.5Hz，1H），7.51～7.44（m，5H），7.30～7.40（m，4H），5.00（s，1H），4.08（s，3H）；^{13}C NMR（101MHz，$CDCl_3$）δ190.7，161.5，142.4，140.0，135.8，135.4，133.4，130.9，129.8，129.2，128.8，127.7，127.6，127.4，127.1，126.9，93.9，65.4。

3-(2-噻吩基)-3-羟基-2-甲氧基-2,3-二氢异喹啉-1,4-二酮（6.3g）

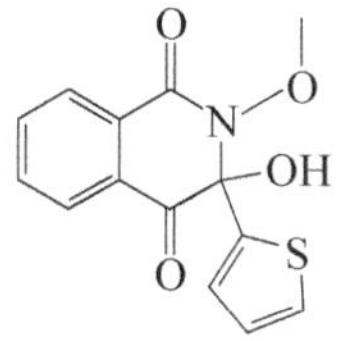

黄色固体，32.4mg，61%；^{1}H NMR（400MHz，$CDCl_3$）δ7.97－7.88（m，1H），7.65～7.54（m，3H），7.38～7.29（m，2H），6.94～6.96（m，1H），5.95（s，1H），4.01（s，3H）；^{13}C NMR（101MHz，$CDCl_3$）δ186.5，164.1，141.3，136.5，135.9，135.6，133.7，131.0，129.7，128.7，124.2，122.9，89.9，66.2。

3-羟基-2-甲氧基-3-(甲氧基甲基)-2,3-二氢异喹啉-1,4-二酮（6.3q）

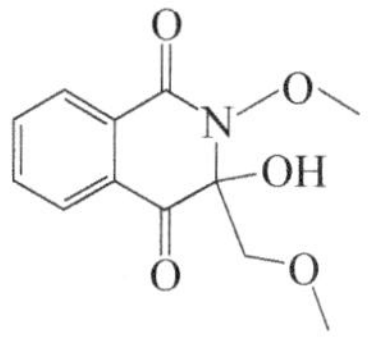

黑色固体，20.6mg，41%；^{1}H NMR（400MHz，$CDCl_3$）δ8.26（*d*，*J*＝7.8Hz，1H），8.01（*d*，*J*＝7.7Hz，1H），7.83～7.74（m，1H），7.64～7.68（m，1H），3.99（s，3H），3.91（*d*，*J*＝9.5Hz，1H），3.57（*d*，*J*＝9.5Hz，1H），3.16（s，3H）；^{13}C NMR（101MHz，$CDCl_3$）δ193.3，162.0，135.6，132.8，132.2，130.0，128.4，126.4，91.6，73.7，65.2，59.6。

3-((1,3-二氧异吲哚-2-基)甲基)-3-羟基-2-甲氧基-2,3-二氢异喹啉-1,4-二酮（6.3s）

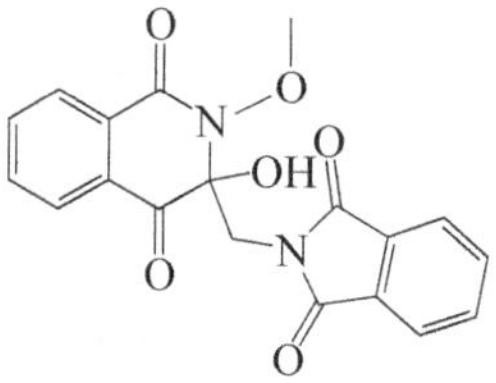

黑色固体，38.38mg，53%；^{1}H NMR(400MHz，$CDCl_3$)δ8.25(*d*，*J*=7.7Hz，1H)，8.06(*d*，*J*=7.5Hz，1H)，7.82~7.77(m，3H)，7.69~7.74(m，3H)，4.89(s，1H)，4.50(*d*，*J*=14.4Hz，1H)，4.06(s，3H)，3.96(*d*，*J*=14.3Hz，1H)；^{13}C NMR(101MHz，$CDCl_3$)δ190.8，167.9，160.8，135.6，134.4，133.5，131.4，130.5，129.7，128.5，127.6，123.7，91.4，77.3，77.0，76.7，65.8，42.6。

N-((3-羟基-2-甲氧基-1，4-二氧-1,2,3,4-四氢异喹啉-3-基)甲基)-N-苯基-4-甲苯磺酰胺（6.3t）

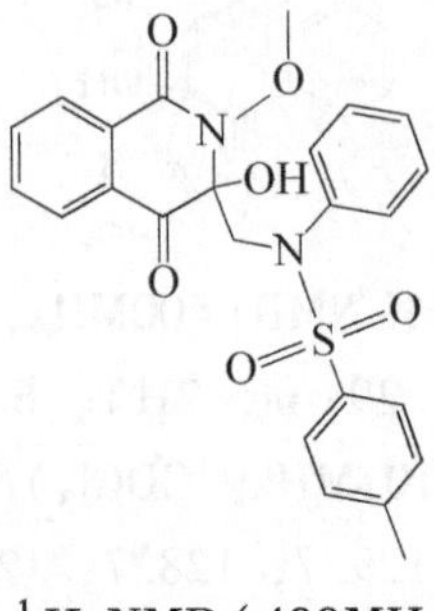

黄色液体，46.7mg，50%；^{1}H NMR(400MHz，$CDCl_3$)δ8.26(*d*，*J*=7.7Hz，1H)，7.88(*d*，*J*=7.7Hz，1H)，7.80(*t*，*J*=7.6Hz，1H)，7.66(*t*，*J*=7.6Hz，1H)，7.19(*t*，*J*=7.1Hz，3H)，7.13(*t*，*J*=8.3Hz，4H)，6.77~6.68(m，2H)，4.17(*d*，*J*=14.6Hz，1H)，4.05(*d*，*J*=14.5Hz，1H)，3.89(s，3H)，2.35(s，3H)；^{13}C NMR(101MHz，$CDCl_3$))δ192.2，160.5，144.0，139.1，135.5，133.9，133.2，130.9，130.2，129.4，128.7，128.5，128.3，128.0，127.7，13.11，92.0，65.5，55.7，21.5。

3-羟基-2-甲氧基-3-(13-甲基-17-氧代-7,8,9,11,12,13,14,15,16,17-十氢-6H-环戊［a］菲-2-基)-2,3-二氢异喹啉-1,4-二酮（6.3p）

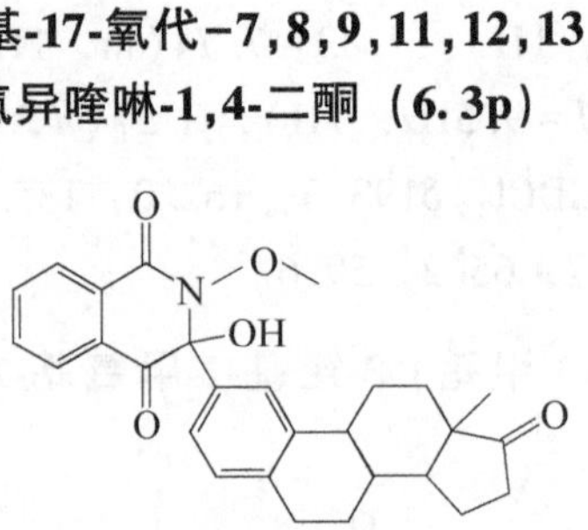

黑色液体，41.4mg，45%；^{1}H NMR(400MHz，$CDCl_3$)δ8.38(*d*，*J*=7.8Hz，1H)，7.95(*d*，*J*=7.7Hz，1H)，7.82(*t*，*J*=7.6Hz，1H)，7.67(*t*，*J*=7.6Hz，1H)，7.24~7.07(m，3H)，4.81(s，1H)，4.06(s，3H)，2.95~2.74(m，2H)，2.43~2.50(m，1H)，2.31(*d*，*J*=8.6Hz，1H)，2.17(*d*，*J*=17.7Hz，

1H), 2.04~2.15(m, 1H), 2.02~1.87(m, 3H), 1.72(s, 1H), 1.51-1.39(m, 4H), 1.32~1.37(m, 1H), 0.84(s, 3H); ^{13}C NMR(101MHz, $CDCl_3$) δ220.7, 190.7, 161.4, 141.4, 137.5, 135.7, 133.9, 133.3, 130.9, 129.2, 128.7, 127.5, 126.9, 126.0, 123.6, 99.4, 65.4, 50.4, 47.9, 44.3, 37.8, 35.8, 31.5, 29.4, 26.2, 25.5, 21.5, 13.7。

3,4-二羟基-2-甲氧基-3-苯基-3,4-二氢异喹啉-1(2*H*)-酮 (6.5a)

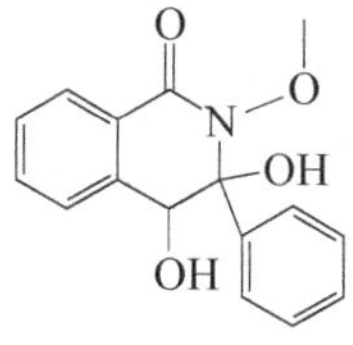

黑色固体, 31.4mg, 55%; ^{1}H NMR(400MHz, DMSO) δ7.95(*d*, *J*=7.7Hz, 1H), 7.56(*t*, *J*=7.5Hz, 1H), 7.51(*d*, *J*=7.6Hz, 2H), 7.43(*t*, *J*=7.9Hz, 2H), 7.34(*t*, *J*=7.5Hz, 2H), 7.30~7.24(m, 1H), 6.70(s, 1H), 5.87(*d*, *J*= 7.7Hz, 1H), 5.05(s, 1H), 3.62(s, 3H); ^{13}C NMR(101MHz, DMSO) δ164.6, 140.8, 139.8, 133.1, 128.6, 128.4, 128.2, 128.1, 127.4, 127.3, 126.9, 94.4, 73.8, 63.5。

7-甲基-3,4-二羟基-2-甲氧基-3-(4-氯苯基)-3,4-二氢异喹啉-1(2*H*)-酮 (6.5b)

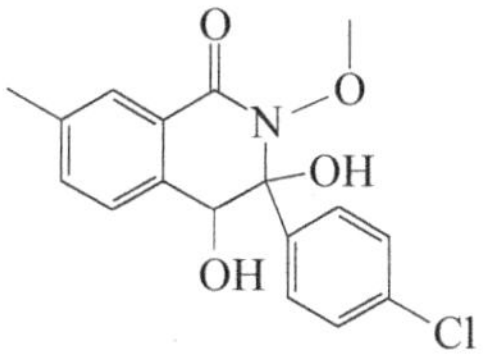

黑色固体, 32.0mg, 48%; ^{1}H NMR(400MHz, DMSO) δ7.76(s, 1H), 7.54(*d*, *J*=8.0Hz, 2H), 7.26~4.41(m, 4H), 6.74(s, 1H), 5.83(*d*, *J*=7.9Hz, 1H), 5.01(*d*, *J* = 7.7Hz, 1H), 3.61(s, 3H), 2.33(s, 3H); ^{13}C NMR(101MHz, DMSO) δ164.8, 140.0, 137.7, 137.0, 133.8, 132.8, 129.5, 128.0, 127.6, 127.2, 126.5, 94.2, 73.5, 63.5, 21.1。

3,4-二羟基-2,7-二甲氧基-3-苯基-3,4-二氢异喹啉-1(2*H*)-酮 (6.5c)

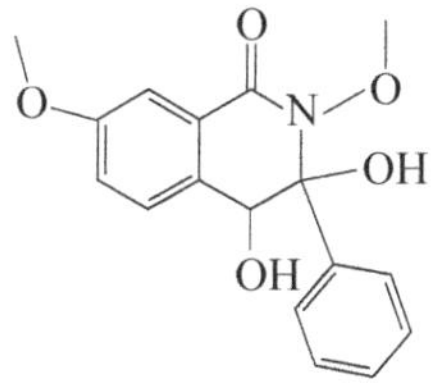

黄色固体，39.1mg，62%；^{1}H NMR(400MHz，DMSO)δ7.50~7.43(m，3H)，7.33(*t*，*J*=8.0Hz，3H)，7.28(*d*，*J*=7.1Hz，1H)，7.10~7.13(m，1H)，6.68(s，1H)，5.85(*d*，*J*=7.7Hz，1H)，4.93(*d*，*J*=7.5Hz，1H)，3.80(s，3H)，3.68(s，3H)；^{13}C NMR(101MHz，DMSO)δ164.1，159.5，140.9，131.4，129.4，128.3，128.2，128.2，127.4，119.5，111.3，94.3，73.6，63.7，55.9。

3,4-二羟基-2-甲氧基-3-(甲氧基)甲基-3,4-二氢异喹啉-1(2*H*)-酮 (6.5d)

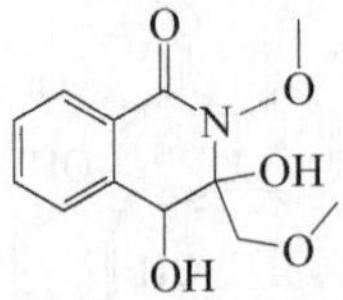

黄色液体，30.4mg，60%；^{1}H NMR(400MHz，$CDCl_3$)δ8.00(*d*，*J*=7.8Hz，1H)，7.62(*d*，*J*=7.6Hz，1H)，7.53(*t*，*J*=7.7Hz，1H)，7.37(*t*，*J*=7.5Hz，1H)，5.10(s，1H)，3.84(s，3H)，3.76(s，2H)，3.40(s，3H)；^{13}C NMR(101MHz，$CDCl_3$)δ164.6，137.9，133.2，128.3，127.7，126.6，125.4，91.0，71.6，69.0，64.3，59.1。

参 考 文 献

[1] Yang C, Zhang X, Zhang-Negrerie D, et al. PhI (OCOCF3) 2-mediated cyclization of o-(1-alkynyl) benzamides: Metal-Free Synthesis of 3-Hydroxy-2, 3-dihydroisoquinoline-1, 4-dione [J]. The Journal of Organic Chemistry, 2015, 80 (10): 5320~5328.

[2] Liu R, Yang M, Xie W, et al. Synthesis of 3-hydroxyisoindolin-1-ones through 1, 4-dioxane-mediated hydroxylhydrative aza-cyclization of 2-alkynylbenzamide in water [J]. The Journal of Organic Chemistry, 2020, 85 (8): 5312~5320.

7　总结与展望

（1）主要研究了四丁基碘化铵促进的邻炔基苯甲酰胺的五元环化反应（见图 7-1）。基于当量的四丁基碘化铵促进的邻炔基苯甲酰胺的五元碘环化反应，发展了一种制备碘代异苯并呋喃酮类化合物的新方法。

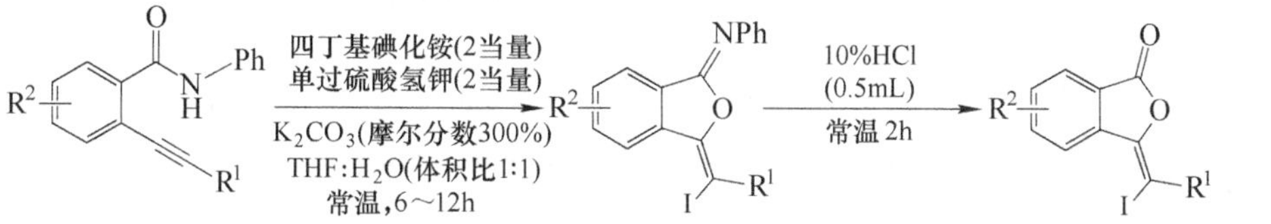

图 7-1　邻炔基苯甲酰胺的五元环化反应

（2）主要研究了四丁基溴化铵催化的邻炔基苯甲酰胺的六元环化反应（见图 7-2）。开发了一种四丁基溴化铵催化的邻炔基苯甲酰胺区域选择性六元环化反应，用于合成一系列异香豆素-1-亚胺类化合物。

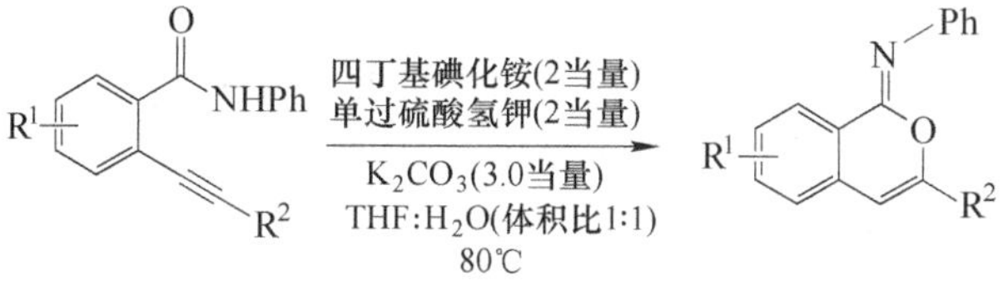

图 7-2　邻炔基苯甲酰胺的六元环化反应

（3）主要研究了邻位酰胺基团参与的共轭烯炔的 2,4-二卤化反应（见图 7-3）。开发了一种 NBS/NIS 介导的共轭烯炔的 2,4-二卤化反应新方法。机理研究表明，该反应经历了氧转移过程。

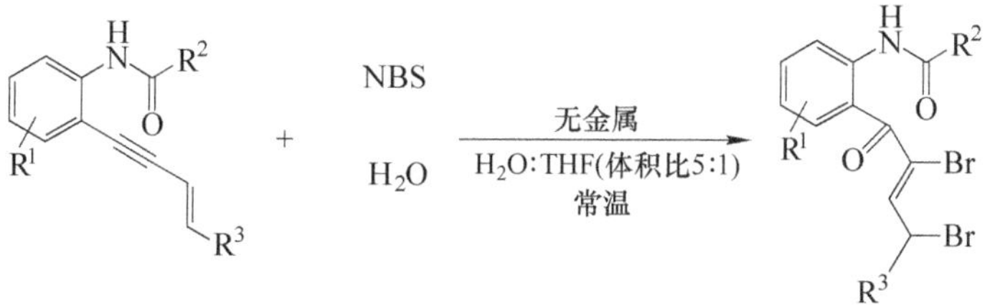

图 7-3　邻位酰胺基团参与的卤化反应

（4）发展了一种制备异香豆素-1-亚胺类化合物的方法，用三氟乙酸铜催化邻烯炔基苯甲酰胺区域选择性六元环化，得到3-烯基异香豆素-1-亚胺类化合物（见图7-4）。

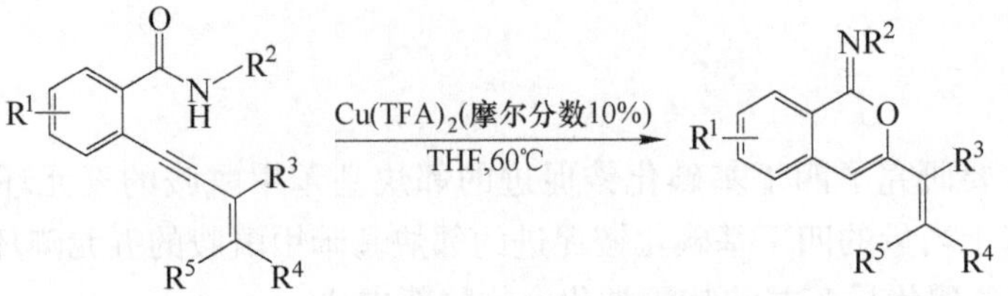

$Cu(TFA)_2$(摩尔分数10%)
THF,60℃

图7-4　制备异香豆素-1-亚胺类化合物反应

（5）发展了一种制备3-羟基异喹啉-1,4-二酮类化合物的方法，利用当量的硝酸铈铵（CAN）促进邻炔基-N-甲氧基苯甲酰胺类化合物六元环化生成3-羟基异喹啉-1,4-二酮类衍生物（见图7-5）。

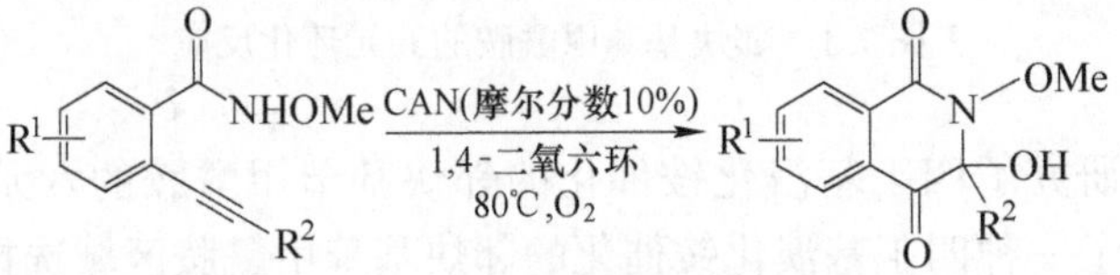

CAN(摩尔分数10%)
1,4-二氧六环
80℃,O_2

图7-5　制备异喹啉酮类化合物反应

上述反应，涉及溴代和碘代，但是还是有很大的发展空间。比如，引入其他进攻试剂，如氟代、硫醚化、三氟甲基化等，以丰富杂环产物的类型，为天然产物的合成提供路线选择。

附录　专业术语缩写对照表

缩写	英文全称	中文全称
NMR	nuclear magnetic resonance	核磁共振
HRMS	high resolution mass spectrum	高分辨质谱
TLC	thin layer chromatography	薄层层析
s	singlet	单峰
d	doublet	双重峰
dd	doublet of doublets	双二重峰
t	triplet	三重峰
m	multiple	多重峰
当量	equivalent	当量
TBAB	n-tetrabutyl ammonium bromide	四丁基溴化铵
TBAI	n-tetrabutyl ammonium iodide	四丁基碘化铵
DCE	1,2-Dichloroethane	1,2-二氯乙烷
THF	tetrahydrofuran	四氢呋喃
MeCN	acetonitrile	乙腈
oxone	potassium peroxymonosulfath	过氧单磺酸钾
DMSO	dimethyl sulfoxiide	二甲基亚砜
TEMPO	2,2,6,6-tetramethylpiperidine-1-oxyl	2,2,6,6-四甲基哌啶氮氧化物
HFIP	1,1,1,3,3,3-Hexafluoro-2-propanol	六氟异丙醇
BQ	benzoquinone	对苯醌
DCC	N,N′-Dicyclohexylcarbodiimide	N,N′-二环己基碳酰亚胺
PCC	Pyridinium chlorochromate	氯铬酸吡啶
DMAP	4-dimethylaminopyridine	4-二甲氨基吡啶
NBS	N-Bromosuccinimide	N-溴代丁二酰亚胺
NIS	N-Iodosuccinimide	N-碘代丁二酰亚胺
NCS	N-Chlorosuccinimide	N-氯代丁二酰亚胺